Fundamental Knowledge of Applied Electrochemistry

应用电化学基础

谢德明　童少平　曹江林　主编

 化学工业出版社

·北京·

本书是电化学专业入门学习的基础读物，介绍电化学基础理论以及少量常见的应用电化学知识。全书由四部分组成，第一部分为绪论，包括电化学的定义及研究内容、电化学技术应用、电化学史话等；第二部分（第1～5章）为电化学基本原理篇，主要阐述化学电池、电极与电解质溶液，实用电池与电解的应用，电极电势与电池电动势，平衡态电化学，电极过程动力学；第三部分（第6，7章）为电化学测试篇，主要介绍电化学测试的基础术语及常用的电化学测试技术；第四部分（第8章）应用电化学篇，主要介绍腐蚀电化学的基本原理与术语、金属腐蚀破坏的形态与金属在自然环境中的腐蚀、防腐蚀技术与腐蚀监测等。书中内容深入浅出、图文并茂，尤其对少数较抽象的理论，采用与宏观事物类比或采用大量形象生动的图示来加以说明，并尽量使用通俗易懂的语言以帮助读者理解。

　　本书既适合作为高等院校电化学专业课程教材，也适合环境保护、生物医药、机械制造、电子电气、化学工业、车辆船舶、轻工、建筑、冶金、能源、军工等领域从事与电化学相关的工程设计、技术开发、产品检测、生产技术管理和科学研究等方面工作的工程技术人员阅读。

图书在版编目（CIP）数据

应用电化学基础/谢德明，童少平，曹江林主编.
北京：化学工业出版社，2013.8（2023.3重印）
　ISBN 978-7-122-17862-6

　Ⅰ.①应…　Ⅱ.①谢…②童…③曹…　Ⅲ.①电化学-
教材　Ⅳ.①O646

中国版本图书馆 CIP 数据核字（2013）第 150078 号

责任编辑：成荣霞　　　　　　　　装帧设计：王晓宇
责任校对：蒋　宇

出版发行：化学工业出版社（北京市东城区青年湖南街 13 号　邮政编码 100011）
印　　装：涿州市般润文化传播有限公司
720mm×1000mm　1/16　印张 19　字数 329 千字
2023 年 3 月北京第 1 版第 13 次印刷

购书咨询：010-64518888　　　　售后服务：010-64518899
网　　址：http://www.cip.com.cn
凡购买本书，如有缺损质量问题，本社销售中心负责调换。

定　　价：58.00 元　　　　　　　　　　　版权所有　违者必究

前　　言

　　早期的物理化学杂志大部分为电化学方面的内容。电化学现象的普遍存在，使该学科具有历史悠久、应用广泛和生命力强的特点，在科技迅速发展的今天，电化学原理和技术正发挥着重要的作用。例如，电化学在能量转化、能量储藏、人类生存环境的改善、生命科学、金属材料的腐蚀与防护、材料制备、信息科学等诸多领域都有着广泛的应用。

　　在化学化工、环境保护、生物生命、医学医药、机械制造、电工电子、车辆船舶、轻工家电、建筑装饰、冶金能源、军工等部门都有大量从事电化学工程设计、技术开发、产品检测、生产技术管理和科学研究等方面工作的工程技术人员，这些工程技术人员大多并非电化学科班出身，由于缺乏电化学知识而经常犯一些常识性错误，这对生产、科研是极为不利的。

　　应用到电化学知识的学科与专业非常多，也有不少电化学类的专业书籍出版，但是适合用作非电化学专业的读者学习电化学知识的书籍却很少。然而非电化学专业用到电化学知识的人要远远多于电化学专业的人。电化学交叉学科对易教、易学的电化学书籍的需求越来越迫切。

　　现代科学技术发展非常迅速，太多要学的知识使得人们没有精力学习；现代科学技术一方面要求精、专，另一方面要求博，即相关的知识都需要知道一些。这些都需要一本合适的链接书籍。使得读者用最少的时间，掌握最多的系统知识。

　　鉴于上述原因，作者集多年教学、科研、生产、销售等经验，主要针对电化学基础知识甚至是物理化学基础知识的功底不足的读者编写了此书。

　　电化学知识往往分散在物理化学与电化学类教材中，并且这两类教材往往忽视了电化学中最基础、最简单的术语的解释说明，而多数高中教材或讲义也没有相应的铺垫，这两点造成了读者学习的困难。因此本书加入了物理化学中的电化学基础部分，并进行了适当扩充、深化。同时，书中安排了大量的照片、插图和表格等。对少数较抽象的理论内容，书中采用与宏观事物类比或采用大量形象生动的图示来加以说明，并尽量使用浅显易懂的语言。这些既有利于读者理解教学内容，又丰富、活跃了版面，可以起到激发读者兴趣的作用。

本书的出版荣获浙江省自然科学基金资助项目（LY13E010003），浙江省博士后择优录取项目"硅烷和磷化铁增强酶型农药电化学传感器电极性能的研究"，教育部全国专业学位研究生教育综合改革试点（机械工程领域）/浙江省研究生教育创新示范基地资助项目（JY200811）以及"材料科学与工程"浙江省重中之重学科的资助，特在此表示衷心的感谢。在此也向有关文献的作者表示感谢以及向可能被遗漏的参考文献的作者表示歉意和谢意。另外，由于水平所限，书中难免有缺陷，欢迎读者批评指教。

本书由浙江工业大学的谢德明博士、童少平博士以及同济大学的曹江林博士共同编写，华北水利水电学院的冯霄博士和同济大学的吴冰博士也做了部分工作，中山市电赢科技有限公司和杭州五源科技实业有限公司提供了部分图、表和数据。

笔者衷心希望本书对读者有益，进而有利于国家的复兴与强盛，同时祝福每一位读者身体健康、笑口常开。

谢德明

浙江工业大学材料与表面工程研究所

2013 年 7 月

目　　录

0
绪论

0.1　电化学定义及研究内容

　　电化学（electrochemistry）是物理化学的一个分支。物理化学是研究物质的化学变化以及和化学变化相联系的物理过程的科学，如温度、压力、浓度、体积以及光线、磁场、电场对化学反应的影响等。电化学则主要是研究电现象和化学现象之间的关系及电能和化学能之间的相互转化及转化过程中有关规律的科学。这些关系包括两个方面（参见图 0-1）：a. 当体系内自动发生一个化学变化时，体系产生电能——实现这种变化的装置称为原电池（primary cell）；b. 在外加电压作用下体系内发生化学变化——实现这种变化的装置称为电解池（electrolytic cell）。在第一种变化中化学能转变为电能，在第二种变化中电能转变为化学能。电和化学反应相互作用可通过电池

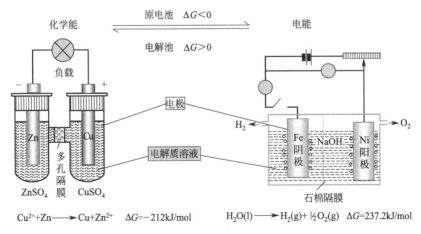

图 0-1　电化学的研究对象

来完成，也可利用高压静电放电来实现，二者统称电化学，后者为电化学的一个分支，称放电化学。通常情况下，电化学往往专指"电池的科学"。

电化学研究的对象包括三个部分：第一类导体、第二类导体、两类导体的界面性质以及界面上所发生的一切变化。因此电化学也可定义为：研究出现在一个电子导体相和一个离子导体相界面上的各种效应的科学。因而电化学的研究内容应包括两个方面（图 0-2）：a. 电解质的研究，即电解质学（或离子学），包括电解质的导电性质、离子的传输特性、参与反应离子的平衡性质等。b. 电极研究，即电极学，包括电极界面（通常称"电子导体/离子导体"界面）和"离子导体/离子导体"界面（两者通常称电化学界面）的平衡性质和非平衡性质。当代电化学十分重视研究电化学界面结构、界面上的电化学行为及其动力学。

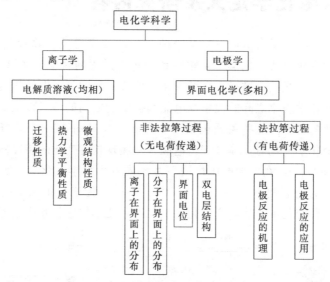

图 0-2 电化学的研究内容

电解质学和电极学的研究都会涉及电化学热力学、电化学动力学和物质结构。电化学的热力学研究电化学系统中没有电流通过时系统的性质，主要处理和解决电化学反应的方向和倾向问题，电化学动力学研究电化学系统中有电流通过时系统的性质，主要处理和解决电化学反应的速率和机理问题。

电解质溶液 $\Longrightarrow$ 电化学热力学 $\Longrightarrow$ 电极过程动力学

研究离子电迁移过程	$i \to 0$（可逆状态）	注重发生在界面的电极过程
溶液中仅发生电迁移	以电池整体为主要出发点	电极反应速率，i-φ 曲线
不关心电极上发生的反应	电池电动势-界面电势贡献	

0.2 电化学现象普遍存在于自然界

自然界中，电化学现象普遍存在，其原因有三个方面。

① 相互接触的两相容易形成界面双电层和界面电位差。这是因为各种带电荷的粒子（如电子和离子）在两相中的化学位一般是不相等的。这些带电荷的粒子可能发生的相间转移或相间化学反应的自由能变化一般不为零，所以必然有电荷在相间自发转移而形成界面双电层和界面电位差。此外，两相界面常有吸附的离子或带偶极矩的分子，也会导致电位差。

② 双电层两侧产生明显的电位差所需的过剩电荷很少。双电层两侧各有符号相反、数量相等的过剩电荷分布着。界面电位差的数量级为伏特，每伏相应的过剩电荷量约为 0.1 库/m^2 或 1×10^{-6} mol/m^2 左右，少于该界面单原子层数量的 $1/10$，这表明只要极少量的过剩电荷就足以产生明显的界面电位差。另外，界面积累这些过剩电荷的速度很快。

③ 电解质溶液是普遍存在的。这是因为地球上广泛存在的水的介电常数大，是各类电解质的好溶剂，这样电解质溶液很容易形成。

0.3 电化学技术应用的广泛性

电化学是一门交叉学科，它研究带电界面的性质，凡是和带电界面有关的学科，都和电化学有关。电化学是多科际、具有重要应用背景和前景的学科。涉及电化学的领域十分广泛（图 0-3），其理论方法与技术应用越来越多地与其它自然科学或技术学科相互交叉、渗透。

0.3.1 化学电源

在日常生活中，大至汽车的发动、轮船的航行与飞船的飞行，小到钟表的走动，都需要化学电源（图 0-4）。电池发展的主要动力来自便携设备（例如移动电话、笔记本电脑、摄录像机和 MP3 播放器等）和电动车辆（图 0-5）的快速发展以及人们对降低大气污染的要求。包含电动助力自行车和电动汽车在内的电动车辆具有污染小、能源利用率高、可实现能源原料的多样化、降低人类对石化燃料的依赖、噪声小等特点并早已广为人知。

我国已成为世界上第一电池生产大国，成绩喜人，然而也存在着电池行业整体缺乏长远规划，技术创新少，电池企业水平参差不齐，部分落后品种电池产量仍较大，机械自动化水平差，工人生产条件差，污染严重，片面追

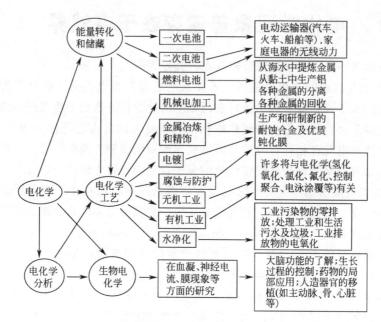

图 0-3 电化学的应用

求低成本，资源综合利用率低，废旧电池的回收利用率低等问题。

人类离不开我

图 0-4 人类离不开电池

在许多微系统中，电源的重量占了整个体系重量的 $1/5 \sim 1/4$。目前所制作的微型飞机总质量为一百克左右，而其电源质量就高达二十余克。又如现在的一些医疗手术中，为了探测心脏的血液供给以及心肌状况，需要将一根光纤插入血管直通心脏，并用大型仪器实时检测。将来则很可能将只有几十个微米大小的医疗机器人直接放入人体血管内，它不仅可以实时检测而且还同时进行治疗，如清除淤塞在血管中的血块等。显然此时再用人体外的电源通过电线驱动微机器人是不现实的，因为电线的直径可能大于微机器人的尺度，因而与微机器人为一体的电源研制将是该项科研尝试成功与否的关键因素之一。若能制作以血液中的糖分等物质作为燃料的燃料电池，则有望克服上述困难。总之开发体积更小、比能量更高的各类微型电池是赋予电化学的一个重要任务。

图 0-5 电动汽车必将大行于世

燃料电池是一种将燃料的化学能直接转换为电能的装置。它不是把发电的活性物质储藏在电池内部，而是把燃料（如 H_2、CO、甲醇等）不断注入负极，把 O_2 输入正极，直接发电，生成 CO_2、H_2O 等产物。燃料电池的发电效率高，电化学能量转换的综合效率可达 80%。而一般燃料利用，例如煤（或油）燃烧过程通常要靠火力发电厂的汽轮机和发电机来完成，需要先经过燃烧，把化学能转变为热能，再经热机转变为机械能，再转变为电能。由于多步骤转变过程中的能量损失以及受热功转换过程中卡诺（Carnot）热机效率（η）的限制，整个过程的能量转化率小于 40%（图 0-6）。

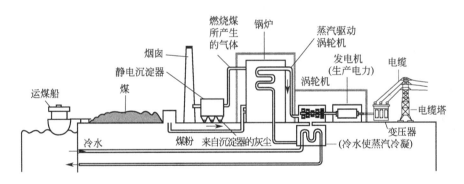

图 0-6 火力发电站工作流程

图 0-7 为什么要发展燃料电池

一般燃料 化学能 $\xrightarrow{\text{燃烧}}$ 热能 $\xrightarrow{\text{蒸汽}}$ 机械能 $\xrightarrow{\text{发电机}}$ 电能，效率小于 40%。

燃料电池 化学能 → 电能，效率大于 80%。

燃料电池具有能量转换效率高、污染小、噪声低、省水、省地等优点，是一种极有前途的高效、节能、环境友好的发电方式（图 0-7）。

除了发电以外，燃料电池还被广泛用于宇航、军舰动力装置以及汽车、笔记本电脑、移动电话等。

电化学超级电容器（图 0-8）是介于传统静电电容器与电池之间的全新的能量储存器件，由于其容量密度极大，从而适合工作于要求瞬间释放超大电流的场合，如可用作电池补充的功率源。特别是双电层型电容器，除了能提供高的充放电功率密度外，其循环寿命为 $10^5 \sim 10^6$ 次，为传统电池的 $10^2 \sim 10^3$ 倍。

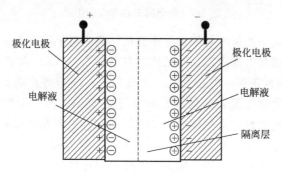

图 0-8　电化学超级电容器示意

0.3.2　金属的腐蚀与防护

全世界每年由于金属腐蚀所遭受的损失严重，其中以电化学腐蚀所占的比重最大，因此研究产生腐蚀的原因及金属保护措施就成为电化学研究的重要内容之一。

将金属置于大气中，在金属表面就会形成一层肉眼看不见的很薄的液膜，如图 0-9 所示。液膜中可溶解酸性气体如 CO_2、SO_2、NO_2 等（与大气

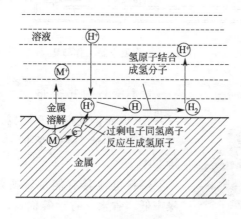

图 0-9　金属腐蚀原理

污染有关），成为电解质溶液。大多数金属（除贵金属外）在这样的条件下，就自发地以金属离子的形式溶入液膜，金属中剩余的电子则将 H^+ 还原为 H_2，这样在金属表面就形成了腐蚀微电池，使腐蚀过程继续发生。

0.3.3 电解

利用电解可冶炼、精炼金属，制备无机物、有机物等化工产品。氯碱工业是一个典型的例子，氯碱工业是仅次于合成氨和硫酸的无机物基础工业，其产品 NaOH、Cl_2 和 H_2 都是重要的化工原料，广泛用于各工业部门。

① 氯气——合成盐酸、漂白粉、聚氯乙烯等。

② 氢气——还原剂，制备高纯度硅和锗。

③ 烧碱——用于化工、造纸、纺织、肥皂、冶金、石油工业等。

电解法已被广泛地应用于提炼和精炼有色金属和稀有金属，如日常生活中使用最广泛的金属 Al、Na、Li。由于 Na、Li 的活泼性高，电解质不能为水溶液，故 Na、Li 的生产一般采用电解熔融的氯化物 NaCl、LiCl，在 $500 \sim 700^\circ C$ 进行。铜、锌等金属的精炼也都用的是电解法。此外，许多非金属化工产品也是通过电解方法制得的，如 $KMnO_4$、H_2O_2 等。据统计目前全世界电解工业耗电量为总发电量的 10%。

因电化学反应只限于在与溶液接触的电极表面，使得电化学反应器的生产强度低于很多化学反应器。因此降低能耗、提高时空收率是电化学生产的关键问题。

0.3.4 金属的表面精饰与电化学加工

电化学加工是通过电化学反应去除工件材料或在其上镀覆金属材料等的特种加工工艺。其中电解加工适用于深孔、型孔、型腔、型面、倒角去毛刺、抛光等。电铸加工适用于形状复杂、精度高的空心工件，如波导管；注塑用的模具、薄壁工件；复制精密的表面轮廓；表面粗糙度样板、反光镜、表盘等工件。涂覆加工可针对表面磨损、划伤、锈蚀的工件进行涂覆以恢复尺寸；对尺寸超差产品进行涂覆补救。对大型、复杂、小批工件表面的局部镀防腐层。电化学加工过程都是以离子的形式进行的，而金属离子的尺寸非常微小，因此从原理上讲，电化学加工可以实现的加工精度和微细程度在微米级甚至更小的尺度。

电镀可用于装饰、防腐、增加抗磨能力及便于焊接等，应用范围极广。电镀是利用电解的方式使金属或合金沉积在工件表面，以形成均匀、致密、结合力良好的金属层的过程。为了节约金属，减轻产品重量和降低成本，目前越来越多地采用非金属，尤其是塑料来代替金属。塑料在电镀前一般需要经过除油、粗化、敏化、活化、化学沉积金属膜（化学镀镍、化学镀铜等）后，方能进行电镀。电镀后的塑料制品表面是金属，能够导电、导磁、焊接，而且力学性能、热稳定性和防老化能力等都有所提高。

电化学阳极氧化 有些金属在空气中就能生成氧化物保护膜，而使内部金属在一般情况下免遭腐蚀。例如金属铝与空气接触后即形成一层均匀而致密的氧化膜（Al_2O_3），而起到保护作用。但这种自然形成的氧化膜厚度仅 $0.02 \sim 1\mu m$，保护能力不强。另外为使铝具有较大的机械强度，常在铝中加入少量其它元素，形成合金。但一般铝合金的耐蚀性能不如纯铝，因此常用阳极氧化的方法使其表面形成氧化膜以达到防腐耐蚀的目的。阳极氧化就是把金属在电解过程中作为阳极，使之氧化而得到厚度达到 $5 \sim 300\mu m$ 的氧化膜。

传统电沉积技术及电化学阳极氧化技术已发展成为制备各种现代功能新材料及表面超微加工、改性、修饰的重要方法。这些新材料主要是通过共沉积或诱导沉积的方法，获得复合型功能材料，包括高反射、高吸收、高择优取向、多晶、微晶、无定形、高催化性能、超细（纳米）材料、生物活性材料、导电聚合物、聚合物金属化、金属聚合物化、半导体、铁电材料、高密度磁记录材料等。

电泳涂装（electro-coating）是利用外加直流电场使悬浮于电泳液中的颜料或树脂等微粒定向迁移并沉积于电极表面的涂装方法。电泳涂装是近30年来发展起来的一种特殊涂膜形成方法，是水性涂料中最具有实际意义的工艺。具有水性无毒、安全、易于自动化控制、可一次加工完成等特点，迅速在汽车、建材、五金、家电等行业得到广泛的应用。电泳涂漆尤其适用于异型工件、大件、大规模的操作，如汽车外壳、自行车架等。另外利用胶体粒子的电泳沉积技术制备无机陶瓷模具有一些突出的优点，近年来此领域的研究也受到了很大重视。

化学抛光 依靠纯化学作用与微电池的腐蚀作用，使材料表面平滑和光泽化。

电解除油 金属制件作为阳极或阴极在碱溶液中进行电解以清除制件表面油污的过程。

电解浸蚀 金属制件作为阳极或阴极在电解质溶液中进行电解以清除制件表面氧化物和锈蚀物的过程。

化学蚀刻 利用腐蚀电化学原理进行金属定域"切削"的加工方法。

0.3.5 有机电化学

有机电化学在如下领域中得到了重要的应用：a. 有机合成，即有机电解合成；b. 有机高分子的合成；c. 有机导电聚合物的合成；d. 新的能源工业，如有机电池、全塑料电池；e. 显示组件、敏感组件等；f. 物质变换、改质等；g. 处理环境污染；h. 仿生合成等。这些应用技术都是环境污染小、节省资源和能源的可持续发展的技术，即绿色技术。如合成对氨基苯酚，它是制扑热息痛等药物和染料、橡胶助剂的中间体，国内目前主要以对硝基氯苯为原料，经加压水解、酸化、还原制得。其原料成本高，生产时间长，"三废"污染严重。如用有机电解合成法，以硝基苯为原料电解还原一步就可以得到对氨基苯酚。其原料成本低，生产流程短，"三废"污染少，不需要贵金属催化剂和加压设备，可以在常温常压下操作，生产环境安全，经济效益好。

0.3.6 生物电化学

生命物质是荷电的微粒或分子，生命现象最基本的过程是电荷运动，生命过程总是伴随着电化学过程，如营养物质的吸收和加工，神经系统中信息的传递，视觉的产生、物质氧化过程的能量储存，肌肉的运动等。因此可以应用电化学方法研究生物体内各种器官的生理规律及其变化，这在生物学、特别是医学上已有广泛应用，如心电图、脑电图等。对生物电化学的深入研究，可以为理解与揭示生命的奥秘，促进人类健康长寿，提供有力的科学手段。下面举几个常见的例子：a. 神经系统实质上是生物电的调控系统，生物电的起因可归结为细胞膜内外两侧的电位差。b. 生物体内的活细胞可模拟为燃料电池，代谢作用就和燃料电池的工作相当。c. 西施——翩若惊鸿、闭月羞花、美目盼兮、巧笑倩兮……实际上就是观察者从视网膜到神经再到大脑的一串电化学过程最终在人脑的处理结果。d. 当把外来材料植入心脏后，血液和异物的接触常引起血凝和血栓，从而可能引起人的突然死亡。血凝的发生与植入物和血液之间的界面电位差有关。当"金属/血液"界面的电极电位为正时，很容易出现血凝。相反，电位为负时，很少或几乎没有血凝。这一发现很可能成为解决血凝问题的关键。

0.3.7 光电化学

尽管近期不可能解决光电化学应用于太阳能转换和存储的实用技术，液结太阳能电池尚无法与硅固体结太阳能电池竞争，但是光电化学仍然大有可为。例如光电合成和光催化合成［光解水制氢（图 0-10）、固氮成氨、固二氧化碳为有机物、工业上大量有毒"三废"转化为有用物质等］；根据光电化学原理制造传感器、光电显色材料、信息存储材料及医学上进行灭菌，杀死癌细胞等。

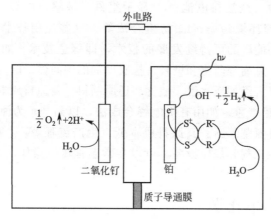

图 0-10　光分解水电池

0.3.8　环境电化学

工业部门采用电化学方法治理、监测"三废"生产的实例很多。电化学方法在净化环境方面的作用主要有：a. 清洁（电解合成）。利用电化学反应替代有毒的反应物和苛刻的反应条件，可以减少环境污染物的产生。b. 污染治理。例如生物法难以奏效的有机氯、磷、硫等合成药物废水，造纸、印染废水，采用电化学方法处理可获得满意的效果。c. 环境监测电化学传感器、监测器为环境污染的有效连续监测，提供了高灵敏度和自动化的手段。

0.3.9　电化学分析及检测

电化学分析（electrochemical analysis）在实验室和工业监控中应用广泛。它是使待测对象组成化学电池，通过测量电池的电位、电流或电量、电导等物理量，实现对待测物质的组成及含量的分析。电化学分析法的特点为：a. 灵敏度、准确度高，选择性好，被测物质的检测下限可以达到 10^{-12} mol/L 数量级。b. 电化学仪器装置较为简单，操作方便。直接得到电信号，易传递，尤其适合于化工生产中的自动控制和在线分析。

电化学传感器种类繁多，价格低廉，用途极为广泛。诸如各种有毒气体的微量监测仪（图 0-11），酶电极、离子选择性电极以及生物组织电极、微生物电极等。更具体而言，目前市面上的主流血糖仪大多采用葡萄糖氧化酶电极测量法，其原理是通过测量血液中的葡萄糖与试纸中的葡萄糖氧化酶反应产生的电流量测量血糖。另外，酶抑制法是我国农药残留速测的主流技术。近年来，电化学酶抑制法由于取得显著进步而处于产业化前夜。

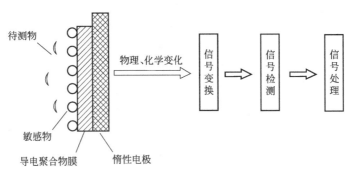

图 0-11　导电聚合物生物传感器的工作原理示意

0.4　电化学史话

　　一般公认电化学起源于 1791 年意大利解剖学家伽伐尼（Luigi Galvani 1737～1798）发现解剖刀或金属能使蛙腿肌肉抽搐的"动物电"现象。1791 年，意大利的医学家伽伐尼在偶然的情况下，以铜制的解剖刀碰到置于铁盘上的青蛙，发现其立刻产生抽搐现象，因而认为有微电流流过，电流哪里来的呢？他主张是生物本身内在的自发电流，认为脑是分泌"电液"的器官，而神经则是连接"电液"和肌肉的导体。伽伐尼对"动物电"的研究表明电可使肌肉及神经活动，他的研究开启了 19 世纪电流生理学的发展，今天医学上的电疗法、心电图等研究，都发源于此。为了纪念他的贡献，在英文里把检流计称为 galvanometer，金属镀锌的程序称为 galvanizing。

　　1800 年，意大利物理学家伏打报告了他的电堆试验。与作为医学家的伽伐尼的着眼点不同的是，伏打的注意点主要集中在那两种金属上，而不在青蛙的神经上，他在木盘上做对比实验时发现蛙腿不抽搐，于是认为青蛙的肌肉和神经中是不存在电的，他推想电的流动可能是由两种不同的金属相互接触产生的，与金属是否接触活的或死的动物无关。他把许多对圆形的银片和锌片相间地叠起来，每一对银锌片之间放上一块用盐水浸湿的麻布片。这时只要用两条金属线分别与顶面上的锌片和底面上的银片焊接起来，则两金属端点之间就会产生电压。金属片对数越多，电力越强。"伏打电堆"使人类第一次获得了可供实用的持续电流。在直流电机发明以前，化学电源是唯一能提供稳定电流的电源。从此以后，电学的研究便活跃起来了。伏打一生著作极为丰富。为纪念他的伟大成就，科学界将他的姓简化成 Volt（伏特），作为电压单位的命名。

1803 年戴维用电解法成功得到金属钾和金属钠。

法拉第（Michael Faraday）使用伏打电池进行"电"和"磁力"的重要实验。他发现当电线通电时，在平行电线的周围会产生磁场，从而产生了第一颗电磁石。在 1831 年，法拉第证实了移动的磁石在靠近电线时会产生电，从而诞生了发电机。1833 年法拉第电解定律 Faraday's law 的发现为电化学奠定了定量基础。他在 1833 年说："电化学分解发生时，我们有足够的理由认为被分解物质的量不与电流强度成正比，而与通过的电量成比例"。他还为电化学创造了一系列术语，如电解、电解质（electrolyte）、电极（electrode）、阴极（cathode）、阳极（anode）、离子（ion）、阴离子（anion）、阳离子（cation）等，这些术语一直沿用至今。1824 年他被选为英国皇家学会会员。在选法拉第任会员时，只有一人不同意，他就是戴维。有人认为，这是戴维对他学生提出的严格要求，希望他的学生再多出些成果。也有人说，戴维是对法拉第的才能怀有嫉妒之心，故反对他出任会员。

19 世纪电极过程热力学和 20 世纪 30 年代溶液电化学的研究，形成电化学发展史上两个光辉时期。19 世纪下半叶，经过赫姆霍兹和吉布斯的工作，赋予电池的"起电力"（今称"电动势"）以明确的热力学含义；1889 年能斯特用热力学导出了参与电极反应的物质浓度与电极电势的关系，即著名的能斯特公式；1923 年德拜和休克尔提出了强电解质稀溶液理论，大大促进了电化学在理论探讨和实验方法方面的发展。1924 年，捷克化学家海洛夫斯基（Heyrovsky）创立了极谱技术，他因此获得 1959 年的诺贝尔化学奖。

20 世纪后 50 年，电化学在理论、实验和应用领域均有长足的发展，并且主要集中在界面电化学（包括界面结构、界面电子传递和表面电化学）。

20 世纪后 50 年，电化学发展了现在称之为传统电化学研究方法的稳态和暂态技术，尤其是后者，为研究电界面结构和快速的界面电荷传递反应打下了基础。但是因为缺乏分子水平和原子水平的微观实验事实，电化学理论仍旧停留在宏观、唯象和经典统计处理的水平上。20 世纪 70 年代兴起的电化学现场（in situ）表面光谱技术（例如紫外可见反射光谱、拉曼光谱、红外反射光谱、二次谐波、合频光谱等技术）、电化学现场波谱技术，以及非现场（ex situ）的表面和界面表征技术，尤其是许多高真空谱学技术，使界面电化学的分子水平研究成为可能。20 世纪 80 年代出现的以扫描隧道显微镜（STM）为代表的扫描微探针技术，迅速被发展为电化学现场和非现场显微技术，尤其是电化学现场 STM 和 AFM（原子力显微镜），为界面电化学的研究提供了宝贵的原子水平实验事实。总之 20 世纪后 50 年，由于上述各种实验技术的发展，促进了电化学在分子和原子水平的研究，为这一时期的电化学在理论和应用上取得一些突破性进展奠定了基础。

20 世纪后 50 年也是电化学新体系研究和实验信息的丰产期。实验上发现了一些有重要意义的表面光谱效应，包括金属、半导体电极的电反射效应，金属电极表面红外光谱选律，表面分子振动光谱的电化学 Stark 效应，表面增强拉曼散射效应，表面增强红外吸收效应。这一时期电化学应用技术也有不小的突破。1958 年美国阿波罗（Appolo）宇宙飞船上成功地使用燃料电池作为辅助电源。从 20 世纪 80 年代末～90 年代末市场上相继推出了对信息技术至关重要的 MH-Ni 电池、锂离子二次电池和导电聚合物电池。被誉为 21 世纪的"绿色"发电站和电动汽车动力最佳选择的燃料电池，从实验室研究进入商品化的前夕，已筛选出最有商品化希望的四种燃料电池：磷酸燃料电池（PAFC），熔融碳酸盐燃料电池（MCFC），固体氧化物燃料电池（SOFC）和聚合物电解质燃料电池（PEFC），此外直接甲醇燃料电池也备受重视。电催化氧化物电极，例如二氧化钌电极在电解工业的应用，引来了氯碱工业的一场革命。表面功能电沉积给古老的电镀工业带来了新生。钝化、表面处理、涂层、缓蚀剂、阴极和阳极保护等技术在金属防腐蚀领域的广泛应用，保证了金属成为现代社会的支柱材料。

1992 年，Marcus 因电子传递理论（包括均相和异相体系的电子传递）而获得 1992 年的诺贝尔化学奖。"固/液"界面的电子传递是电化学反应动力学的中心基元步骤。电化学中至今还流行的界面电荷反应动力学方程——Butler-Volmer 方程，是建立在实验参数基础上的宏观唯象方程。20 世纪 50 年代以来，Marcus 建立了电子传递的微观理论，"固/液"界面的电子传递理论是其中的重要组成部分。

当代电化学发展有如下三个特点。

① 研究的具体体系大为扩展 从局限于汞、固体金属和碳电极，扩大到许多新材料（例如氧化物、有机聚合物导体、半导体、固相嵌入型材料、酶、膜、生物膜等），并以各种分子、离子、基团对电极表面进行修饰，对其内部进行嵌入或掺杂；从水溶液介质，扩大到非水介质（有机溶剂、熔

盐、固体电解质等）；从常温常压扩大到高温高压及超临界状态等极端条件。

② 处理方法和理论模型开始深入到分子水平。

③ 实验技术迅速提高 以电信号为激励和检测手段的传统电化学研究方法朝提高检测灵敏度、适应各种极端条件及各种新的数学处理的方向发展。与此同时，多种分子水平研究电化学体系的原位谱学电化学技术，在突破"电极/溶液"界面的特殊困难之后，迅速地创立和发展。非原位表面物理技术也得以充分的应用，并朝着力求如实地表征电化学体系的方向发展。计算机数字模拟技术和微机实时控制技术在电化学中的应用也正在迅速、广泛地开展。

1949 年 10 月以前，中国几乎没有做过电极过程的研究。1950 年出版的 16 卷《中国化学会会志》，只刊有 1 篇张大煜和汪德熙的"卤代硝基电解还原"的文章。约自 20 世纪 50 年代中期开始，中国科学院长春应用化学研究所首先开展了与工业电解有关的阳极过程的研究。随后复旦大学、厦门大学、武汉大学、山东大学、天津大学、北京师范大学和哈尔滨工业大学先后开始了电极过程的研究。到 20 世纪 60 年代初，不少单位都已形成一定的电化学研究队伍。1963 年底在长春召开的第一次全国电化学报告会，是该学科发展情况的全国性检阅。在 1978 年以前，由于全国资源与成果共享，加上科研工作者的革命热情和团结协作，电化学工作者在极端困难的情况下仍然做出了不少好的工作。1978 年以后，我国电化学在应用方面发展很快，基础研究也有很大进展。但原创性成果不多，有些工作不够系统和扎实。

日本大地震将激起人类对于"大自然"的敬畏，促使世人反思现代西方式不断膨胀的高消耗文明的发展模式。随着中国经济的快速发展，中华文明天人合一、勤俭节约等优点结合汉语的优势（汉语是最先进的语言文字，尤其是汉语能够解决人类目前所面临的知识爆炸引起的词汇大幅度增加问题）必将使得中国再次占领世界科技的最高峰。

展望未来，电化学对人类社会的影响，将越来越深刻。未来经济的运行将在很大程度上依赖于电化学技术。

习 题

1. 电化学研究的对象包括哪些？
2. 请说出电化学的若干应用领域（至少 5 个）。在日常生活与科研生产中你接触的哪些事物与电化学有关？
3. 你如何理解电化学？学习电化学有什么作用？
4. 为什么数十年来燃料电池一直是国际上研究的热点？

5. 为什么很多人喜欢使用电动自行车？与人力自行车相比，电动自行车有什么优缺点？与早期的燃油自行车相比，电动自行车有什么优点？

参 考 文 献

[1] 林仲华. 21 世纪电化学的若干发展趋势. 电化学，2002，8（1）：1-3.

[2] 陈银生，张新胜，戴迎春等. 电化学——21 世纪的绿色化学和热门学科. 江苏化工，2006，30（3）：11-15.

[3] 田昭武，苏文煅. 电化学基础研究的进展. 电化学，1995，1（4）：375-383.

[4] 林昌健. 现代电化学与材料科学进展. 电化学，1998，4（1）：5-8.

[5] 张璧，罗红平，周志雄等. 电化学微加工技术的新进展及关键技术. 中国机械工程，2007，18（12）：1505-1511.

[6] 侯峰岩，王为. 电化学技术与环境保护. 化工进展，2003，22（4）：471-475.

[7] 郭保章. 中国现代化学史略. 广西：广西教育出版社，1995.

[8] 王维德，崔磊，林德茂等. 无机电化学合成研究进展. 化工进展，2005，24（1）：32-35.

[9] 田昭武，林仲华. 电化学科学和技术. 厦门科技，1995（1）：6-9.

[10] 金利通，鲜跃仲，张芬芬. 纳米电化学与生物传感器的研究进展. 华东师范大学学报：自然科学版，2005（5-6）：13-24.

[11] 唐电，陈再良. 电化学材料科学的发展前景. 科技导报，2002（6）：26-28.

[12] 田昭武，林华水，孙建军等. 微系统科技的发展及电化学的新应用. 电化学，2001，7（1）：1-9.

[13] 谢德明，童少平，丁喜鹏. 我国民用电池工业及其可持续发展战略. 电源技术，2005，29（8）：551-555.

第1章
化学电池、电极与电解质溶液

1.1 化学电池

1.1.1 原电池的发现

1791年意大利解剖学教授 Luigi Galvani 偶然发现当用铜手术刀触及一只挂在铁架上的已解剖的青蛙上外露的神经时，蛙就剧烈地抽搐（图 1-1）。他对这一现象十分惊讶，于是着手探讨这种现象的原因。Galvani 猜测：可能是蛙的神经中有一种看不见的生命流体，它会顺着导线在青蛙尸体脊椎骨和腿神经之间流动，他称这种生命流体叫"动物电"或"生物电"，是这种电刺激了蛙的肌肉，发生痉挛现象。或者说动物肌肉里储存着电，可以用金属接触肌肉把电引出来。

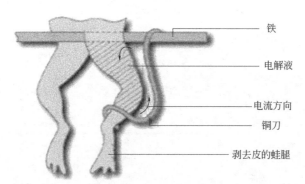

图 1-1 伽伐尼青蛙实验

随后 Volta 发现只要在两种金属片中间隔以盐水或碱水浸过的（甚至只要是水湿的）纸、麻布、或海绵，并用金属线把两个金属片连接起来，不管有没有青蛙的肌肉，都会有电流通过。这说明电并不是从蛙的组织中产生的，蛙腿神经只不过是一种非常灵敏的验电器而已。Volta 又对各种金属和导电材料进行了实验，从而发现了如下起电顺序。

锌—铅—锡—铁—铜—银—金—石墨—木炭

当以上任何两种材料相接触时，在序列中前面的一种带正电，后面的一种带负电，这就是著名的伏打序列。

伏打把金属（以及黄铁矿等某些矿石和木炭）称为第一导体或干导体，把盐、碱、酸等的溶液称为第二类导体或湿导体。他指出：把第一类导体与第二类导体相接触，就会引起电的扰动，产生电运动；至于这个现象的原因，目前还不清楚，只能认为是一般的特性。伏打将两块不同的第一类导体与浸有第二类导体溶液的湿布接触，再用导线将这两块第一类导体连接起来，成一回路，便得到虽然微弱但比较稳定的电流。当把若干个这种电池串接起来时，就能得到较强的电流（图 1-2）。

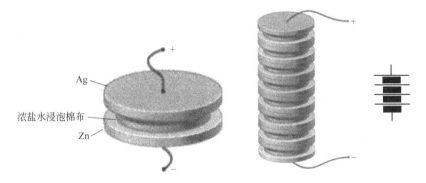

图 1-2 电池的记号，是由伏特的积层电池的形状而来的灵感

伏打电池的出现使人们第一次获得了比较强的稳定而持续的电流，为科学家们从对静电的研究转入对动电的研究创造了物质条件，导致了电化学、电磁联系等一系列重大的科学发现。由于它的诞生，19 世纪的第一年成了电气文明时代的开端。

1936 年 König 在巴格达附近考古时发掘到一个大约两千年以前的由 Fe 和 Cu 组成的类似的装置（图 1-3），所以也有人认为这才是化学电源的最早发明。

1.1.2　化学电池的若干常识

1.1.2.1　化学电池的组成与分类

（1）化学电池的组成

一个在其中发生电化学反应的装置，称为电化学装置。这种装置通常可

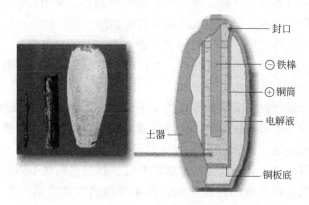

图 1-3　巴格达电池

分为两类：a. 原电池。在原电池中发生的电化学反应是自发进行的，在发生电化学反应的同时产生电流，原电池可以将化学能转化为电能。我们将在第 2 章中较为详细地讨论这类电化学装置。b. 电解池。其中进行的电化学反应是不能自发进行的，需要施加外部电源，所以这类装置是将电能转化为化学能。用到这类电化学装置的领域很多，例如氯碱工业、电解工业、湿法电解冶金、电镀以及电化学合成等，还有蓄电池在充电时也属于电解池。原电池与电解池又统称化学电池（electrochemical cell），两个电极和电解质是电池最重要的组成部分（图 1-4，表 1-1）。

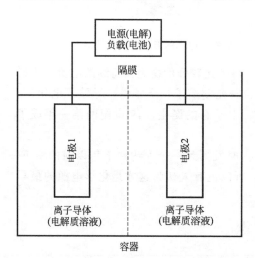

图 1-4　化学电池的组成

电能 $\underset{\text{原电池（电池）}}{\overset{\text{电解池}}{\rightleftarrows}}$ 化学能

表 1-1　化学电池的组成

名称	作用
电极（2 个）	传导电子，参加反应
电解质溶液	离子迁移，参加反应
导线	传导电子，不参加反应

（2）化学电池的种类

$$
化学电池
\begin{cases}
按能量转化方式分\quad 原电池与电解池 \\[4pt]
按电池构造分
\begin{cases}
单液电池\quad 两个电极插在同一种电解质溶液中 \\[2pt]
双液电池\quad 两个电极插在不同的电解质溶液中，两种 \\[2pt]
\qquad\qquad 电解质溶液可用膜或素烧瓷杯分开，也可 \\[2pt]
\qquad\qquad 以分盛在两容器中用盐桥相连
\end{cases} \\[4pt]
按电池电动势产生原因分\quad 化学电池（狭义）和浓差电池
\end{cases}
$$

1.1.2.2 化学电池的基本术语和表示方法

电极系统　如果系统由两个相组成，一个相是电子导体（叫电子导体相），另一个相是离子导体（叫离子导体相），且通过它们互相接触的界面上有电荷在这两个相之间转移，这个系统就叫电极系统（图 1-5）。将一块金属（比如铜）浸在清除了氧的硫酸铜水溶液中，就构成了一个电极系统。在两相界面上就会发生下述物质变化：

$$Cu_{(M)} \longrightarrow Cu^{2+}_{(Sol)} + 2e^-_{(M)}$$

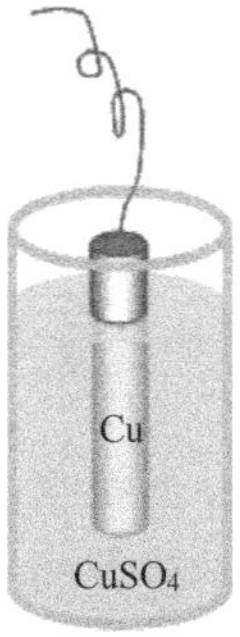

半电池　电池的一半，通常一个电极系统即构成一个半电池，连接两个半电池就构成了电池。

电对　在原电池的每一个电极中，一定包含一个氧化态物质和一个还原态物质。一个电极中的这一对物质称为一个氧化还原电对，简称电对，表示为氧化态/还原态（如 Zn^{2+}/Zn，Cu^{2+}/Cu，Fe^{3+}/Fe^{2+}，I_3^-/I^-，H^+/H_2，$S_2O_8^{2-}/SO_4^{2-}$ 等——电对符号）。注意无论它作正极还是负极，都表示为"Ox/Re"。

电极（electrode）　电对以及传导电子的导体，其作用为传递电荷，提供氧化或还原反应的地点。电极符号为（电子导电材料/电解质），如 $Zn\mid Zn^{2+}$，$Cu\mid Cu^{2+}$，$(Pt)\,H_2\mid H^+$，$(C)\mid Fe^{2+}$，Fe^{3+}。表 1-2 是电池极性的区分。

图 1-5　电极系统

在电化学中，按照发生的电极反应分类	在物理学中，正负极由电位高低来确定
阳极（anode）——发生氧化作用的电极	正极（positive electrode）——电势高的电极
阴极（cathode）——发生还原作用的电极	负极（negative electrode）——电势低的电极

电极反应（reactions on the electrode）　在电极上进行的有电子得失的化学反应。反应 $Cu_{(M)} \longrightarrow Cu^{2+}_{(Sol)} + 2e^-_{(M)}$ 就叫电极反应，也可以说是在电极系统中伴随着两个非同类导体相（Cu 和 $CuSO_4$ 溶液）之间的电荷转移而在两相界面上发生的化学反应。这时将 Cu 称为铜电极。电极总是要产生一

表 1-2　阴阳极与正负极

类别	阳极	阴极	
原电池	—	+	电解池中，与直流电源的负极相连的极叫做阴极，与直流电源的正极相连的极叫做阳极。在电解池中正极为阳极，负极为阴极；在原电池中则相反。
电解池	+	—	

定电势的，称为"电极电势"。

电池反应（cell reaction）　两个电极反应的总和。

$$氧化反应$$
$$+\quad 还原反应$$
$$\overline{\qquad\qquad\qquad}$$
$$电池反应$$

充电与放电　在电解池的两极反应中，氧化态物质得到电子或还原态物质给出电子的过程都叫做充电。在原电池中则叫放电（即使用电池的过程）。或者定义：化学能转化为电能——放电；电能转化为化学能——充电。

在电化学中，电极系统和电极反应这两个术语的意义是很明确的，但电极这个概念的含义却并不很肯定，有时仅指组成电极系统的电子导体相或电子导体材料，有时指的是某一特定的电极系统或相应的电极反应，而不是仅指电子导体材料。

在电极和电池的表示法中有如下规定。

① （一）左，（+）右，电解质在中间；按实际顺序，用化学式从左至右依次排列出各相的组成及相态。若电解质溶液中有几种不同的物质，则这些物质用"，"分开。

电池表达式　$(-)$电极 $a \mid$溶液$(a_1) \parallel$溶液$(a_2) \mid$电极 $b(+)$

② 用实垂线"$\mid$"表示相与相之间的界面，用虚垂线"$\vdots$"表示可混液相之间的接界，用"$\parallel$"或"$\vdots\vdots$"表示液体接界电势已用盐桥等方法消除。

③ 注明物质的存在形态［固态（s），液态（l）等］、温度与压强（298.15K，$p^{\ominus}$常可省略）、活度(a)；若不写明，则指 298.15K 和 $p^{\ominus}$。

④ 气体电极必须写明载（导）体金属（惰性），如

$$(-)\mathrm{Pt},\mathrm{H}_2(g,p^{\ominus}) \mid \mathrm{HCl}(m) \mid \mathrm{Cl}_2(g,0.5p^{\ominus}),\mathrm{Pt}(+)$$

下面以丹尼尔电池（图 1-6）为例，简述电池的基本术语和表示方法。

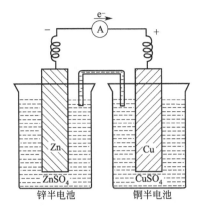

图 1-6　Cu-Zn 原电池

Zn-Cu 原电池

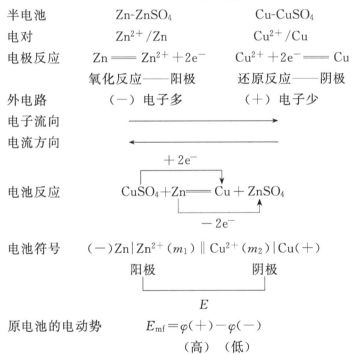

半电池	Zn-ZnSO$_4$	Cu-CuSO$_4$
电对	Zn^{2+}/Zn	Cu^{2+}/Cu
电极反应	Zn = Zn^{2+} + 2e$^-$	Cu^{2+} + 2e$^-$ = Cu
	氧化反应——阳极	还原反应——阴极
外电路	（－）电子多	（＋）电子少
电子流向		
电流方向		

$$+2e^-$$

电池反应　　　CuSO$_4$ + Zn = Cu + ZnSO$_4$

$$-2e^-$$

电池符号　　　（－）Zn│Zn^{2+}(m_1)‖Cu^{2+}(m_2)│Cu（＋）

　　　　　　　　　阳极　　　　　　　阴极

$$E$$

原电池的电动势　　$E_{mf} = \varphi(+) - \varphi(-)$

　　　　　　　　　　（高）　（低）

1.1.2.3　电化学系统的工作原理

　　化学能与电能的互相转换是通过电化学反应实现的。这是由于电池工作时，电流必须在电池内部和外部流过，构成回路，而电解质溶液中不存在自由电子，因此通过电流时在"电极/电解质"界面上就会发生某一或某些组分的氧化或还原，即发生了电化学反应（图 1-7）。

21

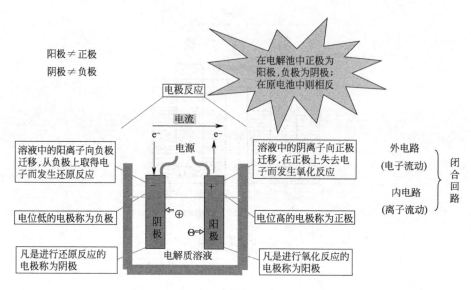

图 1-7　电池中化学反应原理

电解池中的导电过程包括两部分——溶液中离子的定向运动和电极反应。a. 电流通过溶液由正、负离子的定向迁移实现；b. 电流在电极与溶液界面得以连续，是由于两电极分别发生氧化还原作用时导致电子得失而形成。

1.1.2.4　原电池和电解池的对比

原电池和电解池的对比见表 1-3。

表 1-3　对比原电池和电解池

比较项目	原电池			电解池		
装置图	负极 氧化反应	CuCl₂(aq)	正极 还原反应	阳极 氧化反应	CuCl₂(aq)	阴极 还原反应
形成条件	①活动性不同的两种电极 ②电解质溶液 ③闭合回路			①两极(可同可不同) ②电解质溶液 ③直流电源		
判断依据	无外电源			有外电源		

续表

比较项目	原电池		电解池	
电极名称	负极 ↓ 电子流出的电极	正极 ↓ 电子流入的电极	阳极 ↓ 与外电源正极相连	阴极 ↓ 与外电源负极相连
电极反应	失电子被氧化	离子得电子被还原	氧化反应	还原反应
反应自发性	可自发进行		在外电压作用下才能进行	
电子流向	负极→外电路→正极		阳极→电源正极→电源负极→阴极	
离子流向	阳离子→正极,阴离子→负极		阳离子→阴极,阴离子→阳极	
能量转化	化学能→电能		电能→化学能	
相互联系	原电池可作电解池的电源			

1.2　电极反应与法拉第定律

　　电极反应是一种特殊的氧化还原（oxidation-reduction）反应。氧化与还原反应发生在不同地点，通过电极而进行间接电子传递的反应。通常氧化还原反应的氧化剂和还原剂之间进行的是直接电子传递反应。电极反应与通常的氧化还原反应的区别见表1-4、表1-5及图1-8，图1-9。

表 1-4　电极反应的现象与特点

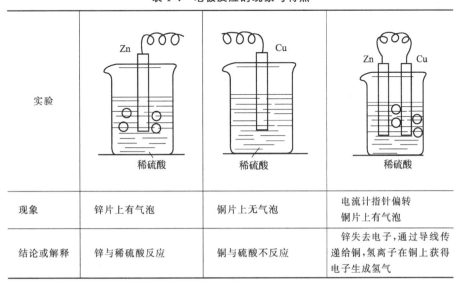

实验	 稀硫酸	稀硫酸	稀硫酸
现象	锌片上有气泡	铜片上无气泡	电流计指针偏转 铜片上有气泡
结论或解释	锌与稀硫酸反应	铜与硫酸不反应	锌失去电子,通过导线传递给铜,氢离子在铜上获得电子生成氢气

表1-5 热化学反应和电化学反应的区别

序号	热化学反应	电化学反应
1	反应质点必须接触	反应质点彼此分开
2	电子转移路径短,且电子无规则运动	电子转移路径长,且是有序运动
3	活化能来自于分子碰撞,反应速率取决于温度	活化能来自于电能,反应速率取决于电势
4	释放能量的形式:热量	释放能量的形式:电能

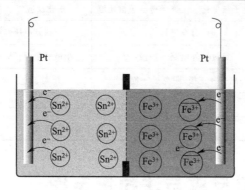

图1-8 电化学反应

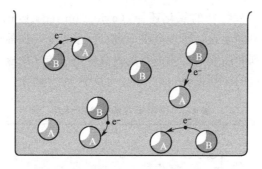

图1-9 热化学反应

对于电流通过电极引发电极反应的现象,法拉第于1833年总结出了二条基本规则,称为法拉第定律（Faraday's law）。

① 在电极上发生电极反应的物质的量 n 与通过的电量 Q 成正比。即

$$n=KQ=KIt \tag{1-1}$$

式中　K——比例系数;

　　　Q——电极上通过的电量,C;

　　　I——通过电极的电流,A;

　　　t——电极反应持续的时间,s。

② 若将几个电解池串联,通入一定的电量后,在各个电解池的电极上

发生反应的物质,其物质的量相同。

若回路上串联一个阴极反应 $X^{z+} + ze^- \longrightarrow X$,当消耗 1mol 的 X^{z+} (即生成 1mol 的 X) 时,通过的电量为

$$Q = It = z\text{F} \quad (\text{如电流不恒定,则} \quad Q = \int I dt) \tag{1-2}$$

式中　F——法拉第常数 (Faraday constant),即 1 摩尔电子所带的电量, C/mol;

　　　z——参与电极反应的电荷数。

$$\text{F} = L e = 1.60219 \times 10^{-19} \times 6.023 \times 10^{23} = 96485 \text{C/mol} \approx 96500 \text{C/mol}$$

式中,L 为阿伏伽德罗常数;e 为一个电子的电量。

换言之,当有电量 Q 通过时,生成 X 的物质的量 n 为

$$n = Q/z\text{F} \tag{1-3}$$

生成 X 的质量为

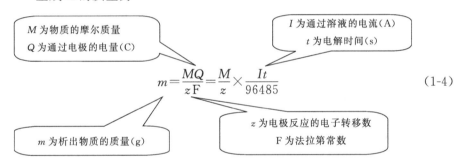

$$m = \frac{MQ}{z\text{F}} = \frac{M}{z} \times \frac{It}{96485} \tag{1-4}$$

◇法拉第定律是电化学上最早的定量基本定律,揭示了通入的电量与析出物质之间的定量关系。

◇该定律在任何温度、任何压力下均可以适用。

◇法拉第定律是自然科学中最准确的定律之一。

实际电解时由于电极上副反应或次级反应的发生而使所消耗的电荷量比按照 Faraday 定律计算所需要的理论电荷量多,此两者之比为电流效率 (current efficiency)。

$$电流效率 = \frac{按 \text{ Faraday 定律计算所需理论电荷量}}{实际所消耗的电荷量} \times 100\% \tag{1-5a}$$

或 $$电流效率 = \frac{电极上产物的实际质量}{按 \text{ Faraday 定律计算应获得的产物质量}} \times 100\% \tag{1-5b}$$

电流效率

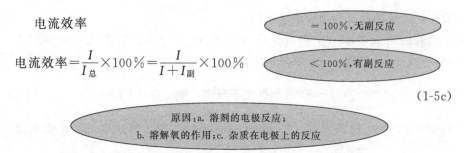

$$电流效率=\frac{I}{I_{总}}\times100\%=\frac{I}{I+I_{副}}\times100\%$$

（1-5c）

电解法制备产品的过程中消耗电能的多少，是极为重要的经济指标，在实验室或工业生产中进行电解反应时，实际消耗的电能往往超过理论计算值。这是因为在电解过程中会产生浓差极化和电化学极化，从而出现了浓差超电势和活化超电势，同时还可能出现一些副反应以及溶液产生的内阻等，这些都需要额外消耗一些电能。

通常，我们把理论上所需的电能与实际消耗的电能之比称为电能效率，即

$$电能效率=\frac{理论上所需的能量}{实际消耗的能量}\times100\%=电流效率\times电压效率 \quad (1-6)$$

$$电压效率=\frac{理论分解电压}{实际槽电压}\times100\% \quad (1-7)$$

根据法拉第定律可设计出用于测量电路中所通过电量的装置——"库仑计"或"电量计"（coulometer）。常用电量计有"银电量计"、"气体电量计"等。银电量计（图1-10）是将银电极作为阴极置于 $AgNO_3$ 水溶液中，根据通电后在电极上析出银的质量计算所通过的电量。气体电量计是根据电解水生成 $H_2+1/2O_2$ 的混合体积→通电量 Q。

$$\because \quad n=Q/z\mathrm{F}\rightarrow Q=nz\mathrm{F} \quad (1-8)$$

$\therefore$ 测出电极反应的产物的物质的量 n→电量 Q

图 1-10　银电量计

要求：a. 产物的量易测——固体或气体。b. 电流效率 η 大（即无副反应），$\eta\rightarrow1$。

1.3　电解质溶液

电解质溶液广泛存在于自然界和各种工业生产过程中。电解质溶液是构成电化学系统、完成电化学反应必不可少的条件，有时它本身就是电化学

反应原料的提供者。因此了解电解质溶液的导电特征是十分重要的。

1.3.1　两类导体

　　能导电的物质称为导体（conductor）。根据传导电流的电荷载体（载流子）的不同，可以将导体分为两类（表1-6）：第一类导体和第二类导体。当第一类导体和第二类导体接触时，就组成电极。如有电流通过两类导体的界面，在界面上就发生电化学反应。

表1-6　两类导体的对比

序号	第一类导体，又称电子导体 如金属、石墨等	第二类导体，又称离子导体 如电解质溶液、熔融电解质等
1	自由电子作定向运动而导电	正、负离子作反向移动而导电
2	导电时导体自身不发生化学变化	导电过程中电极相界面上发生化学变化
3	温度升高，电阻也升高，导电能力下降	温度升高，电阻下降，导电能力增加
4	导电总量全部由电子承担	导电总量分别由正、负离子分担

　　不同材料具有不同的电阻。金属导体的电阻最小，绝缘体的电阻最大，半导体的电阻介于导体和绝缘体之间。第二类导体的导电能力一般比第一类导体小得多。与第一类导体相反，第二类导体的电阻率随温度升高而变小，大量实验证明，温度每升高1℃，第二类导体的电阻率大约减小2%左右。这是由于温度升高时，溶液的黏度降低，离子运动速度加快，在水溶液中离子水化作用减弱等原因，使导电能力增强。对于由一定材料制成的横截面均匀的导体，它的电阻 R 与长度 l 成正比，与横截面 A 成反比，即

$$R=\rho\frac{l}{A} \tag{1-9}$$

　　式中，ρ 为电阻率。表1-7列出了一些材料在0℃时的电阻率。其中银是导电性能最佳的材料，其次为铜，由于铜价格较便宜，因此使用最为广泛。

表1-7　材料电阻率范围

材料	电阻率 $\rho/(\Omega\cdot m)$	典 型 代 表
绝缘体 玻璃	$>10^8$ 约 10^{12},25℃	石英、聚乙烯、聚苯乙烯、聚四氟乙烯
半导体 Si	$10^{-4}\sim10^8$ 约 1.0,25℃	硅、锗、聚乙炔

续表

材料	电阻率 $\rho/(\Omega \cdot m)$	典 型 代 表
导体	$10^{-10} \sim 10^{-4}$	
银	$1.47 \times 10^{-8}, 0℃$	
KCl(熔融)	$4.72 \times 10^{-3}, 800℃$	汞、银($1.47 \times 10^{-8}, 0℃$)、铜、石墨
KCl(1.00mol/L)	$8.93 \times 10^{-2}, 25℃$	
KCl(0.10mol/L)	$7.75 \times 10^{-1}, 25℃$	
KCl(0.01mol/L)	$7.09 \times 10^{-1}, 25℃$	
超导体	$<10^{-10}$(可达 10^{-22})	铌(9.2K)、铌铝锗合金(23.3K)、聚氮硫(0.26K)

1.3.1.1　第一类导体

由电子来传导电流的导体称为第一类导体或电子导体。属于这类导体的物质有金属、合金、石墨、碳以及某些金属的氧化物（如 PbO_2、Fe_3O_4）和碳化物（如 WC）等。其中金属是最常见的一类导体。金属原子最外层的价电子很容易挣脱原子核的束缚，而成为自由电子。金属中自由电子的浓度很大，金属导体的电阻率约为 $10^{-8} \sim 10^{-6} \Omega \cdot m$。铜、铝、铁及某些合金是常用的导电材料。

导电聚合物（conducting polymer）由日本科学家白川英树最先发现，美国科学家 A. L. Heeger 和 A. G. MacDiarmid 也是这一研究领域的先驱。他们为此共同获得 2000 年度诺贝尔化学奖。导电聚合物又称导电高分子，是指通过掺杂等手段，使原本绝缘的有机聚合物的电导率提高到半导体或导体的水平。通常指本征导电聚合物，这一类聚合物主链上含有交替的单键和双键，从而形成大的共轭 π 体系。π 电子的流动产生了导电的可能性。各种共轭聚合物经掺杂后都能变为具有不同导电性能的导电聚合物，有代表性的共轭聚合物有聚乙炔、聚吡咯、聚苯胺、聚噻吩、聚对苯乙烯、聚对苯等。

某些材料的电阻率会因受到热、压力和光等的作用而发生显著的变化，这种效应得到广泛的应用。压敏电阻用于测量微小应变。由铜、镍、钴、锰等金属氧化物制成的陶瓷热敏电阻用于温度测量和补偿。硫化镉、硫化铅等半导体制成的光敏电阻用于自动控制、红外遥感、电视和电影等设备中。

1.3.1.2　第二类导体

依靠离子的定向移动来传导电流的导体称为第二类导体或离子导体。第二类导体导电时伴随有物质迁移，在相界面多有化学反应发生。

电解质溶液、熔融电解质和固体电解质，都属于第二类导体。大部分纯液体虽然也能离解，但离解度很小，所以不是导体。例如纯水（去离子水），其电阻率高达 $10^{10} \Omega \cdot m$ 以上。如果在纯水中加入电解质，其离子浓度将大为增加，电阻率降至约 $10^{-1}\Omega \cdot m$，便成为导体。根据物质电离程度的大小，一般可分为强电解质和弱电解质两种。强电解质在溶液中完全电离，如 NaOH 等金属的氢氧化物及 NaCl 等盐类。弱电解质在溶液中仅部分电离，如水中的醋酸等。很多盐类，如 NaCl 熔融时虽没有任何溶剂存在，但也具有电解质的性质；还有一些盐如 AgI，即使在固态时也是电解质。

固体电解质是离子迁移速度较高的固态物质。对于多数固体电解质而言，只有在较高温度下，电导率才能达到 10^{-6} S/cm 数量级，因此固体电解质的电化学实际上是高温电化学。对固体电解质还要求在高温下具有稳定的化学和物理性能。

实际晶体都有一定的缺陷，在固体电解质内离子之所以能够移动而导电，其原因就是固体晶格内存在缺陷。为了增加它的离子导电性，必须增加固体中可移动离子的数目和离子的淌度，也就是增加晶格缺陷，例如加入某些添加剂（化合价不同的杂质）形成空位，如在 ZrO_2 中加入 CaO，由于 Zr 是+4 价，而 Ca 是+2 价，则 CaO 带到 ZrO_2 晶格中去的氧离子就少了一半，产生氧离子的空位（空穴），在电场的作用下，氧离子就会发生迁移——空穴导电，如图 1-11 所示。

Zr	O	O	Zr	O	O	Zr	O	O	Zr
O	Zr	O	O	Zr	O	O	Ca	□	O
O	O	Zr	O	O	Zr	O	O	Zr	O
Zr	O	O	Ca	□	O	Zr	O	O	Zr
O	Zr	O	O	Zr	O	O	Zr	O	O
O	O	Zr	O	O	Zr	O	O	Zr	O

□—氧离子空位

图 1-11　掺入 CaO 后，ZrO_2 晶格中产生氧离子空位示意

固体电解质的导电以离子导电为主，但也有极少部分电子参与导电，而电子导电率占总电导率的分数过大的固体电解质，不能用于精确的电化学测量和用于实用电池的电解质。

电离的气体也能导电，其中载流子是电子和正负离子。在通常情况下，气体是良好的绝缘体。但是如果在加热或用 X 射线、γ 射线或紫外线照射等条件下，可使气体分子离解，因而电离的气体便成为导体。电离气体的导电性与外加电压有很大的关系，且常伴有发声、发光等物理过程。电离气体常应用于电光源制造工业。

离子化合物在常温下通常是固体。这是由于离子键是很强的化学键，而且没有方向性和饱和性，强大的离子键使阴、阳离子彼此靠拢，所有离子只能在原地振动或者角度有限地摆动，而不能移动。若将带正电的阳离子和带

负电的阴离子做得很大，而且其中之一结构极不对称，难以在微观空间做有效的紧密堆积，离子之间作用力也将减小，从而使这种化合物的熔点下降，就有可能得到常温下呈液态的离子化合物，这就是离子液体。

在离子液体里没有电中性的分子，100％是阴离子和阳离子。离子液体的主要特点是非挥发性、低熔点（可达零下 90℃）、宽液程、强的静电场、宽的电化学窗口、良好的导电与导热性、良好的透光性与高折射率、高热容、高稳定性、选择性溶解力与可设计性。这些特点使得离子液体成为兼有液体与固体功能特性的"固态"液体（solid liquid），或称为"液体"分子筛（liquid zeolite）。

1.3.2 离子的迁移数及电迁移率

在电场力作用下正、负离子分别作定向运动（图 1-12）的现象称为电迁移（electro migration）。正、负离子虽然运动方向相反，但它们的导电方向却是相同的。输送电量 q 的任务由正、负离子共同承担。但是溶液中正、负离子的导电能力通常是不同的。为此采用正（负）离子所迁移的电量占通过电解质溶液的总电量的分数来表示正（负）离子的导电能力，并称之为迁移数，用 t_+（t_-）（transport number）表示。即

定义

$$t_+ = \frac{I_+}{I} = \frac{正离子所运载的电流}{总电流}$$ (1-10a)

无量纲量，数值上总小于 1

$$t_- = \frac{I_-}{I} = \frac{负离子所运载的电流}{总电流}$$ (1-10b)

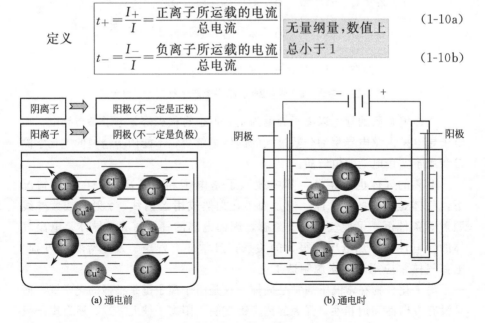

(a) 通电前　　　　　　　　　(b) 通电时

图 1-12　通电前后溶液中离子移动示意

若电解质溶液中含有两种以上离子时，则其中某一种离子 B 的迁移数 t_B 计算式为

$$t_B = \frac{q_B}{q} = \frac{q_B}{\sum_B q_B} = \frac{I_B}{I} = \frac{I_B}{\sum I_+ + \sum I_-} \tag{1-11}$$

离子的迁移速率除了与离子本性（如离子半径、价数等）和溶剂性质、温度有关外，还与两极间所加电压（V）的大小及两电极间的距离（l）有关，即与电位梯度（dV/dl）有关。

$$v = \boxed{U_+} \frac{dV}{dl} \tag{1-12}$$

$\downarrow$

> 离子在 $E=1V/m$ 时的运动速度，称为离子电迁移率（ionic mobility），或离子淌度，单位是 $m^2/(s \cdot V)$，它包含了除电位梯度以外的影响离子迁移速率的因素。

某物质的浓度 $c \rightarrow 0$，其离子淌度 $u \rightarrow u_\infty$。u_∞ 称为离子的极限电迁移率（limiting mobility），或无限稀释电迁移率（mobility at infinite dilution）。参见表 1-8。

当电解质溶液中只含有一种正离子和一种负离子且温度及外电场一定时，迁移数在数值上还可表示为

$$t_+ = \frac{Q_+}{Q_+ + Q_-} = \frac{v_+}{v_+ + v_-} = \frac{u_+}{u_+ + u_-} \tag{1-13a}$$

$$t_- = \frac{Q_-}{Q_+ + Q_-} = \frac{v_-}{v_+ + v_-} = \frac{u_-}{u_+ + u_-} \tag{1-13b}$$

显然 $\qquad t_+ + t_- = 1; \quad t_+/t_- = U_+/U_-$

表 1-8　298.15K 时一些离子在无限稀水溶液中的电迁移率

正离子	K^+	Na^+	Li^+	H^+	Ag^+	Tl^+	Ca^{2+}	Ba^{2+}	Sr^{2+}	Mg^{2+}	La^{3+}
$U_+^\infty \times 10^8/[m^2/(s \cdot V)]$	7.62	5.20	3.88	36.20	6.42	7.44	6.16	5.59	6.14	5.50	7.21
负离子	Cl^-	Br^-	I^-	HCO_3^-	OH^-	$C_2H_3O_2^-$	$C_3H_5O_2^-$	ClO_4^-	SO_4^{2-}	NO_3^-	
$U^\infty \times 10^8/[m^2/(s \cdot V)]$	7.91	8.21	7.96	4.61	20.50	4.24	4.11	7.05	8.27	7.40	

影响离子迁移数的因素 $\begin{cases} 浓度 & 离子间相互引力 \\ 温度 & 离子的水合程度 \end{cases}$

① 为什么 H^+ 和 OH^- 离子的电迁移率特别大？
② 而 Li^+ 的又特别小？

Li^+ 离子半径小，对极性水分子的作用较强，在其周围形成了紧密的水

化层（图 1-13），使 Li^+ 在水中的迁移阻力增大，因此在水溶液中 Li^+ 的电迁移率是最小的。

H^+、OH^- 的电迁移率比一般的阳、阴离子大得多，这是由于它们的导电机制与其它离子不同。H^+ 是无电子的氢原子核，对电子有特殊的吸引作用，化合物中的孤对电子是质子的理想吸引对象，因此质子与水分子很容易结合形成三角锥形的 H_3O^+，在水溶液中它被三个水分子包围，存在的主要形式是 $H_3O^+ \cdot 3H_2O$。氢的迁移是一种链式传递，即从一个水分子传递给具有一定方向的相邻的其它水分子，这种传递可在相当长距离内实现质子交换，称为质子跃迁机理。迁移实际上只是水分子的转向，所需能量很少，因此迁移得快。根据现代质子跳跃理论，它可以通过隧道效应进行跳跃，然后定向传递，其效果就如同 H^+ 以很高的速率迁移。OH^- 的迁移机理与 H_3O^+ 相似，如图 1-14 所示。

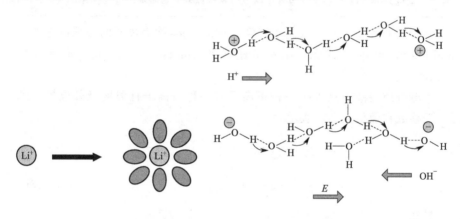

图 1-13　水合 Li^+　　　　　　图 1-14　H^+ 和 OH^- 的链式传递

1.3.3　离子迁移数的测定方法

1.3.3.1　希托夫法

图 1-15 给出当正、负离子的迁移数之比为 3：1，两电极间通过 $4e^-$ 电量时，通电前、后两电极区电解质浓度的变化。假设在两个惰性电极间有两个截面，把溶液分为阴极区、阳极区和中间区三个部分，未通电时，整个溶液浓度均匀。全过程如下。

① 通电前　各区均含有 6mol 阴离子（－）和阳离子（＋）。

② 通电 4F 电量　在两电极上分别有 4mol 的正、负离子得到、失去电子，发生电极反应而消耗，在溶液中，每个截面都有 4F 的电量通过。假设

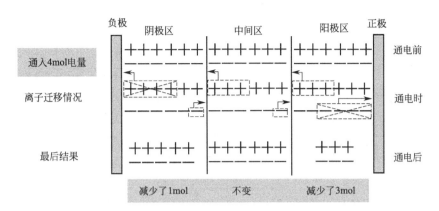

图 1-15　通电前后电极区物质的量的变化

正离子的速度是负离子的 3 倍：$v_+ = 3v_-$。1mol 负离子通过时，就有 3mol 的正离子通过。也就是说，整个导电任务是靠正负离子共同承担，阳离子承担 3/4，阴离子承担 1/4。

③ 通电终了，不考虑扩散，三个区浓度不等（中间区电解质物质的量维持不变，阴极区电解质物质的量减少 1 mol，阳极区电解质物质的量减少 3mol）。若电极也参加反应，物质的量的计算上要更复杂一些。

从图 1-15 中可以看出。

① 电极区电解质物质的量的改变值 Δn 是离子的电迁移物质的量——n（迁移）（迁出为负）和电极反应物质的量——n（电解）（消耗为负）共同作用的结果，即

$$\Delta n = n(\text{迁移}) + n(\text{电解}) \qquad (1\text{-}14)$$

阴极区　$\Delta n = n^+(\text{迁移}) + n^+(\text{电解}) = 3 - 4 = -1$

$t^+ = n^+(\text{迁移})/n(\text{电解}) = 3/4 = 0.75$

阳极区　$\Delta n = n^-(\text{迁移}) + n^-(\text{电解}) = 1 - 4 = -3$

$t^- = n^-(\text{迁移})/n(\text{电解}) = 1/4 = 0.25$

② 由于离子的电迁移速率不同，电迁移与电极反应同时进行的结果，必然会引起两电极区电解质的量的变化不一样，变化的规律为

$$\frac{\text{阳极区电解质的减少量}}{\text{阴极区电解质的减少量}} = \frac{\text{正离子所传导的电量}（q_+）}{\text{负离子所传导的电量}（q_-）} = \frac{t_+}{t_-}$$

希托夫法迁移数测定实验装置见图 1-16。迁移数管分为阴极区、中间区和阳极区三个部分。通电后，正、负离子分别向阴、阳极迁移，并在两电极上产生氧化还原反应。电解后，可从活塞放出两电极附近的电解液以分析其浓度。所通过电量可由电量计测出。最后通过下面二式计算 t_+ 和 t_-。

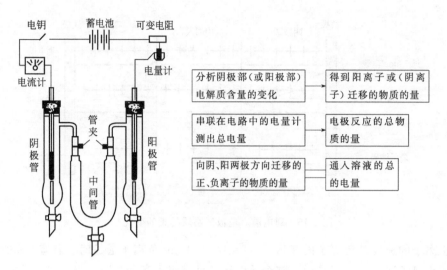

图 1-16　希托夫法测定离子迁移数的装置

$$t_+ = \frac{Q_+}{Q} = \frac{\Delta n_+}{\Delta n} = \frac{\Delta n_+}{\Delta n_+ + \Delta n_-} \tag{1-15a}$$

$$t_- = \frac{Q_-}{Q} = \frac{\Delta n_-}{\Delta n} = \frac{\Delta n_-}{\Delta n_+ + \Delta n_-} \tag{1-15b}$$

希托夫法的原理较简单，但实验中由于对流、扩散、外界振动及水分子随离子的迁移等因素的影响，数据的准确性往往较差。

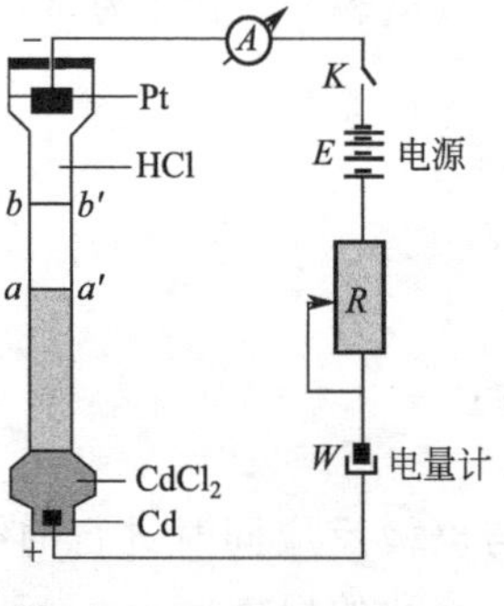

1.3.3.2　界面移动法

界面移动法可以直接测定两电解质溶液间的界面移动速率。图 1-17 为界面移动法测定氢离子迁移数的装置图。由于甲基紫的缘故迁移管下部的 Cd^{2+} 溶液呈现紫色，与上部的 HCl 溶液形成明显的分界面。如果 HCl 溶液的浓度为 c，通过电量 q 后，两个分界面（aa′，bb′）间的体积为 V，则由 H^+ 迁移的电量 $q_+ = VcF$ 可得

图 1-17　界面移动法装置

$$t(H^+) = \frac{q_+}{q} = \frac{VcF}{q} \tag{1-16}$$

式中，c 为电解质溶液的物质的量浓度，单位为 mol/m^3。

1.3.4 电导、电导率、摩尔电导率

1.3.4.1 电导、电导率、摩尔电导率的概念

（1）电导（conductance）

描述离子导体（电解质溶液等）的导电能力时常采用电阻 R 的倒数——电导 G 来描述，即

$$G = \frac{1}{R} = \frac{I}{U} = \frac{1}{\rho} \times \frac{A}{l} = \kappa \frac{A}{l} \tag{1-17}$$

式中，电导 G 的单位是 S［西门子（siemens）］，$1S = 1\Omega^{-1}$；R 的单位为 Ω（欧）；l 为导体的长度，m；A 为导体的截面积，m^2；ρ 为电阻率，$\Omega \cdot m$，κ 是电导率。电导的数值除与电解质溶液的本性有关外还与离子浓度、电极大小、电极距离有关。

（2）电导率（conductivity）

电导率 κ 是电阻率的倒数

$$\kappa = \frac{1}{\rho} = G \frac{l}{A} \tag{1-18}$$

κ 的单位是 S/m 或 $1/(\Omega \cdot m)$。κ 是电极距离为 1m，且两极板面积均为 $1m^2$ 时电解质溶液的电导，故 κ 有时亦称为比电导。κ 的数值与电解质种类、温度、浓度有关。若溶液中含有 B 种电解质时，则该溶液的电导率应为 B 种电解质的电导率之和，即

$$\kappa(\text{溶液}) = \sum_B \kappa_B \tag{1-19}$$

（3）摩尔电导率（molar conductivity）

虽然电导率已消除了电导池几何结构的影响，但它仍与溶液浓度或单位体积的质点数有关。因此无论是比较不同种类的电解质溶液在指定温度下的导电能力，还是比较同一电解质溶液在不同温度下的导电能力，都需要固定被比较溶液所包含的质点数。这就引入了一个比 κ 更实用的物理量 Λ_m，称为摩尔电导率。

$$\Lambda_m = \frac{\kappa}{c} \tag{1-20}$$

Λ_m 的单位为 $S \cdot m^2/mol$。Λ_m 表示在相距为单位长度的两平行电极之间放有 1mol 电解质溶液的电导（图 1-18），理由

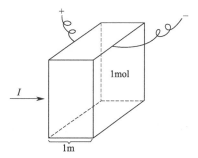

图 1-18 摩尔电导率的意义

如下。

$$\Lambda_m = \frac{\kappa}{c} = \frac{G(l/A)}{n/(lA)} = \frac{G}{n}l^2 \tag{1-21}$$

当 $l=1m$，$n=1mol$ 时，$\Lambda_m = G$。

使用 Λ_m 时须注意：a. 在使用摩尔电导率时，应写明物质的基本单元。b. 对弱电解质，是指包括解离与未解离部分在内总物质的量为 1mol 的弱电解质而言的。例如浓度为 $10mol/m^3$ 的 $CuSO_4$ 溶液的电导率为 0.1434S/m。

$$\Lambda_m(CuSO_4) = \frac{\kappa}{c(CuSO_4)} = \frac{0.1434S/m}{10mol/m^3} = 14.34 \times 10^{-3} S \cdot m^2/mol$$

$$\Lambda_m\left(\frac{1}{2}CuSO_4\right) = \frac{\kappa}{c\left(\frac{1}{2}CuSO_4\right)} = \frac{0.1434S/m}{2 \times 10mol/m^3} = 7.17 \times 10^{-3} S \cdot m^2/mol$$

$$\Lambda_m(CuSO_4) = 2\Lambda_m\left(\frac{1}{2}CuSO_4\right)$$

一般情况下，取正、负离子各含 1mol 电荷作为电解质的物质的量的基本单元。如

$$\Lambda_m(NaCl), \quad \Lambda_m\left(\frac{1}{2}CaCl_2\right), \quad \Lambda_m\left(\frac{1}{3}AlCl_3\right)$$

1.3.4.2 电导率、摩尔电导率与浓度的关系

某一温度下，几种电解质水溶液的电导率与其浓度的关系如图 1-19 所示。由图 1-19 可知，在相同浓度下，强电解质（HCl，KOH 等）具有较大的电导率，而弱电解质（HAc）的电导率却小得多。该图的另一个特点是有很多曲线出现极大值，说明有矛盾的因素在起作用。决定导电能力强弱的因素有两个，即电荷的多寡和电荷移动的快慢。a. 强电解质。低浓度时，$c\uparrow$，单位体积内离子数目增加，$\kappa\uparrow$；高浓度时，$c\uparrow$，离子间相互作用力增大，电迁移速率 $u\downarrow$，电导率 $\kappa\downarrow$。b. 弱电解质。因为起导电作用的仅是解离的那部分离子，$c\uparrow$，电离度减小，离子数目变化不大，迁移速率也变化不大，κ 变化不大。

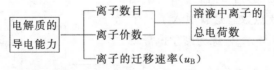

由图 1-20 可以看出如下几点。

① 对完全电离的强电解质来说，规定溶质为 1mol 即规定了电荷的多寡，随浓度变化的仅为离子迁移速率。随着电解质浓度减小→离子间距增大→离子间作用力（吸引力）减小→离子运动速率增加→摩尔电导率增加。

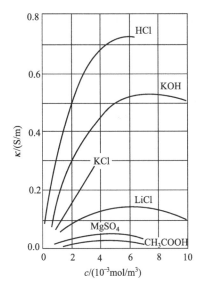

图 1-19 电导率与浓度的关系

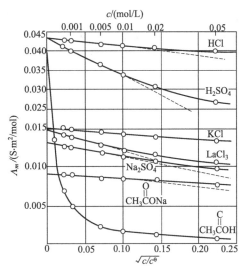

图 1-20 摩尔电导率与浓度的关系

② 高价电解质随浓度变化比低价电解质随浓度变化大，这是由于高价电解质离子间作用力较强，浓度改变引起离子运动速率变化较大所致。

③ 在一定温度下，强电解质稀溶液的摩尔电导率 Λ_m 与其浓度 c 之间有如下关系

$$\Lambda_m = \Lambda_m^\infty - A\sqrt{c} \qquad (1-22)$$

式(1-22)为科尔劳乌施实验定律　浓度在 0.01mol/L 以下适用。

式中，A 与 Λ_m^∞ 在温度、溶液一定下均为常数。Λ_m^∞ 是 $c \to 0$ 时的摩尔电导率，故称为无限稀释条件下电解质的摩尔电导率（molar conductivity at infinite dilution），或称极限摩尔电导率（limiting molar conductivity）。所以可用外推法求 Λ_m^∞。

④ 对于弱电解质，$c_B \uparrow$，$\Lambda_m \downarrow$；在稀溶液中，$c_B \downarrow$，$\Lambda_m \uparrow \uparrow$。这是由于对弱电解质来说，溶液变稀时离解度增大，致使参加导电的离子数目大为增加（注意电解质数量未变），因此 Λ_m 的数值随浓度的降低而显著增大。当溶液无限稀释时，电解质已达 100% 电离，且离子间距离很大，相互作用力可以忽略。因此弱电解质溶液在低浓度区的稀释过程中。Λ_m 的变化比较剧烈且 Λ_m 与 Λ_m^∞ 相差甚远，Λ_m 与 c 之间不遵守 Kohlrausch 稀释定律，所以不能用外推法求 Λ_m^∞。

1.3.4.3 离子独立运动定律

德国科学家科尔劳乌施（Kohlrausch）发现在无限稀释溶液中，每种离

子独立移动，不受其它离子影响，电解质的无限稀释摩尔电导率可认为是组成中各离子的无限稀释摩尔电导率之和，每种离子对 Λ_m^∞ 都有恒定的贡献。若电解质为 $M_{\nu_+}A_{\nu_-}$，在溶液中全部电离，ν_+、ν_- 为电解质分子中阳离子与阴离子的个数；z^+、z^- 为阳离子与阴离子的电荷数，则

$$M_{\nu_+}A_{\nu_-} \longrightarrow \nu_+ M^{z+} + \nu_- A^{z-} \tag{1-23}$$

$$z_+ > 0, z_- < 0, \nu_+ z_+ + \nu_- z_- = 0 \tag{1-24}$$

$$\Lambda_m^\infty = \nu_+ \Lambda_{m,+}^\infty + \nu_- \Lambda_{m,-}^\infty \tag{1-25}$$

> 式(1-25) 为离子独立运动定律 在给定温度和溶剂的条件下，在无限稀释的溶液中，离子的摩尔电导率是一定值，与其它离子无关。

根据离子独立运动定律可以应用强电解质无限稀释摩尔电导率计算弱电解质无限稀释摩尔电导率。例如 CH_3COOH 的无限稀释摩尔电导率可由强电解质 HCl、CH_3COONa 及 NaCl 的无限稀释摩尔电导率求出。

$$\Lambda_m^\infty = \Lambda_m^\infty(H^+) + \Lambda_m^\infty(Ac^-) = \Lambda_m^\infty(H^+) + \Lambda_m^\infty(Cl^-) + \Lambda_m^\infty(Na^+) +$$
$$\Lambda_m^\infty(Ac^-) - \Lambda_m^\infty(Na^+) - \Lambda_m^\infty(Cl^-)$$
$$= \Lambda_m^\infty(HCl) + \Lambda_m^\infty(NaAc) - \Lambda_m^\infty(NaCl)$$

从以上的例子也可看到，若能得到无限稀释时的离子的摩尔电导率，则能直接应用加和的方法(1-25)计算无限稀释时电解质的摩尔电导率。

对强电解质和无限稀释的弱电解质（全部电离） $\Lambda_m \propto u_B$ (1-26a)

对弱电解质（部分电离） $\Lambda_m = f(u_B, 离子数目)$ (1-26b)

1.3.4.4 电导的测定

一般采用 Wheatstone（惠斯顿）交流电桥法测定电解质溶液的电阻。因为若用直流电，必将引起离子定向迁移而在电极上放电。即使采用频率不高的交流电源，也会在两电极间产生极化电势，导致一定的测量误差，所以测量时一般用较高频率交流电源。G 为平衡检测器，相应地应用示波器或耳机。测定时把待测溶液放入电导池中，接入图 1-21 所示交流电桥。图中的 I 为交流电源，交流电源的频率一般采用 $1000Hz$，电流方向的迅速变化可以消除电极的极化作用。R_x 是电导池中待测溶液的未知电阻。若要精

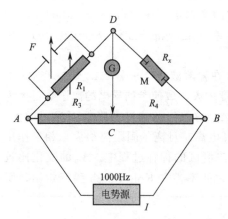

图 1-21 电解质的电导测定

密测量，应在 R_1 处并联一个适当的电容 F，使桥路的容抗也能达到平衡。测定时，接通电源，选择一定电阻的 R_1，移动接触点 b，直到检流计 G 显示为零，即桥路输出电位 $U_{ab}=0$ 时，此时电桥平衡。

$$\frac{R_1}{R_x}=\frac{R_3}{R_4} \tag{1-27}$$

$$\frac{1}{R_x}=\frac{R_3}{R_1R_4}=\frac{AC}{BC}\times\frac{1}{R_1} \tag{1-28}$$

电导池常数

$$R=\rho\frac{l}{A}=\rho\boxed{K_{cell}} \tag{1-29}$$

$$K_{cell}=\frac{1}{\rho}R=\kappa R \tag{1-30}$$

因为两电极间距离 l 和镀有铂黑的电极面积 A 无法用实验测量，通常用已知电导率的 KCl 溶液注入电导池，测定电阻后得到 K_{cell}（cell constant）。然后用这个电导池测未知溶液的电导率。在电解质溶液浓度 c 已知的情况下可以进一步计算该电解质溶液的摩尔电导率 Λ_m。

1.3.4.5 电导测定的应用

（1）检验水的纯度

$$H_2O \Longrightarrow H^+ + OH^-$$

理论计算纯水的电导应为 5.5×10^{-6} S/m，事实上，水的电导率小于 1×10^{-4} S/m 就认为是很纯的水了，称为"电导水"，若大于这个数值，那肯定含有某种杂质。

（2）计算弱电解质的电离度和电离平衡常数

对于弱电解质 $\begin{cases} \Lambda_m^\infty & \text{全部电离，离子间无作用力} \\ \Lambda_m & \text{部分电离，离子间有作用力} \end{cases}$

若电离度比较小，离子浓度比较低，则相互作用力可忽略（与无限稀溶液相仿），导电能力全部决定于电离度 α

$$\alpha=\Lambda_m/\Lambda_m^\infty$$

例如，醋酸电离

$$CH_3COOH \Longrightarrow H^+ + CH_3COO^-$$

电离前 c 0   0

电离平衡时 $c(1-\alpha)$ $c\alpha$ $c\alpha$

$$K^\ominus=\frac{(\alpha c/c^\ominus)^2}{(1-\alpha)c/c^\ominus}=\frac{\alpha^2}{1-\alpha}c/c^\ominus \tag{1-31}$$

其中 Λ_m^∞ 由 $\Lambda_{m,+}^\infty$ 及 $\Lambda_{m,-}^\infty$ 按式(1-25)计算,由实验测定 c 与 κ 即可得 Λ_m,由 Λ_m 及 Λ_m^∞ 即可求解离度 α。

(3)计算难溶盐的溶解度

【例1】 25℃时氯化银水溶液的电导率为 $3.41\times10^{-4}\,S/m$。已知同温度下,配制此溶液所用水的电导率为 $1.60\times10^{-4}\,S/m$。试计算 25℃时氯化银的溶解度。

解: 氯化银在水中溶解度极微,所以水的电导率 κ(水)在它的饱和水溶液的电导率 κ(溶液)中占有很大比率,必须考虑。

$$\kappa(AgCl)=\kappa(溶液)-\kappa(H_2O)=(3.41-1.60)\times10^{-4}=1.81\times10^{-4}\,S/m$$

又因为氯化银在水中溶解度极微,其饱和水溶液可看成为无限稀释溶液,其摩尔电导率 Λ_m 即是无限稀释溶液的摩尔电导率 Λ_m^∞,可由离子的无限稀释溶液的摩尔电导率求得。

$$\Lambda_m(AgCl)=\Lambda_m^\infty(AgCl)=\Lambda_m^\infty(Ag^+)+\Lambda_m^\infty(Cl^-)$$
$$=138.26\times10^{-4}\,S\cdot m^2/mol$$

$$\because \qquad \Lambda_m=\frac{\kappa}{c}$$

$$\therefore \qquad c=\frac{\kappa}{\Lambda_m}=\frac{1.81\times10^{-4}}{138.26\times10^{-4}}=0.01309\,mol/m^3$$

(4)电导滴定

在滴定过程中,离子浓度不断变化,电导率也不断变化,利用电导率变化的转折点,确定滴定终点。电导滴定的优点是不用指示剂和不必担心滴定过终点,对有色溶液和沉淀反应都能得到较好的效果,并能自动记录。例如图 1-22 所示的例子。

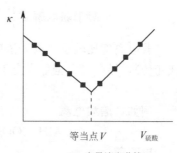

(a) 实物图 (b) 电导滴定曲线

图 1-22 用稀 H_2SO_4 滴定 $Ba(OH)_2$ 溶液,随着 $BaSO_4$
沉淀的生成,溶液导电性越来越弱

1.3.5 离子的平均活度和平均活度因子

1.3.5.1 离子的平均活度和平均活度因子的概念

在电解质溶液中，电解质电离为正负离子，正负离子之间存在静电引力，溶液不遵循亨利定律和拉乌尔定律，这与理想稀溶液有偏差。因此其化学势采用真实溶液的化学势，引入活度和活度因子。设强电解质 $B(M_{\nu_+} A_{\nu_-})$ 在水溶液中完全电离，即

$$M_{\nu_+} A_{\nu_-} \longrightarrow \nu_+ M^{z+} + \nu_- A^{z-} \tag{1-23}$$

电解质的化学势为所有正、负离子的化学势之和，即

$$\mu_B = \nu_+ \mu_+ + \nu_- \mu_- = \nu_+ [\mu_+^{\ominus}(T) + RT\ln a_+] + \nu_- [\mu_-^{\ominus}(T) + RT\ln a_-] \tag{1-32}$$

由于标准态时 $$\mu_B^{\ominus} = \nu_+ \mu_+^{\ominus} + \nu_- \mu_-^{\ominus} \tag{1-33}$$

所以可以得到 $$a_B = a_+^{\nu_+} a_-^{\nu_-} \tag{1-34}$$

式中，μ_B 为整体电解质的化学势；a_B 为整体电解质的活度；$a_B = \gamma_B m_B / m^{\ominus}$；$\gamma_B$ 为整体电解质的活度因子；μ_+ 为正离子化学势；a_+ 为正离子活度，$a_+ = \gamma_+ m_+ / m^{\ominus}$；$\gamma_+$ 为正离子活度因子；μ_- 为负离子化学势；a_- 为负离子活度；$a_- = \gamma_- m_- / m^{\ominus}$；$\gamma_-$ 为负离子活度因子。

由于电解质溶液中正负离子同时存在，不能单独测定个别离子的活度和活度因子，所以提出平均活度和平均活度因子的概念。强电解质 B 的离子平均活度（mean activity of ions）$a_\pm$、离子平均活度因子（mean activity coefficient of ions）$\gamma_\pm$ 和离子平均质量摩尔浓度（mean molality of ions）$m_\pm$ 分别定义如下。

$$a_\pm = (a_+^{\nu_+} a_-^{\nu_-})^{1/(\nu_+ + \nu_-)} \tag{1-35a}$$

$$\gamma_\pm = (\gamma_+^{\nu_+} \gamma_-^{\nu_-})^{1/(\nu_+ + \nu_-)} \tag{1-35b}$$

$$m_\pm = (m_+^{\nu_+} m_-^{\nu_-})^{1/(\nu_+ + \nu_-)} \tag{1-35c}$$

也可令 $\nu = \nu_+ + \nu_-$。根据以上定义，对强电解质 B 有如下关系。

$$a_B = a_\pm^{\nu} \tag{1-36}$$

$$a_\pm = \gamma_\pm \frac{m_\pm}{m^{\ominus}} \tag{1-37}$$

之所以提出平均活度和平均活度因子的概念，是因为平均活度和平均活度因子是可以测定的。

$$\left. \begin{array}{l} \gamma_\pm \text{——可测} \\ m_\pm \text{——由 } m \text{（强电解质）可求} \end{array} \right\} \longrightarrow a_\pm = \gamma_\pm \frac{m_\pm}{m^{\ominus}}$$

1.3.5.2　Lewis 公式

平均活度因子 $\gamma_\pm$ 与电解质溶液的组成、温度、溶液中其它组分的存在均有关系。表 1-9 和图 1-23 给出了几种类型电解质的平均离子活度因子 $\gamma_\pm$（298.15 K）。

表 1-9　几种类型电解质的平均离子活度因子 $\gamma_\pm$（298.15K）

$m/(\text{mol/kg})$	0.005	0.01	0.03	0.05	0.10	0.20	0.50	1.00	3.00
HCl	0.928	0.904	0.874	0.830	0.795	0.766	0.757	0.810	1.320
NaCl	0.928	0.904	0.876	0.829	0.789	0.742	0.683	0.659	0.709
KOH	0.927	0.901	0.868	0.810	0.759	0.710	0.671	0.679	0.903
$MgSO_4$	0.572	0.471	0.378	0.262	0.195	0.142	0.091	0.067	—
$CuSO_4$	0.560	0.444	0.343	0.230	0.164	0.108	0.066	0.044	—
$BaCl_2$	0.781	0.725	0.659	0.556	0.496	0.440	0.396	0.399	—
K_2SO_4	0.781	0.715	0.642	0.529	0.441	0.361	0.262	0.210	—

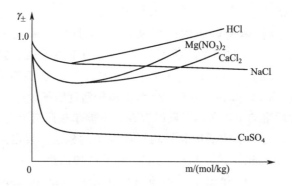

图 1-23　$\gamma_\pm$ 与电解质溶液的浓度关系

从表 1-9 和图 1-23 可以看出在一定温度的稀溶液中，影响离子平均活度因子 $\gamma_\pm$ 的主要因素是溶液中离子的浓度和价数。

① 在同一温度下，在稀溶液中，$\gamma_\pm$ 随 m 的上升而下降。一般情况下 $\gamma_\pm$ 总是小于 1，无限稀释时达到极限值 1。但当浓度增加到一定程度时，$\gamma_\pm$ 的值可能随浓度的增加而变大，甚至大于 1。这是由于离子的水化作用使较浓溶液中的许多溶剂分子被束缚在离子周围的水化层中不能自由行动，相当于使溶剂量相对下降而造成的。

② 在同一温度和浓度下，在稀溶液范围内，对于价型（电解质中离子的化合价）相同的强电解质（例如 NaCl 和 HCl 或 $MgSO_4$ 和 $CuSO_4$ 等），其 $\gamma_\pm$ 也相近；对于价型不同的电解质，其 $\gamma_\pm$ 不相同。

③ 对于各不同价型的电解质来说，当浓度相同时正、负离子价数的乘

积越高，$\gamma_{\pm}$ 偏离 1 的程度越大（即与理想溶液的偏差越大）。

④ 离子价数的影响比浓度要大。价型愈高，影响也愈大。

1921 年，路易斯 Lewis 提出离子强度（ionic strength）的概念如下。

离子强度（I）——当采用质量摩尔浓度（m_B）作为组成标度时，离子强度等于溶液中每种离子 B 的质量摩尔浓度（m_B）乘以该离子的价数（z_B）的平方所得诸项之和的一半。即

$$I_B = \frac{1}{2}\sum_B m_B z_B^2 \tag{1-38}$$

式中，m_B 为 B 离子的真实质量摩尔浓度，若是弱电解质，其离子真实浓度用弱电解质的浓度与电离度相乘而得；z_B 为离子的价数。

注意 I_m 是有量纲的量，I_m 的量纲与 m 相同。I 值的大小反映了电解质溶液中离子的电荷所形成静电场强度之强弱。

当采用物质的量浓度（c_B）作为组成标度时，离子强度 $I_c = \frac{1}{2}\sum_B c_B z_B^2$。对很稀的水溶液常常可以忽略 m_B 与 c_B 的差别，略去下标以 I 代表离子强度。

在强电解质的稀溶液中，平均活度因子与离子强度的关系为

$$\lg\gamma_{\pm} = -A z_+ \mid z_- \mid \sqrt{I} \tag{1-39}$$

式（1-39）为 Lewis 公式。式中 A 为常数，与溶剂密度、介电常数、溶液的组成等有关。在 25℃、水溶液中，$A = 0.5093$。该式表明，$\lg\gamma_{\pm}$——$I^{1/2}$ 为一直线。该式指出价型相同的电解质在离子强度相同的溶液中具有相同的离子平均活度因子，而与离子本性无关。还说明价型相同的强电解质的离子平均活度因子随离子强度增加而降低的规律相同。它可在极稀溶液（小于 10^{-3} mol/L）中应用，故称为极限公式。

注意：a. $\gamma_{\pm}$、z_+ 和 z_- 是针对某一电解质而言；b. 离子强度则是针对溶液中的所有电解质。

【例 2】　KCl 和 $BaCl_2$ 混合溶液，KCl 的浓度为 0.1mol/kg，$BaCl_2$ 的浓度为 0.2mol/kg。求该溶液的离子强度。

解：$I = \frac{1}{2}\sum_B m_B z_B^2 = 0.5[0.1 \times 1^2 + 0.2 \times 2^2 + (0.1 + 0.2 \times 2) \times 1^2]$

$= 0.7$ mol/kg

【例 3】　25℃时，用极限公式计算 0.01mol/kg 的 $NaNO_3$ 和 0.001mol/kg 的 $Mg(NO_3)_2$ 的混合溶液中 $Mg(NO_3)_2$ 的平均活度因子。

解: $I = \frac{1}{2}\sum_B m_B z_B^2 = \frac{1}{2}[0.01\times1^2 + 0.001\times2^2 + (0.01+2\times0.001)\times1^2]$

$$= 0.013\text{mol/kg}$$

$$\lg\gamma_\pm = -Az_+|z_-|\sqrt{I} = -0.5093\times2\times1\times\sqrt{0.013} = -0.1161$$

$$\gamma_\pm = 0.765$$

1.3.6 电解质溶液理论

最早的电解质溶液理论是 Arrhenius 电离学说,该理论认为在水溶液中溶质可分为非电解质和电解质;电解质的分子在水中可以解离成带电离子;根据解离度可以区分强弱电解质等。电离学说存在以下局限性:许多盐类(例如 NaCl 晶体)在固态时已呈离子晶体,不存在分子、离子之间的电离平衡;电离学说也没有考虑溶液中离子之间、离子和溶剂之间的相互作用、溶剂本性对于溶液性质的影响等。

1.3.6.1 强电解质稀溶液理论

(1) Debye(德拜)-Hükel(休克尔)强电解质溶液中的离子互吸理论

该理论认为强电解质在水溶液中是完全电离的,强电解质溶液对理想溶液的偏差完全是由于离子间的库仑作用力所引起的。对很稀的强电解质溶液,P. Debye 和 E. Hükel 提出了下面五点基本假设和离子氛概念。

① 五点基本假设

a. 任何浓度的非缔合式电解质溶液中,电解质都是完全离解的。

b. 离子是带电的小圆球,电荷不会极化,离子电场是球形对称的。

c. 在离子间的相互作用力中,只有库仑力起主要作用,其它分子间的力可忽略不计。

d. 离子间的相互吸引能小于热运动能。

e. 溶液的介电常数和纯溶剂的介电常数无区别。

② 离子氛(ionic atmosphere)模型 溶液中大量离子之间的相互库仑作用十分复杂,建立"离子氛"模型后,溶液中众多正、负离子间的静电相互作用,可以归结为每个中心离子所带的电荷与包围它的离子氛的净电荷之间的静电作用,大大简化了所研究体系。

$$\text{离子受到两种相反的作用}\begin{cases}\text{静电作用(规则)}\\\text{热运动(随机)}\end{cases}$$

由于热运动不足以完全抵消静电作用的影响,因此势必形成以下情况:一个离子(称中心离子)的周围出现异号离子的概率要比出现同号离子的概率大，离中心离子越近，异号电荷的密度越大。即在强电解质溶液中，每一个离子都被带异号电荷的由正、负离子共同组成的集团（离子氛）所包围（图 1-24，图 1-25）。理解"离子氛"这一概念应注意如下几点。

a. 离子氛的电量＝中心离子的电量，因溶液是电中性的，所以离子氛的总电荷在数值上等于中心离子的电荷，但符号相反。

b. 每一个离子都是中心离子，也是其它离子的离子氛的成员，所以离子氛只能看做是时间统计平均的结果。

c. 在无外加电场时，离子氛为球形分布。

d. 由于热运动，离子氛的位置是瞬息万变的。

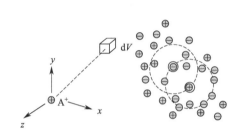

图 1-24　离子氛示意　　　　　　图 1-25　不对称的离子氛

按照 Debye-Hükel 的理论模型可以推导出计算离子氛半径 r_D 的公式。

$$r_D = \sqrt{\frac{\varepsilon_0 D k T}{L e^2 (\sum c_i z_i^2)}} \tag{1-40}$$

式中，ε_0 为真空的介电常数；D 为溶剂相对于真空的介电常数；c_i 为离子 i 的物质的量浓度（mol/m^3）；L 为阿伏伽德罗常数；e 为电子的电量；k 为比例系数；T 为绝对温度，K。

由上式可知离子氛半径 r_D 与以下因素有关。

a. 与 $\sqrt{T/K}$ 成正比，温度升高，热运动强度增大，静电作用削弱，故 r_D 增大。

b. 与 $\sqrt{D}$ 成正比，D 增大，则离子间静电作用力减小，故 r_D 增大。

c. 与 $(\sum c_i z_i^2)^{1/2}$ 成反比，即 r_D 与溶液中各离子浓度 c_i 及价数 z_i 有关。一般 c_i、z_i 增大，离子间静电作用增强，故 r_D 减小。当溶液为无限稀时 $\sum c_i z_i^2 \to 0$，此时 $r_D \to \infty$，离子间无静电引力存在，即离子氛消失（参见表 1-10）。

表 1-10　298.15K 时水溶液的 r_D

$b/(mol/kg)$	0.001	0.01	0.1	1.0
r_D/nm	9.6	3.0	0.96	0.30

德拜-休克尔在理论上推导出了 Lewis 公式

$$\ln\gamma_i = -Az_i^2\sqrt{I} \tag{1-41}$$

式(1-41)为 Debye-Hükel 极限公式。式中，γ_i 为离子的活度系数；z_i 为离子电荷；I 为离子强度；A 为特定系数。式中，$A = 1.8246 \times 10^5 / (DT)^{3/2}$，与溶剂密度、介电常数、溶液的组成等有关。在 25℃、水溶液中，$A = 0.5093$。

式(1-41)很少直接用于计算，因为即使算出单个离子的 γ_i，也没有办法进行直接验证。解决的办法是据此求出离子的平均活度系数 $\gamma_\pm$。

在无限稀释的溶液中，根据 $\gamma_\pm^\nu = \gamma_+^{\nu_+} \cdot \gamma_-^{\nu_-}$

取对数得 $\qquad \nu\ln\gamma_\pm = \nu_+\ln\gamma_+ + \nu_-\ln\gamma_-$

代入式(1-41)得 $\quad \nu\ln\gamma_\pm = -(\nu_+z_+^2 + \nu_-z_-^2)A\sqrt{I}$

代入电中性条件 $\nu_+z_+ = \nu_-z_-$，有

$$\nu\ln\gamma_\pm = -(\nu_-z_-z_+ + \nu_+z_+z_-)A\sqrt{I}$$

$$\ln\gamma_\pm = -z_+|z_-|A\sqrt{I} \tag{1-42}$$

式(1-42)只适用于很稀（一般 $m < 0.01 \sim 0.001\,\text{mol/kg}$）的电解质溶液，所以式(1-42)称为德拜-休克尔极限定律（Debye-Hückel limiting law）。

单个离子的活度系数无法测定，其原因是任何溶液必同时包含正、负离子，也不能用修正的 Debye-Hückel 公式进行计算。或许有一天，人们魔术般地用某种办法，得到只含单种离子的带电溶液，从而测出单种离子的活度系数。然而一旦想起所有溶液必然是电中性的事实时，又有可能会陷于迷惘和失望，这就需要建立新概念、新方法、新技术以及勇气。

（2）Onsager 理论

1926 年有一位 23 岁的年轻人昂萨格（Lars Onsager，1903～1976）发展了 Debye-Hükel 理论，把它推广到不可逆过程（有外加电场作用），称为 Onsager 电导理论。用此理论满意地解释了 Kohlrausch 关于强电解质溶液的 Λ_m 与 $\sqrt{c/c^\ominus}$ 的线性关系。

前面已提出，当无限稀释时 $r_D \to \infty$，离子间静电作用力可忽略不计。此时溶液中没有离子氛的形成，每个离子的运动都不受其它离子的影响，此时电解质表现的导电能力为 Λ_m^∞。但在低浓度的电解质溶液中，因为有离子氛的存在，离子间的静电作用力不能再忽略，所以中心离子的定向运动就要受到带相反电荷的离子氛的影响，使其迁移速率减慢，其导电能力降为 Λ_m。离子氛的存在影响中心离子定向运动速度，进而影响其导电能力的因素来自下列两个方面。

① 松弛力（relaxation effect）　以带正电荷的中心离子为例，在无外加电场作用的平衡状态下，带负电的离子氛球形对称地分布在中心离子周围。当中心离子在外电场的作用下向阴极移动时，其周围的离子氛部分地破坏了。但由于离子的静电作用力仍然存在，仍有恢复平衡离子氛的趋势。破坏与重建离子氛都需要时间，这一时间称为松弛时间。由于中心离子在外电场作用下一直在朝某个方向运动，中心离子前半边的新离子氛不能完全建立，后半边的旧离子氛不能完全拆散，致使在中心离子周围形成一个不对称的离子氛（图 1-25），它对中心离子的定向运动起着阻碍作用，使之速度下降，这一阻力称为"松弛力"。

② 电泳力（electrophoretic effect）　在溶液中，离子总是溶剂化的。在外加电场作用下，溶剂化的中心离子与溶剂化的离子氛中的离子向相反方向移动，增加了黏滞力，阻碍了离子的运动，从而使离子的迁移速率和摩尔电导率下降，这种称为电泳效应。

考虑以上两因素对中心离子迁移的阻碍作用，通过推导得出了 Debye-Hükel-Onsager 电导公式（亦称稀溶液电导的极限公式）。

$$\Lambda_m = \Lambda_m^\infty - (\alpha + \beta\Lambda_m^\infty)\sqrt{c/c^\ominus} \tag{1-43}$$

式中，α 为电泳力的影响；β 为松弛力的影响。

在温度一定时，α，β 也具有确定值，令 $\beta' = \alpha + \beta\Lambda_m^\infty$，则式可写为

$$\Lambda_m = \Lambda_m^\infty - \beta'\sqrt{c/c^\ominus} \quad (c < 0.01\text{mol/L}) \tag{1-44}$$

此式与 Kohlrausch 经验公式(1-22) 完全相同。

(3) 离子缔合学说

当电解质溶液的浓度增大时，Debye-Hükel Onsager 理论发生偏差，其偏差的原因之一是溶液中存在离子的缔合作用。1926 年，卜耶隆（Niels Bjerrum，1879～1958）提出"离子缔合"（ion association）概念。在较浓的溶液中，阴阳离子之间的静电吸引力随着浓度的增大而愈来愈大，当两个相反电荷的离子接近到一个临界距离 d，使其间的库仑能大于热运动能时，它们就形成缔合的新单元，叫做离子对或"缔合体"。这种新单元有足够的稳定性，甚至在遭到溶剂分子的撞击时也不会拆散，它与分子有本质的差别，是靠库仑力结合在一起的，且这些离子在缔合前都已是溶剂化的。缔合对的存在减少了带电的自由离子，因而降低了溶液的电导。当离子来自对称电解质（1-1 或 2-2 价型），则形成的离子对不能导电，如果来自非对称的电解质（1-2 或 2-3 价型），则缔合离子对仍能导电。此外缔合作用不只限于一对正、负离子之间发生，当溶剂的相对介电常数较小，离子浓度很大，价

型又较高时形成的离子对还可吸引其它离子形成三离子缔合体（＋－＋或－＋－）。有人证实，如果相对介电常数很小，形成四离子缔合群也是可能的。介电常数大的水溶液中离子对的存在也是不可忽略的，Davis 利用文献上和他自己的电导数据计算在 $0.1mol/dm^3$ 的水溶液中 $NaNO_3$、KNO_3、$AgNO_3$、KIO_3、$NaIO_3$ 等盐的缔合度为 3.09%。正是由于溶液中存在离子的缔合，故实测 Λ_m 比由 Onsager 公式计算的要低。

（4）Debye-Hükel 极限公式的适用范围

如图 1-26 所示。Debye-Hükel 极限公式只适用于离子强度小于 0.01mol/

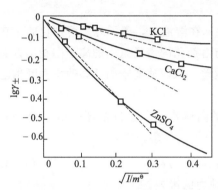

图 1-26 298.15K 时一些电解质的 $\gamma_\pm$ 与 $\sqrt{I/m^\ominus}$ 的关系

kg 的溶液，当 $I > 0.01mol/kg$ 时，实验值明显偏离极限公式所确定的虚线，且组成电解质溶液的离子价数愈高，偏离愈大。后来 Debye-Hükel 对较浓的电解质溶液在推导过程中作了适当修正，把离子看作具有一定半径的粒子，极限公式修正为

$$\lg\gamma_\pm = -\frac{\alpha|z_+ z_-|\sqrt{I/m^\ominus}}{1+\beta a\sqrt{I/m^\ominus}}$$

$$(1-45)$$

式中，α，β 为与温度、溶剂有关的常数；a 为离子平均有效直径（单位为厘米）。

在很稀的溶液中 $\beta a\sqrt{I/m^\ominus} \ll 1$，公式还原为极限公式。对 NaCl 溶液浓度在 $0.1mol/dm^3$ 以下，计算值与实验测定值相符。进一步考虑离子的缔合时，导出了如下公式。

$$\lg\gamma_\pm = -\frac{\alpha|z_+ z_-|\sqrt{I/m^\ominus}}{1+\beta a\sqrt{I/m^\ominus}}+CI$$

$$(1-46)$$

式中，CI 项和短程作用力有关。该式可适用于 $2.0mol/dm^3$ 的 NaCl 溶液。

1.3.6.2 强电解质浓溶液的皮策理论

1923 年，德拜和休克尔发表了强电解质稀溶液理论。他们作了如下的假设：首先由于不知道水的结构，假设溶剂是连续体；其次忽略了离子间的短程力（例如推斥力），假设离子间相互作用完全来自静电引力。从这样的假设导出的定量参数，如活度系数和渗透系数，只能用在很稀的浓度（在

0.01mol/L 以下）。半个世纪以来，许多人提出适用于高浓电解质溶液的经验公式，但是这些公式含有许多经验参数，严格说来，很难算是真正的理论。只有通过统计力学计算得到的公式，才能得出真正的理论。

严正的（exact）统计力学处理都需要近似计算，不是费时和费钱，就是结果极为复杂，不能把实验数据以简洁的方程表达出来。1973 年，美国理论化学家皮策（Pitzer，Kenneth Sanborn 1914～）建立了一个半经验式的统计力学电解质溶液理论，这个理论把德拜-休克尔理论延伸到了强电解质浓溶液（6mol/L）。从 1984 年开始，皮策和地质界相结合，将皮策理论推广到高温高压，即提出了高温高压下适用的皮策电解质溶液理论。1991年，皮策在他编辑出版的《电解质溶液活度系数》（1991，第 2 版）第三章中详细地介绍了皮策电解质溶液理论。辽宁大学化学系的杨家振系统地将皮策理论介绍到我国。

皮策所建立的"普遍方程"考虑三种位能：a. 一对离子间的长程静电位能；b. 短程"硬心效应"（hard core effect）的位能，这个短程位能是除长程静电能以外的一切"有效位能"，它的主要部分是两个粒子间的推斥能；c. 三个离子间的相互作用能，它是很小的项，只在极高浓度下才起作用。皮策的理论虽然是半经验式的统计理论，但它有以下的优点：a. 它能用简洁和紧凑的形式写出电解质热力学性质，如渗透系数和活度系数等；b. 它的应用范围非常广阔，对称价的电解质和非对称价的电解质，无机的和有机的电解质（已超过 200 种）以及混合电解质溶液等热力学性质都能准确地算出；c. 它可以用于浓溶液（6mol/L）。因此从实际应用出发，可以说电解质溶液理论问题，在平衡态方面，已基本上得到解决。

1.3.6.3 电解质溶液理论的进展

李以圭和陆九芳编著的《电解质溶液理论》一书在回顾经典热力学、统计力学以及分子力学基础上，系统地介绍了电解质溶液理论及其最新进展。书中阐述了经典电解质溶液理论（Debye-Hückel 理论、离子水化理论、离子缔合理论、Pitzer 理论和局部组成模型），并从分子微观参数和分子相互作用出发，论述了十余年来发展起来的分子模拟方法、积分方程理论（分布函数理论）、微扰理论和近代临界理论，介绍了这些理论在相平衡计算中的应用。针对电解质溶液的不均匀性，书中还介绍了电解质溶液的界面理论、带电胶体溶液理论，此外还针对电解质的传递特性，讨论了电导理论和扩散理论。

习 题

1. 化学电池的工作原理是什么？试分析电化学反应与一般均相氧化还原反应的

区别。

2. 原电池与电解池有何异同？电池的正负极和阴阳极之间是什么关系？

3. 在 Hittorf 法测定银离子迁移数的实验中，用纯银作电极，$AgNO_3$ 溶液的浓度为 0.00739g/g（水）。通电一定时间后，阴极上有 0.078g 的 $Ag(s)$ 析出，而阳极区内含 0.236g $AgNO_3$ 和 23.14g 水。求 $t(Ag^+)$ 及 $t(NO_3^-)$。

4. 25℃时，在一电导池中装入 0.01mol/L KCl 溶液，测得电阻为 150Ω，若用同一电导池装入 0.01mol/L HCl 溶液，测得电阻为 51.4Ω。试计算：a. 电导池常数；b. 0.01mol/L HCl 溶液的电导率及其摩尔电导率。

5. 通入某食盐水电解槽 10000A 的电流 2h，共生产 NaOH（折合成 100% 的固碱）28.5kg，已知电解槽中所构成的方向与电解过程相反的原电池的可逆电动势为 2.17V，而实际测得其槽电压为 3.3V，试分别计算其电能效率、电压效率和电流效率。

6. 电解质溶液的导电能力和哪些因素有关，电解质溶液的电导率和摩尔电导率是如何定义的，两者有何关系？

7. 已知 25℃时 0.1mol/kg H_2SO_4 水溶液的平均活度系数为 0.265，试求其平均活度。

8. 按照国家标准电导率也可定义为 $\kappa=i/E$，式中 i 为电流密度（A/m^2）；E 为电场强度（V/m）。此式说明电导率等于单位电场强度时的电流密度。试说明此定义与上述定义的一致性。

9. 下列烧杯中盛放的都是稀硫酸，在铜电极上能产生大量气泡的是（　　）。

A

B

C

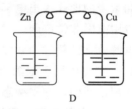
D

参 考 文 献

[1]　小久见善八. 电化学. 郭成言译. 北京：科学出版社，2002：1-22.

[2]　朱志昂. 近代物理化学：下册. 第 3 版. 北京：科学出版社，2004：228-248.

[3]　小泽昭弥. 现代电化学. 北京：化学工业出版社，1995：1-42.

[4]　黄中强. 电解质溶液热力学理论研究的进展. 玉林师范学院学报：自然科学版，2006，27（5）：62-65.

[5]　李以圭，陆九芳. 电解质溶液理论. 北京：清华大学出版社，2005.

[6]　黄子卿. 电解质溶液理论导论. 修订版. 北京：科学出版社，1983.

[7]　http：//bbs. ccut. edu. cn/read. php? tid=29980. 长春工业大学松苑茶社/科学探索/化学科学/电化学，2008-9-9.

第2章
实用化学电池与电解的应用

电池与电解的应用从来没有像现在这么广泛，两者在支撑文明社会的能源、材料、生命、环境和信息等科学的应用中都占有着重要的地位。

2.1　可逆电池与可逆电极

2.1.1　可逆电池

在化学能和电能相互转化时，始终处于热力学平衡状态的电池称为可逆电池（reversible cell）。可逆电池也可定义为：充、放电时进行的任何反应与过程均为可逆的电池。可逆电池必须同时具备下列 3 个条件，缺一不可。

（1）电池反应可逆

放电时发生的电池反应与充电时发生的电解反应正好互为逆反应——物质转移可逆。首先电极上的化学反应可向正、反两个方向进行。其次当外加电势 $E_外$ 与电池电动势 E_{mf} 方向相反时，$E_{mf} > E_外$ 情况下放电时发生的原电池反应，与 $E_{mf} < E_外$ 情况下充电时发生的电解反应互为逆反应。即充放电之后，参与电极反应的物质恢复原状。例如下述电池放电时发生的电池反应与充电时发生的电解反应互为逆反应。

$$H_2 + Cl_2 \xrightleftharpoons[充电]{放电} 2HCl \qquad \begin{array}{l} \longrightarrow 原电池 \\ \longleftarrow 电解池 \end{array} \qquad (2\text{-}1)$$

> 可逆条件：
> 物质可逆
> 能量可逆
> 理想状态

（2）能量转变可逆

第二点要求电池在充放电过程中能量的转变也是可逆的。即工作电流无限小（$I \to 0$），或充、放电的电势差 $\Delta E = |E_{mf} - E_外| \to 0$，即充、放电过程

的 $E_{mf}=E_{外}\pm dE$，电池在近平衡状态下工作。若电池经历充、放电循环，则可以使系统和环境都恢复到原来的状态。

（3）电池中进行的其它过程也必须是可逆的

使用盐桥的双液电池可近似认为是可逆电池，但并非是严格的热力学可逆电池，因为盐桥与电解质溶液界面存在因离子扩散而引起的相间电势差，而扩散是不可逆的。例如 Daniell（丹尼尔）电池（图 2-1）。

$$(-)Zn\,|\,ZnSO_4(aq)\,\|\,CuSO_4(aq)\,|\,Cu(+)$$

$$Zn+CuSO_4\xrightarrow[\text{充电}]{\text{放电}}Cu+ZnSO_4 \tag{2-2}$$

虽然两个电极反应是可逆的，但电池放电时，在 $ZnSO_4$ 和 $CuSO_4$ 溶液的接界处，还要发生 Zn^{2+} 向 $CuSO_4$ 溶液中的扩散过程。当进行充电时，电极反应虽然可以逆向进行，但是在两溶液接界处离子的移动与原来不同，是 Cu^{2+} 向 $ZnSO_4$ 溶液中迁移，因此整个电池工作过程实际上是不可逆的。

凡是不能满足可逆电池条件的电池称为不可逆电池（irreversible cell）。如图 2-2 所示的电池，其电池反应不可逆，因此该电池不是可逆电池。

放电　$Zn+2H^+ \Longrightarrow Zn^{2+}+H_2(g)\uparrow$ （2-3a）

充电　$Cu+2H^+ \Longrightarrow Cu^{2+}+H_2(g)\uparrow$ （2-3b）

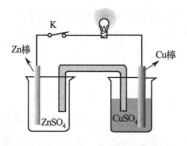

图 2-1　Zn-Cu 丹尼尔原电池

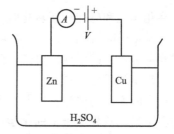

图 2-2　Zn | H_2SO_4 | Cu 电池

现实中的电池一般不是可逆电池，因为实际用的电池不是处在平衡状态下充放电的。

2.1.2　可逆电极

构成可逆电池的两个电极为可逆电极，可逆电极需要满足单一电极和反应可逆两个条件。单一电极是指电极上只能发生一种电化学反应，能同时发生多个反应的多重电极不可能构成可逆电极；反应可逆是指充电和放电时发生同一反应只是方向相反。此外，一般还要求可逆电极能够迅速建立和保持平衡态，即要求可逆电极具有较高的平衡离子浓度以及高的交换电流密度

（见第 5 章）。可逆电极可分为两大类型：基于电子交换反应的电极和基于离子交换或扩散的电极。也可以细分如下。

（1）第一类电极（the first-class electrode）

只有一个相界面的电极称为第一类电极。主要包括金属电极（metal electrode）、汞齐电极（amalgam electrode）、配合物电极（complex electrode）、气体电极（gas electrode）等。

① 金属电极　金属（板、棒或条）浸入含有该金属离子的溶液中所形成的电极。以铜电极为例 Cu^{2+}（a）$|Cu$（s），电极反应 $Cu^{2+} + 2e^- \longrightarrow Cu(a=1)$。

② 汞齐电极　例如 $Cd(Hg)_x | Cd^{2+}$（a），电极反应 $Cd^{2+} + 2e^- + xHg \longrightarrow Cd(Hg)_x (a \neq 1)$。

③ 配合物电极　例如 $Ag | Ag(CN)_2^-$（a），电极反应 $Ag(CN)_2^- + e^- \longrightarrow Ag + 2CN^-$。

④ 气体电极　例如氢电极 [图 2-3(a)] $Pt(s), H_2(p) | H^+$（a），电极反应 $2H^+ + 2e^- \longrightarrow H_2$。

（2）第二类电极（the second-class electrode）

有两个相界面的电极为第二类电极。主要是金属-微溶盐（或配离子）-微溶盐的负离子电极（或配离子）。如 Ag-AgCl 电极$[Ag(s) | AgCl(s) | Cl^-$，见图 2-3(b)]；氧化汞电极$[Hg(l) | HgO(s) | OH^-]$；银-银氰配离子电极 $[Ag/Ag(CN)_2^-, CN^-]$。

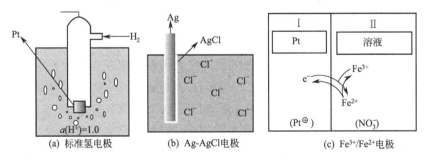

(a) 标准氢电极　　　(b) Ag-AgCl电极　　　(c) Fe^{3+}/Fe^{2+}电极

图 2-3　三种常见的电极

（3）第三类电极（氧化还原电极，the third electrode or redox electrode）

例如 $Pt | Fe^{3+}, Fe^{2+}$ [图 2-3(c)]，电极反应 $Fe^{3+}(Ⅱ) + e^-(Ⅰ) = Fe^{2+}(Ⅱ)$。又如化学修饰电极（图 2-4）。在导体或半导体的表面涂敷了单分子的、多分子的、离子的或聚合物的薄膜，借 Faraday 反应（电荷消耗）而呈

现出此修饰薄膜的化学的、电化学的以及/或光学的性质。

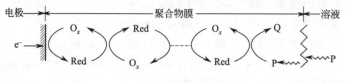

图 2-4　化学修饰电极

（4）第四类电极（膜电极）

利用隔膜对单种离子透过性或膜表面与电解液的离子交换平衡所建立起来的电势，测定电解液中特定离子活度的电极，如玻璃电极、离子选择电极等。

（5）第五类电极（嵌入电极）

发生嵌入反应（intercalation reaction）的电极。所谓嵌入反应就是客体粒子（也称嵌质，主要是阴、阳离子）嵌入主体晶格（也称嵌基）生成非化学计量化合物的反应。典型的嵌入电极是锂离子电池的正负极（见 2.2.6.2 二次电池之"锂离子电池"）。

2.2　实用化学电源

电池可分为化学电池和物理电池（如太阳能电池和温差发电器等）两大类。本书只讨论化学电池（电源）。任何两个氧化还原反应都可构成电化学电池，但要开发为商用电池，却受到诸多条件的限制。

化学电源可追溯到 1800 年伏打（Volta）的工作。1836 年丹尼尔（Daniell）以一锌负极浸于稀酸电解质，铜正极浸于硫酸铜溶液，中间用盐桥连接。这样的设计改善了电池 $Zn(s)|H_2SO_4(a)|Cu(s)$ 的电流减小过快的缺点，即改善了连续放电的性能。但该盐桥电池（图 2-5）仍不适于商用，原因是：a. 电池室和盐桥中的离子导电路径过长，产生了高内阻，结果导致引出电压的急剧下降和引不出大电流。b. 缺乏便携性所要求的简洁和牢固，在放置或移动电池时，只能正放、平移，不可斜放、斜拿，更不允许倒置，携带也不方便。c. 反应一段时间后，铜极上聚集了许多氢气泡，把铜极与电解液隔开，阻碍了电极反应，电流迅速衰减。

1860 年法国的勒克朗谢（George Leclanche）发明了世界广泛使用的碳锌电池的前身。它的负极是锌和汞的合金棒，而它的正极是以一个多孔的杯子盛装着碾碎的二氧化锰和碳的混合物。在此混合物中插有一根碳棒作为电

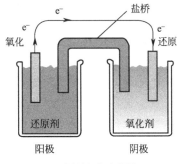
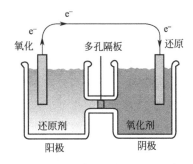

(a) 两溶液间架有盐桥　　　　　　(b) 两溶液中间隔上多孔隔板

图 2-5　电化学电池以两种形式避免氧化剂与还原剂互相接触

流收集器。负极棒和正极杯都被浸在作为电解液的氯化铵溶液中。此系统被称为"湿电池"。直到 1880 年才被改进的"干电池"取代，负极被改进成锌罐（即电池的外壳），电解液变为糊状而非液体，基本上这就是现在的碳锌电池。

$$(-)Zn|NH_4Cl(aq)|MnO_2+C(+)$$

以此为基础，勒克朗谢电池屡经改进，成为了现今干电池工业的主轴与一次电池工业的基础。由于一次电池放电后就无法再充电循环使用，故可反复使用的二次电池应运而生。1859 年 Plante 发明了第一种可反复使用的电池——铅酸蓄电池。此后又陆陆续续出现了镉镍、镍氢、锂离子电池等。

在 100 多年的发展过程中，新型化学电源不断出现，化学电源的性能得到不断改善。特别是第二次世界大战之后，化学电源的发展更加迅速。进入 20 世纪 70 年代，由于能源危机的出现，迫使人们必须考虑能源的节约和采用代用能源的问题。这样燃料电池得到相应的重视和发展。到了 20 世纪 80 年代，科学技术发展越发迅速，对化学电源的要求也日益增多、增高。如集成线路与微机械的发展，要求化学电源必须小型化；电子器械、医疗器械和家用电器的普及，不仅要求化学电源体积小，而且还要求能量密度高、储存性能好、电压精度高；电动自行车、电动汽车和电站调峰储能等则要求电池具有大功率、高比能量和循环寿命长等特点；此外航天技术的发展也大大促进了化学电源的发展。

在 1990 年以前充电电池几乎都是铅酸电池的世界。到 1990 年以后，镉镍和镍氢电池逐渐崭露头角，到了 2000 年以后锂电池得到大量应用，迅速席卷了原来镍系电池的市场，取而代之成为市场主流。至今除了铅系电池还有一席之地外，镍系家族不论是镉镍还是镍氢都已经变成了昔日王孙，所有的电池议题，除了造就一代股王的太阳能电池外，就是燃料电池和锂离子电池，其它所有的可充电型化学电池都面对沦为配角的困境。

展望未来，电池的发展趋势是高容量、高比能量、大功率、高温或低温性能良好、轻薄、超微型、形状可调、安全可靠、无污染、低价；电池品种趋向多元化；一次电池将越来越多地被可充电池所取代。

2.2.1　电池的组成

任何电池都由四个基本部分组成，即由电极、电解质、隔离物及外壳组成。

（1）电极

电极是电池的核心部分，由活性物质、导电材料和添加剂组成，有时还

图 2-6　电池的组成部分

包含集流体（图 2-6）。活性物质是能够通过化学变化将化学能转变为电能的物质，导电骨架主要起传导电流、支撑活性物质的作用，电池内的电极又分正极和负极。导电材料也常用作集流体，如图 2-7 和图 2-8 所示铅锑合金栅架和泡沫镍（MH-Ni 电池常用导电材料）；在碳锌电池、碱性锌锰电池中分别用碳棒和铜针作为正极、负极集流体，外壳也常用于正负极电流汇集，例如在碱性锌锰电池中是正极集流体，在 Cd-Ni、MH-Ni

电池中则是负极集流体（有兴趣的读者可以对比一下两种类型电池剥了塑料外套后的外观）。

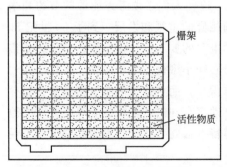

图 2-7　铅酸电池的正负极结构
（活性物质涂于铅锑合金网架上）

图 2-8　泡沫镍

（2）电解质

保证正负极间离子导电作用。电流经闭合的回路作功，在电池外的电路中电流传输由电子导电完成，而在电池的内部靠离子的定向移动来完成，电解质溶液则是离子导电的载体。电解质不能具有电子导电性，否则会造成电池内部短路。电解质也不能与电池其它组分发生非电化学反应。在有的电池系列中，电解质还参与电化学反应，如干电池中的氢化铵（NH_4Cl），铅酸电池中的硫酸（H_2SO_4）等。电解质一般是酸、碱、盐的水溶液，当构成电池的开路电压大于 2.3V 时，水易被电解成氢气和氧气，故一般使用非水溶剂的电解质。很多电池系列的电解质有较强的腐蚀性，所以无论电池是否用过，消费者不要解剖电池。

（3）隔离物

防止正、负极短路，但允许离子顺利通过（如图 2-5b 所示）。在电池内部，如果正负两极材料相接触，则电池出现内部短路，其结果如同外部短路，电池所储存的电能也被消耗，所以在电池内部需要一种材料或物质将正极和负极隔离开来，以防止两极在储存和使用过程中被短路，这种隔离正极和负极的材料被称作隔离物。隔离物可分三大类：板材，如铅酸电池用的微孔橡胶隔板和塑料板；膜材，如浆层纸、无纺布、玻璃纤维等；胶状物，如浆糊层、硅胶体等。

（4）外壳

主要做容器。电池的壳体是储存电池其它组成部分（如电极、电解质、隔离物等）的容器，起到保护和容纳其它部分的作用，所以一般要求壳体有足够的力学性能和化学稳定性，保证壳体不影响到电池其它部分的性能。为防止电池内外的相互影响，通常将电池进行密封，所以还要求壳体便于密封。防爆盖是为了防止电池内部意外出现高压发生危险而配套的安全装置，所以在封口工序点焊防爆盖时，不得将泄气孔封死，以免出现危险。锌锰干电池的负极锌筒既是负极活性材料，又是壳体，这要求它有相应的厚度。

2.2.2 化学电源的主要性能指标

（1）电压

包括开路电压、工作电压、额定电压、中点电压、充电电压等。

开路电压（open circuit voltage） 电池不放电时，电池两极之间的电位差被称为开路电压。电池的开路电压，会依电池正、负极与电解液的材料而异，同种材料制造的电池，不管电池的体积有多大，几何结构如何变化，其开路电压都是基本上一样的。

工作电压　电池输出电流时，电池两电极端间的电位差。

终止电压（end of discharge voltage）　指电池放电时，电压下降到电池不宜再继续放电的最低工作电压值。电池放电电位低于终止电压，就会造成过放电（over discharge）。电池过放电可能会给电池带来灾难性后果，如会使电池内压升高，正负极活性物质可逆性受到破坏，即使充电也只能部分恢复，容量也会有明显衰减。特别是大电流过放，或反复过放对电池影响更大。放电终止电压与电池类型及放电电流的大小有关。通常根据放电电流来确定放电截止电压，放电电流越大，放电终止电压也越低。MH-Ni 电池 $0.2\sim2C$（放电倍率 C 的含义见下文），放电截止电压一般设定 $1.0\text{V}/$支，$3C$ 以上如 $5C$ 或 $10C$ 放电设定为 $0.8\text{V}/$支。表 2-1 给出了铅蓄电池的放电终止电压与放电电流的关系。

表 2-1　铅蓄电池的放电要求

放电电流/A	$0.05C_{20}$	$0.1C_{20}$	$0.25C_{20}$	C_{20}	$3C_{20}$
放电时间	20h	10h	3h	25min	5min
单格电池终止电压/V	1.75	1.70	1.65	1.55	1.50

平均电压（mid-point voltage）　又名中点电压，电池放电容量达到 50％时的电压。

标称电压（又称额定电压）　规定的电池开路电压的最低值。充电电池外套上标的 1.2V 是其标称电压（大致相当平均电压或者平台电压，一般对于 MH-Ni、Cd-Ni 电池，$0.2C$ 放电 1.2V 以上时间应占总时 80％以上，$1C$ 放电 1.2V 以上时间应占总时 60％以上）。

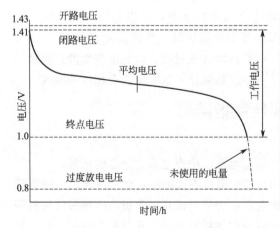

問：可否用可充电的 1.2V 电池代替 1.5V 干电池（例如碱锰电池）？

答：碱锰电池放电时电压的范围在 1.5V 至 0.9V 之间，而充电电池放电时平均电压为 1.2V/支，这个电压与碱锰电压的平均电压大致相等，因此用充电电池代替碱锰电池是可行的，反之也一样（注意两者的大电流性能差距较大，这影响到了两者的使用范围）。

请参考图 2-9。

图 2-9　MH-Ni 电池 2.5 小时率放电曲线

图 2-9 给出了 MH-Ni 电池以 2.5 小时率（$0.4C_5$ 率）放电的放电曲线（镉镍电池与之相似）。由图 2-9 可见，电池开始放电后，其电压从接近 1.4V 的开路电压迅速下降到 1.2V 的平台电压，在放电结束时曲线出现明显的膝形，电压在此迅速降低。由平台电压的平稳和曲线的对称性可看出，可以用中点电压估计整个放电过程中的平均电压。

（2）容量（capacity）

容量是指电池存储电量的大小，是指以维持一定大小的工作电流所给出的电量

$$Q = It \tag{2-4}$$

或者说，容量是指在一定放电条件下，电池所能释放出的总电量。电池容量的单位是 mA·h（毫安时），对于大容量电池如铅蓄电池，常用"A·h（安时）"，1A·h＝1000mA·h。

理论容量是根据活性物质的质量，按 Faraday 定律计算得到的；实际容量是在使用条件下，电池实际放出的电量；额定容量是在设计和生产时，规定和保证电池在给定的放电条件下应放出最低限度的电量，一般标明在电池外壳或外包装上。电池的容量也通常用 C 表示，通常制造厂家在设计电池的容量时以某一特定的放电电流为基准，这一放电电流通常在数字上是设计容量的 1/20，1/10，1/8，1/5，1/3 或 1 等，相应地其容量被称为 20h，10h，5h，3h，或 1h 容量。铅蓄电池的额定容量一般以 20h 为基准，那么容量为 4A·h 的电池意味着以 1/20×4A＝0.2A 的电流放电至规定的终止电压，时间可持续 20h。充电或放电电流（安培）通常表示为额定容量的倍数（称之为 C 率）。例如额定容量为 1A·h 的电池，C/10(也称为 10 小时率放电) 放电电流为 1A/10＝100mA。

按照国际电工委员会标准（IEC）标准和国标，镉镍和镍氢电池在（20 ±5)℃ 条件下，以 $0.1C$ 充电 16h 后以 $0.2C$ 放电至 1.0V 时所放出的电量为电池的额定容量，以 C 表示；锂离子电池在常温、先恒流（$1C$）后恒压（4.2V）条件下充电 3h 后再以 $0.2C$ 放电至 2.75V 时所放出的电量为电池的额定容量。以 AA 2300mA·h 镍氢充电电池为例，表示该电池以 230mA（$0.1C$）充电 16h 后以 460mA($0.2C$) 放电至 1.0V 时，总放电时间为 5h，所放出的电量为 2300mA·h。若以 230mA 的电流放电，其放电时间约为（一般大于）10h。

由于单个电池的电压和容量都十分有限，经常需要用几个电池组成电池组，电池的组合有 3 种形式，如图 2-10 所示，图中 b 与 c 的区别在于 b 是通过工厂的点焊（图 2-11）实现电池连接的。焊接的导电性与牢固性优于 c 的简单接触。另外 c 中相连的两个电池触点处的腐蚀还会引起接触不良。在

数码相机中，最常见的电池组合方式是串联，即把电池正负极首尾相连，如把 4 节 1.2V、1000mA·h 的电池串联，就组成了一个电压是 4.8V、容量为 1000mA·h 的电池组；而在笔记本电脑中，电池一般采用的是混联方式，既有串联也有并联（见图 2-12）。

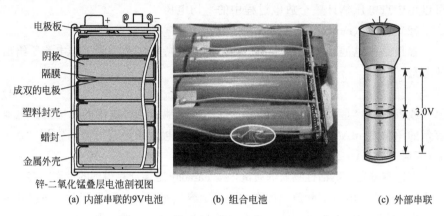

电极板
阴极
隔膜
成双的电极
塑料封壳
蜡封
金属外壳

锌-二氧化锰叠层电池剖视图

(a) 内部串联的9V电池

(b) 组合电池

3.0V

(c) 外部串联

图 2-10　电池组合的各种形式

有焊点的旧电芯　　新电芯

图 2-11　组合电池的焊点

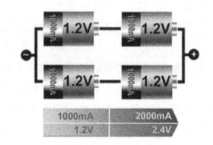

1000mA	2000mA
1.2V	2.4V

图 2-12　最简单的混联方式

　　电池组合设计首先要考虑的是单体电池性能的一致性，因此在组合时首先对电池分选，使电池在容量、内阻、充放电电压平台、充放电时温升、自放电率、寿命等方面尽量一致。组合标准中最重要的原则就是这些性能指标的偏差越小越好，单节电池的各主要曲线能重合是最佳的状态。

　　在手机电池出现的早期，很多厂家生产的单体电池的循环寿命为 500 次，两只组合则下降到 200～300 次，3 支组合可能就只有 50 次，因此那种丢了一只，买一种别的品牌的电池代替的方法是不行的。即使是相同品牌，相同容量也不宜。在动力电池使用过程中，任何一只电池质量都会影响整个电池组的性能，使整个电池组损坏，因此对于 384V/100A·h 的高电压体系要达到这样高的要求，关键是电池的合理组合。

（3）比能量、比功率

即单位质量或单位体积电池输出的电能、功率称作电池的比能量、比功率。比能量也称为能量密度（energy density）。一般在相同体积下，锂离子电池的能量密度是镉镍电池的 2.5 倍，是镍氢电池的 1.8 倍，因此在电池能量相等的情况下，锂离子电池就会比镍镉、氢镍电池的体积更小。实际比能量大约为理论比能量的 1/5～1/3，其原因在于实际电池有一部分不可用的空间，当然还有一部分可能填充的空间，减少这部分空间体积，提高活性物质的填充密度可以提高实际比能量（图 2-13）。

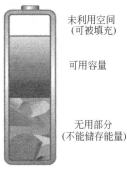

未利用空间
（可被填充）

可用容量

无用部分
（不能储存能量）

图 2-13　电池内部
空间的组成

例如铅酸蓄电池的反应为

$$Pb + PbO_2 + 2H_2SO_4 \Longrightarrow 2PbSO_4 + 2H_2O \qquad E = 2.044V$$

由 Faraday 定律可知，每产生 1A·h 的电量要消耗 3.866g Pb（Pb→ Pb^{2+}），4.663g PbO_2（$PbO_2 \to Pb^{2+}$）及 3.659g H_2SO_4，三者之和约为 12g，1kg 反应物反应后产生的电量为 1000/12＝88.33（A·h/kg），故铅酸蓄电池的理论质量比能量是

$$W = EQ = 2.044 \times 88.33 = 170.5 (W \cdot h/kg) \qquad (2\text{-}5)$$

（4）寿命

包括充放寿命（cycle numbers）、使用寿命和储存寿命。其中充放寿命是指二次电池的充放周期次数［图 2-14（a）］。循环寿命与充放条件密切相关：a. 一般充电电流越大（充电速度越快），循环寿命越短；b. 放电深度（depth of discharge，DOD，在电池使用过程中，电池放出的容量占其额定容量的百分比）越深，其循环寿命就越短，有时二者呈指数变化，如图 2-14（b）所示，这是由于通常情况下，电池充放电一般伴随着电极的膨胀与收缩，低 DOD 对电池机械结构的破坏较小，其寿命也长。鉴于不同的循环制度得到的循环次数截然不同，国标中规定 MH-Ni 电池的循环寿命测试条件及要求为：a. 条件，在 25℃室温条件下，按照 IEC 标准，以深充深放方式进行；b. 要求，可达到充放 500～1000 周；按 1C 充放电快速寿命性能测试，可达 300～600 周以上。实际的使用条件千差万别，因此实际中也常用使用寿命来衡量循环寿命。使用寿命是指电池在一定条件下实际使用的时间。因充放电控制深度、精度及使用习惯的影响，同一电池在不同人、不同环境及条件下使用，其寿命差异可能很大。储存寿命指电池容量或电池性能不降到额定指标以下的储存时间。影响储存寿命的重要因素是自放电。糊式

61

锌锰干电池、纸板锌锰干电池、碱性电池、锂一次电池的保质期通常是 1
年、2 年、3～7 年、5～10 年，镉镍、镍氢电池、锂离子电池的保质期是
2～5 年（如果期间经历充放电，且带电存储，可用 10～20 年）。

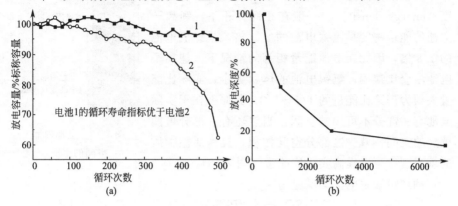

图 2-14　MH-Ni 电池的循环寿命

（5）荷电保持能力

自放电（self chscharge，俗称"漏电"）是指电池在储存期间容量降低的现
象。荷电保持能力是表征电池自放电性能的物理量，它是指电池在一定环境条
件下经一定时间存储后剩余容量为最初容量的多少，用百分数表示（图 2-15）。
自放电是由电池材料、制造工艺、储存条件等多方面的因素决定的。通常温度
越高，自放电率越大。一次电池和充电电池都有一定程度的自放电。以镍氢电
池为例，IEC 标准规定电池充满电后，在温度为（20±5）℃、湿度为（65±
20）％条件下，开路搁置 28d，$0.2C$ 放电时间不得小于 3h（即剩余电量大于
60％）。锂离子电池和碱性锌锰电池的自放电要小得多（表 2-2）。

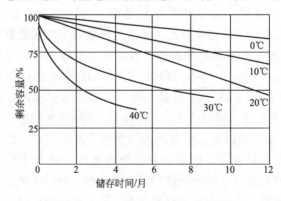

图 2-15　某铅酸电池的荷电保持性能

表 2-2　各种电池的自放电率

电池类型	月自放电	电池类型	月自放电
锌碳	<2%	镍氢	20%~30%
碱锰	约1%	锂离子	9%
镉镍	约20%	铅酸	1%~4%

（6）安全性能

安全事故难以预测，常见安全事故有爆炸（图 2-16）、起火和漏液。一般电池无辐射，对此不必担心。一节 5 号镍氢电池爆炸的威力一般不大，但是离眼睛或心脏等重要且脆弱的部位太近也会造成较大伤害。例如 2007 年 6 月 19 日中午，甘肃肖某由于手机电池在高温下发生爆炸，被炸断肋骨刺破心脏而身亡；1997 年春，一个东北少年因为购买两节伪劣电池，使用时炸瞎了一只眼睛。

导致电池安全事故的原因主要包括电池材料本身（比如混入杂质）、电池制造技术（内压、结构）、与工艺设计（如安全阀失效、锂离子电池没有保护电路等）和使

图 2-16　电池爆炸概率
（雷击<手机电池的爆炸、起火<车祸）

用不当［如将电池短路（图 2-17）或投入火中等］三大类。对于二次电池系统，从电池本身到充电器都设有一定的安全防护措施，包括充电电流保护、充电电压保护和温度控制保护等，甚至是几种保护同时应用。由于电池在充电或放电过程中一般都会有热量生成，因此诸如电动汽车等大电池的热量管理很重要。一般情况下，充电电池在充电末期的内压最高（图 2-18），因此最好等充电结束一段时间后再启用电池。

图 2-17　必须防止电池短路

（7）内阻

电池的内阻是指电流通过电池内部时所受到的阻力（图 2-19）。充电电池的内阻很小，需要用专门的仪器才可以测量到比较准确的结果。一般说

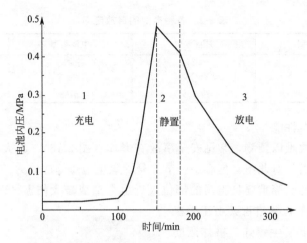

图 2-18　AA 型 MH/Ni 电池充放电典型内压变化曲线

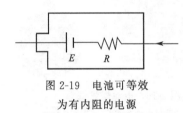

图 2-19　电池可等效
为有内阻的电源

来，放电态内阻（电池充分放电后的内阻）比充电态内阻（充满电时的内阻）大，并且不太稳定。电池内阻越大，电压降低得越多，电池自身消耗掉的能量也越多，电池的使用效率越低。内阻很大的电池在充电时发热很厉害，使电池的温度急剧上升。对电池和充电器的影响都很大。随着电池使用次数的增多，由于电解液的消耗及电池内部化学物质活性的降低，电池的内阻会有不同程度的升高，质量越差的电池上升越快。当干电池用旧了或二次电池经过多次充放电后或者电池有内部断路，尽管电压仍比较高，但是不能使负载工作，当在接入负载工作时电压会明显下降，短路电流下降更多甚至为 0，这是由于电池内阻大大增加了，这时测得的电压就是业余爱好者所说的"虚电"。

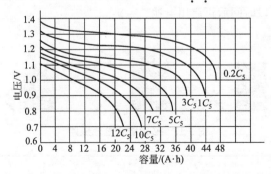

图 2-20　某种 Cd-Ni 单体电池的各种倍率放电特性

（8）高倍率放电性能

即大电流放电能力（图 2-20）。数码相机、电动工具、电动玩具、电动自行车与电动汽车等用电器具尤其需要大电流放电性能优秀的电池。

2.2.3 化学电源的分类

（1）**按电池外形划分**

圆柱形电池、方形电池、口香糖电池、纽扣形电池、薄片形电池（图2-21）。圆柱形电池最为常见，其中又以 5 号、7 号电池销量最大。

图 2-21 口香糖电池、纽扣形电池与圆柱形电池（高帽电池）

（2）**按电池用途划分**

民用电池、工业电池（图 2-22）、军用电池；钟表电池、手机电池、动力电池、笔记本电池等；低温电池、高温电池；微型电池、小型电池、大型电池、发电站等。

（3）**按电解液种类划分**

碱性电池，主要以 KOH 水溶液为电解质，如碱性锌锰电池、镉镍电池、镍氢电池等；酸性电池，如以硫酸水溶液为电解质的铅酸蓄电池；中性电池，以盐溶液为电解质，如锌锰干电池、海水激活电池等；有机电解液电池，如锂电池等。

（4）**按电池工作方式划分**

可分为一次电池和二次电池、燃料电池、储备电池、流动电池、光电化学电池（化学太阳能电池）等。

图 2-22 工业电池

与图 2-21 中的高帽电池相比，平帽空间利用率高且有利于点焊

① 原电池 又称一次电池（primary battery），这种电池只能使用一次，即不能用充电的方法使之恢复到放电前的起始状态。这类电池很多，如糊式

锌锰（这是目前中国农村最好销的电池）、纸板锌锰、碱性锌锰、锂锰、锌空、镁锰和锌银电池等。

②　蓄电池（storage battery）　又称二次电池（secondary battery）或可充电电池，这类电池在放电之后，可以再次充电使活性物质复原，以便重新放电，反复使用。二次电池主要有镉镍电池、镍氢电池、锂离子电池、碱锰充电电池和铅蓄电池等类型。

③　燃料电池（fuel cell）　燃料电池是指一种利用燃料（如氢气或含氢燃料）和氧化剂（如纯氧或空气中的氧）的燃烧反应直接发电的装置。燃料电池作为一种高效、灵活、清洁的能量转换装置，在化学电源中有特殊的重要性。有专家预言，燃料电池是继水力、火电、核能发电之后的第四代新能源。燃料电池中质子交换膜燃料电池可以用于小型电池，例如手机电池。

④　储备电池　电池的正负极活性物质和电解质不直接接触，或处于不能工作状态，平时处于储备状态，需要工作时，使其激活。激活方法，可以注入电解液，或加热，或使电液与活性物质迅速接触，电池即开始工作。它们的特点是电池在使用前处于惰性状态，因此能储存几年甚至十几年。如镁-银电池（Mg｜MgCl$_2$｜AgCl）（激活方法是注入海水）、热电池（Ca｜LiCl-KCl｜CaCrO$_4$）（激活方法是加热电解质 LiCl-KCl，使其熔融）。储备电池主要用于在相当短时间内释放高功率电能的目的，如导弹、鱼雷以及其它武器系统。

⑤　流动电池（flow batteries）　包括反应物、产物和电解质在内的物质流流经电池装置。例如全钒氧化还原液流电池（vanadium redox battery）通过不同价态的钒离子相互转化实现电能的储存与释放（图 2-23）。

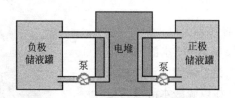

图 2-23　流动型钒氧化还原液流电池

$$\text{正极 } V^{4+} \underset{\text{放电}}{\overset{\text{充电}}{\rightleftharpoons}} V^{5+} + e^- \qquad\qquad (2\text{-}6)$$

$$\text{负极 } V^{3+} + e^- \underset{\text{放电}}{\overset{\text{充电}}{\rightleftharpoons}} V^{2+} \qquad\qquad (2\text{-}7)$$

2.2.4　电池性能的测试

电池性能的测试就是直接测试和比较以上各项主要性能指标，其中最重要的是充放电测试，即获得电池的充电曲线和放电曲线。

（1）四端子测量

由于测量导线与电池之间存在接触电阻（图 2-24），因此若电压线与电流线合二为一，那么由于接触电阻导致的电位降在大电流测量时

图 2-24　四端子测量示意

在正负极上引出的电压、电流测量线都必须分开

是非常可观的（1A 电流会导致几十至 200mV 的电位降，业余电子、电工爱好者要注意了！）。

（2）充电

如果充电条件不当，就不能充分发挥电池的潜能，同时也会缩短电池的使用寿命。在极端情况下，充电不当会使电池漏液或爆炸。因此在电池充电前，要仔细阅读电池产品规格书，充分考虑电池种类与型号、性能、放电状态、充电电流、充电时间及环境温度等注意事项。充电过程是强制进行的，要实现这一过程，充电电压就必须高于电池的开路电压和电动势。充电电压不能过高，也不能过低，过高则易于使电池组成部分的性能受到影响，例如使电解液电解和电池内压升高，导致出现鼓胀现象，过低则充电时间过长，甚至充不进电。水溶液型电池在充电过程中，电池内部会产生少量气体，一般会在放电时吸收。充电电流太大、经常过充会加剧气体产生、使电池内压增加。按照使用目的可将充电方法分为两大类，即循环使用方式和备用方式。常见的充电方法有以下几种。

① 恒电流充电　即充电电流在充电过程中保持不变（图 2-25），使用最方便也最为普遍。

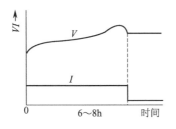

图 2-25　Cd-Ni 与 MH-Ni 电池常用恒电流充电

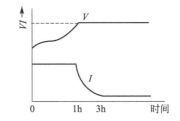

图 2-26　锂离子、铅酸、可充碱性锌锰电池常用恒电压充电

② 恒电压充电　即保持规定的充电电压不变（图 2-26）。

③ 先恒流后恒压

④ 分阶段充电　开始用一定电流充电，充电一定时间后达到预定值时，改用另一电流值充电。

⑤ 浮充电 蓄电池一直与恒流电源及负载并接，使电池保持在全充电状态。浮充电也可理解为用小电流充电以弥补电池自放电造成的容量损失，使得电池在使用前一直保持 100％带电量。

过充电（over charge） 电池在充满电后，若还继续充电，可能导致电池内压升高、电池变形、漏液等情况发生，电池的性能就会显著降低和损坏。

为避免电池过充，需要对充电过程进行控制或在充电完成时予以及时终止（图 2-27）。常见的充电控制方法有以下六种。

① 时间控制 通过设置一定的充电时间来控制充电终点，一般按照充入120％～150％电池标称容量所需的时间来控制。

$$电池充电时间(h) = (1.2 \sim 1.5) \times \frac{电池容量(mA \cdot h)}{充电电流(mA)} \tag{2-8}$$

② 峰值电压控制 通过检测电池的电压来判断充电的终点，当电压达到峰值时，终止充电。

③ $-\Delta V$ 控制 当镍系电池充满电时，电池电压会达到一个峰值，然后电压会下降。当电压下降一定的值时，终止充电，如图 2-27 所示。

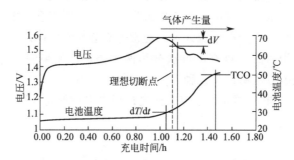

图 2-27 MH-Ni 电池恒流充电及其控制方法

④ TCO 控制 当电池温度升高到一定数值时停止充电。

⑤ 温度差控制 电池在充电过程中，温度会逐渐升高。充满电时，电池温度与周围环境温度的差值会达到最大，当差值最大时停止充电。

⑥ dT/dt 控制 通过检测电池温度相对于充电时间的变化率来判断充电的终点。

在上述 6 种算法中，时间和$-\Delta V$ 控制以及峰值电压控制最为常见，时间控制最为方便，也最为廉价，但往往出现充不饱电和过充电的情况。这 6 种算法可以单独使用，也可以联合使用。要使用$-\Delta V$ 和 dT/dt 控制这两种算法，充电电流必须不小于 $0.2C$，这样才能够让电池产生显著的温升或者电压降，从而判别充电效果（如图 2-27 所示）。镍系电池常用时间和$-\Delta V$

控制，铅酸电池、锂离子电池和可充碱性锌锰电池常用峰值电压控制。TCO 控制常用于确保电池的安全性。

充电时间的长短与电池的充电效率有关，充电效率高则充电时间短。充电效率达不到 100%（图 2-28）的原因在于充入电池的电量不能全部转化为电池的化学能，必然有一部分要转化为热能。热能的转化有两个渠道：a. 电池的内阻生热；b. 一般情况下，副反应最终导致了热的生成。如图 2-29 所示，氢氧化镍电极在接近充电终止时，副反应比例增大，由于 O_2 的再复合，MH-Ni 电池的充电效率下降（图 2-28）。

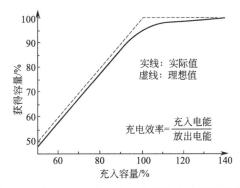

图 2-28 某 MH-Ni 电池充电效率随充入容量的变化

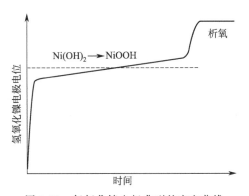

图 2-29 氢氧化镍电极典型的充电曲线

（3）放电

电池的放电方法通常有恒流［充电电池常用，图 2-30（a）］与恒阻［一次电池常用，图 2-30（b）］两种方式。

放电曲线通常有两种形式：电压-放电时间（或放电容量）曲线（图 2-31）；电压-放电电流曲线图（2-32）。一般一次电池与二次电池常采用电

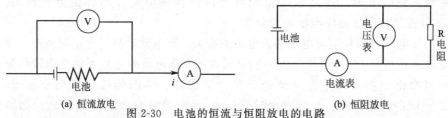

(a) 恒流放电　　　　　　　　　　　　　(b) 恒阻放电

图 2-30　电池的恒流与恒阻放电的电路

压-时间曲线，而燃料电池由于是连续电池，短时间内电压随时间变化甚小，因此常用电压-电流曲线，进一步可得到功率-电流密度曲线（图 2-32）。如图 2-31 中曲线 1 那样在端电压平坦的后期，急剧到达放电终止电压的电池，放电性能优异。如曲线 2 所示的电压随时间不断下降的电池，其放电性能低劣，而且其放电容量也比曲线 1 小。

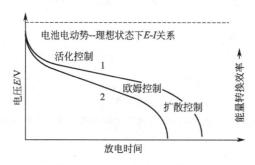

图 2-31　电压-放电时间曲线

（4）电池性能的简易检测方法

由于电池的大部分性能指标都要使用专用仪器来测量，对于普通消费者

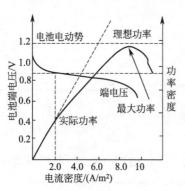

图 2-32　氢氧燃料电池端电压-电流和功率-电流关系

来说不太可行。当然也有一些间接的手段可以用以粗略检测。比如：a. 用同一台用电器（如随身听）以相同的条件使用两种不同的电池，使用时间较长的电池自然就是容量较高的产品；b. 看外观包装；c. 用万用表量电压和短路电流。值得注意的是，电压正常的电池未必可用，其短路电流甚至可能是 0A（此即所谓"内部断路"）；d. 测试自放电性能（仅测开路电压），开路电压高的性能较好；e. 通过电池某些性能指标的均一性的差别来判断电池性能，如

外观、电压、质量等。

2.2.5　二次电池的化成与分容

　　二次电池制造后，通过一定的充放电方式将其内部正负极物质激活，改善电池的充放电性能及自放电、储存等综合性能的过程称为化成。二次电池只有经过化成后才能体现真实性能。

　　二次电池在制造过程中，因工艺原因使得电池的实际容量不可能完全一致，通过一定的充放电制度检测，并将电池按容量分类的过程称为分容。

2.2.6　常用电池简介

2.2.6.1　一次电池

（1）普通锌锰干电池和碱性锌锰干电池

　　普通锌锰干电池又叫锌碳干电池，因其电解液 $ZnCl_2$ 和 NH_4Cl 呈酸性，有时也称酸性干电池（如图 2-33）。自 1868 年由法国工程师勒克兰谢（Leclanchè）发明以来屡经改进，沿用至今，是目前使用最广的一种电池。全世界每年一次电池的总产量约 450 亿只，其中 $Zn\text{-}MnO_2$ 电池占了约 70%，约 315 亿只。

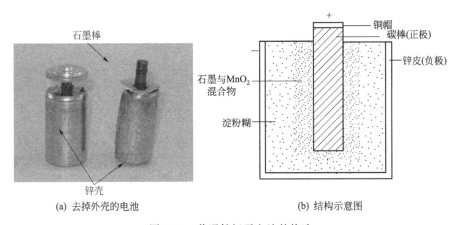

(a) 去掉外壳的电池　　　　　　　(b) 结构示意图

图 2-33　普通锌锰干电池的构造

　　在酸性锌锰干电池中，锌筒外壳作负极，插在中央的碳棒是正极的集流体，围绕着碳棒的 MnO_2 和石墨（用作导电材料）的混合物作正极，$ZnCl_2$ 和 NH_4Cl 的糊状混合物作电解质。用火漆封固成干电池（图 2-33）。电池符号可表示如下。

　　（－）$Zn\,|\,ZnCl_2$，NH_4Cl（糊状）$|\,MnO_2\,|\,C$（石墨）（＋）　　开路电压为 $1.55\sim1.70V$

电池反应如下。

$$Zn(s)+2MnO_2(s)+2NH_4^+(aq)+2Cl^-(aq)\!=\!\!=$$
$$Zn(NH_3)_2Cl_2(aq)+2MnO(OH)(s) \quad (2\text{-}9)$$

该电池的优点是原材料丰富、价格便宜；缺点是寿命短、放电功率低、比能量小、存储性能和低温性能差，在 $-20℃$ 即不能工作，且不能提供稳定电压。锌既然是消耗性的外壳，在使用过程中就会变薄以致穿孔，这就要求在锌皮外加有密封包装，有些劣质产品，在使用过程中会发生"渗漏"现象。

若用导电性好得多的 KOH 溶液代替普通锌锰干电池中的 $ZnCl_2$ 和 NH_4Cl 电解液，用反应面积大得多的锌粉替换锌皮做负极，正极集流体改为镀镍钢筒，就变成碱性锌锰干电池 [图2-34(a)]，简称碱锰电池，亦称为碱性干电池（其实碱性干电池还有其它种类，只是碱锰电池最常用罢了）。碱性锌锰电池采用了高纯度、高活性的正负极材料和离子导电性强的碱液作为电解质，因而内阻小，放电后电压恢复能力也强 [图 2-34(b)]。电池特点：a. 开路电压为 $1.60\sim1.65V$；b. 工作温度范围宽（$-20\sim60℃$ 之间），适用于高寒地区；c. 中等电流连续放电容量为普通锌锰电池的 $5\sim7$ 倍，存储寿命超过 2 倍；d. 自放电小。

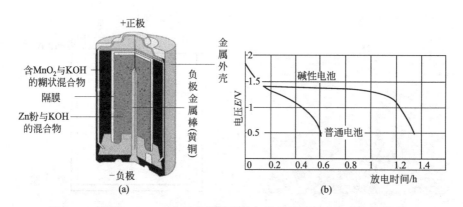

图 2-34　碱性 $Zn\text{-}MnO_2$ 电池的结构及其与普通锌锰电池放电性能的对比

电池表达式　$(-)Zn\,|\,KOH,K_2[Zn(OH)_4]\,|\,MnO_2,C(石墨)(+)$

电池反应　$Zn(s)+MnO_2(s)+2H_2O(l)+4OH^-\!=\!\!=\!Mn(OH)_4^{2-}(aq)+$
$Zn(OH)_4^{2-}(aq)$ \quad (2-10)

美国、欧洲和日本的碱锰电池所占市场比例已达 80% 以上。1995 年我国碱锰电池年总产量只有约 3 亿只，仅占干电池总产量的 3%；2007 年约 70 亿只，占干电池总产量的 23%，增长极为迅速。最近十多年来，锌锰电池大幅度减少了汞（Zn 的活性很大，汞可以大幅度降低 Zn 的自腐蚀，从而降低了电池的自放电）的使用量，发达国家已经禁用，我国也将在不长的时间实现零汞使用的目标。

（2）锌-银电池

锌银电池常被制成纽扣电池，主要用于自动照相机、助听器、数字计算器和石英电子表等小型、微型用电器具。在医学和电子工业中，它比碱性锌锰干电池应用得更广泛。与碱性锌锰电池相比具有比能量高（表 2-3）、电压稳、使用温度范围广、能大电流放电、自放电小、储存寿命长等优点。锌银电池的主要缺点是使用了昂贵的银作为电极材料，因而成本高；其次锌电极易变形和下沉，特别是锌枝晶的生长穿透隔膜而造成短路，因此锌银二次电池的充放电次数不高（最多 150 次）。

表 2-3　一次电池比能量的比较

电　　池	质量比能量/(W·h/kg)	体积比能量/(W·h/L)
普通锌锰电池	251.3	50～180
碱性锌锰电池	274.0	150～250
锌银电池	487.5	300～500

电池符号　（一）$Zn \mid Zn(OH)_2(s) \mid KOH(40\%, 糊状, 含饱和 ZnO) \mid Ag_2O(s) \mid Ag(+)$

负极（阳极）的电极反应与碱性锌锰电池的负极反应相同。

$$Zn + 2OH^-(aq) \longrightarrow Zn(OH)_2(s) + 2e^- \tag{2-11}$$

正极（阴极）的电极反应　$Ag_2O(s) + H_2O(l) + 2e^- \longrightarrow 2Ag + 2OH^-(aq)$

$$\tag{2-12}$$

电池反应　$Zn + Ag_2O(s) + H_2O(l) = Zn(OH)_2(s) + 2Ag \tag{2-13}$

$E^\ominus = 1.594V$；工作电压为 1.6V。

该电池反应的温度系数为 -3.4×10^{-4} V/K。因温度系数数值较小，锌银电池在较大的温度范围内使用不会引起电动势大的波动。

当正极活性物质是过氧化银时，则正极反应存在着由过氧化银生成氧化银的阶段，即

$$Ag_2O_2 + H_2O + 2e^- \longrightarrow Ag_2O + 2OH^- \qquad \varphi^\ominus = 0.607V \tag{2-14}$$

此时电池反应为　$Zn + Ag_2O_2 + H_2O = Zn(OH)_2 + Ag_2O \tag{2-15}$

电池的标准电动势为　$E^\ominus = \varphi_+ - \varphi_- = 0.607 - (-1.249) = 1.856V$

（3）一次锂电池

人们很早就认识到锂可能是一种较理想的负极材料。若以电极电势最负的轻金属（如锂、钠）作为负极活性物质，而以电极电势较正的卤素（如氟、氯）

和氧族元素（如氧、硫）或它们的化合物作为正极活性物质，形成的锂电池系列和钠系列电池具有电压高、比能量高的优点。但在实际应用中却带来诸多的困难，一直到 20 世纪 50 年代 Harris 发现锂在丁丙酯等溶剂中是稳定的，锂盐在这些溶剂中的溶解度足以满足电池电导的需要，这才真正开始了锂电池的研究。锂电池的应用十分广泛，医疗上作为心脏起搏器电源是其独特的应用。

锂负极放电　$Li \longrightarrow Li^+ + e^-$ （2-16）

半径仅为 0.06nm 的 Li^+ 可在液态或固态电解质中运动，通过电解液迁移到正极与其活性物质形成锂的化合物。一次锂电池的某些性能及分类见表 2-4、图 2-35。

表 2-4　某些一次锂电池性能及分类

电池类型	典型电池系统	$E^{\ominus}/V$	理论质量比能量/(W·h/kg)
固体电解质	$Li/LiI/I_2$	2.78	560
固体正极	Li/MnO_2	2.61	970
	$Li/(CF)_n$	3.20	2260
可溶性正极	Li/Ag_2CrO_4	2.95	1110
有机电解质	$Li/SOCl_2$	3.65	2590
无机电解质	Li/SO_2Cl_2	3.90	2010

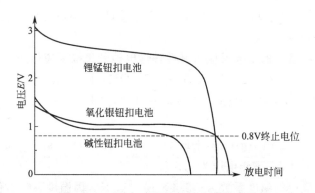

图 2-35　三种扣式电池的放电曲线对比

锂电池在储存时由于锂自身的电极电势很负，即使采用非水无机或有机电解质，也会与锂发生反应，产生自放电，储存寿命大为降低。然而事实上锂电池的储存寿命十分优越，原因在哪里？现在普遍的看法是锂和溶剂反应后在电极表面生成了保护膜，这才使制造锂电池成为可能。例如锂和无机电解质 $SOCl_2$-$LiAlCl_4$ 中的基本反应如下。

$$4Li + 2SOCl_2 \longrightarrow 4LiCl + SO_2 + S \qquad (2-17)$$

$$8Li + 3SOCl_2 \longrightarrow 6LiCl + Li_2SO_3 + 2S \qquad (2-18)$$

LiCl 保护膜不溶于有机或无机电解液。该膜具有双层结构，紧靠着锂电极的是薄而致密的紧密层，它不能传导电子却具有固体离子晶体的性质；紧密层的外层又生长一层厚而多孔的松散层。二者都对放电时电压滞后带来影响（即放电开始若干秒后才达到稳定值）。

2.2.6.2 二次电池

（1）铅（酸）蓄电池

铅酸蓄电池发明于 1859 年，至今已有 150 年历史，目前仍是使用最广、产量最大（约占电池总产量的 75%）的蓄电池。铅蓄电池的电极是由铅-锑合金制成的栅状极片，正极片上填充着紫红色的 PbO_2，负极片上填塞海绵状的灰色铅。两组极片交替地排列在蓄电池中，并浸泡在密度为 $1.2\sim1.3g/cm^3$（约 30%）的稀硫酸溶液中（图 2-36）。

电池符号 $(-)Pb(s)|H_2SO_4(aq)|PbO_2(s)(+)$

负极放电 $Pb(s)+SO_4^{2-}(aq)\longrightarrow PbSO_4(s)+2e^-$ (2-19)

正极放电 $PbO_2(s)+4H^+(aq)+SO_4^{2-}(aq)+2e^-\longrightarrow PbSO_4(s)+H_2O(l)$

(2-20)

电池反应 $Pb(s)+PbO_2(s)+2H_2SO_4(aq)\underset{充电}{\overset{放电}{\rightleftharpoons}}2PbSO_4(s)+2H_2O(l)$

(2-21)

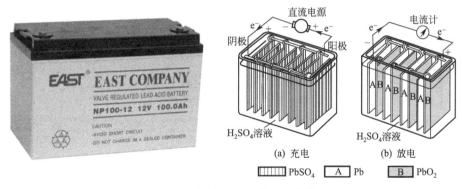

图 2-36 铅酸蓄电池外观及结构

铅酸电池放电后，正、负极表面都沉积上一层 $PbSO_4$，H_2SO_4 电解液也有一定消耗。在充电时，H_2SO_4 不断地生成。因此电解液浓度不断增加。H_2SO_4 浓度的变化可用密度计测定，从而推测铅酸蓄电池荷电状况。例如随着放电，硫酸浓度逐渐降低，当硫酸相对密度降至 1.05 时，蓄电池需再行充电，否则过度放电会影响到蓄电池寿命。

铅酸蓄电池具有价格低廉、电动势较高（2.1V）、浮充性能好、能大电流放电、结构简单、稳定可靠等优点，但也有笨重、铅污染、充电速度低、寿命短（目前 Cd-Ni、MH-Ni、锂离子等电池的循环寿命很容易达到 1000 次以上，而铅酸蓄电池在实际使用中却很难超过 500 次）、硫酸漏溢及腐蚀、防震性差、自放电较大、放电态储存性能差（即使性能卓越的日本汤浅电池，放电完毕后储存 3 个月也很容易失效）等缺点。

铅蓄电池的主要用途为：a. 汽车、柴油机车的启动电源（但将被锂离子电池取代）；b. 搬运车辆、坑道及矿山车辆、潜艇、电动自行车、电动汽车的动力电源；c. 变电站、通讯站的备用电源；d. 风能和太阳能发电站的储存电源。近年来，铅蓄电池的最大改进在于基本实现了免维护密封式结构。综合性能更好的胶体电池与铅晶电池（在原硫酸电解液中添加胶凝剂等成分而使电解液呈胶态或晶态）、铅布电池正在快速发展之中。

传统的铅酸蓄电池由于反复充放电使水分有一定的消耗，因此使用过程中需要补充蒸馏水。同时在充电后期或过充电时会造成正极析氧和负极析氢，因而电池不能密封。现今采用负极活性物质（Pb）过量，当充电后期时只是正极析氧而负极不产生氢气，同时产生的氧气通过多孔膜及电池内部上层空间等位置到达负极，氧化海绵状的铅，反应式如下。

$$Pb+O_2+H_2SO_4 \longrightarrow PbSO_4+H_2O \qquad (2-22)$$

水的生成可以减少维护或免维护，同时"氧再复合"不会使气体溢出，使铅酸蓄电池可以制成密封式电池。当然在电极材料上还要由原来铅锑合金更新为氢超电势较高的铅钙合金，同时使电解液减少到致使电极露出液面的程度；并选择透气性好的隔板，以达到密封的目的，这种密封原理是以水溶液为电解质的蓄电池的共同特点。

（2）镉镍电池和镍氢电池

镉镍电池具有结构简单、使用方便、循环寿命长（大于 1000 次）、价格便宜等优点，是使用最广泛的化学电源之一。小至电子手表、手机、电子计算器、电动玩具、家用电器、电动工具、不间断电源等，大至矿灯、航标灯，乃至飞机启动、火箭、行星探测器、大型逆变器等都可使用它。缺点是镉污染、容量小、记忆效应（memory effect，只有将电池中的余电放净后再充电才能保持电池的放电容量）严重。单元镉镍电池的标称电压为 1.25V。

电池符号：

$(-)Cd(s)|Cd(OH)_2(s)|KOH(6mol/L)|NiOOH(s)|Ni(OH)_2(s)(+)$

电池反应：

$$Cd(s)+2NiOOH(s)+2H_2O(l) \Longleftrightarrow Cd(OH)_2(s)+2Ni(OH)_2(s)$$

$$(2-23)$$

禁止在电池中使用镉是大势所趋，但因其放电电势的稳定性和重复性十分优良，因此在标准电池中被限量使用。

金属氢化物-镍电池（简称镍氢电池）是镉镍电池的替代产品，其结构、性能、用途与镉镍电池相似，主要区别在于用储氢合金作负极，取代了致癌物质镉（Cd）。具有高比容量（接近镉镍电池的 2 倍）、大功率、长寿命（可充放电 1000 次以上）、记忆效应较小和污染小等特点。

负极放电　$M+z/2H_2 \longrightarrow MH_z+ze^-$ (2-24)

正极放电　$NiOOH+H_2O+e^- \longrightarrow Ni(OH)_2+OH^-$ (2-25)

电池反应　$2NiO(OH)+2MH \rightleftharpoons 2Ni(OH)_2+2M$ (2-26)

开路电压 1.3～1.4V，平均工作电压 1.25V。

其中，M 表示储氢合金材料。因储氢材料原料和制备工艺不同而有所不同。因为正极的技术已经成熟，所以人们对该种电池的开发主要集中在负极上。

镍氢电池由氢氧化镍正极、储氢合金负极、隔膜纸、电解液、钢壳、顶盖、密封圈等组成。在圆柱形电池中，正负极用隔膜纸分开卷绕在一起，然后密封在钢壳中。在方形电池中，正负极由隔膜纸分开后叠成层状密封在钢壳中，如图 2-37 所示。去掉圆柱形电池的钢壳后如图 2-38 所示，由于储氢合金负极活性很高，所以常有火焰冒出。

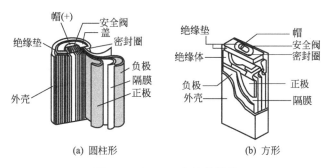

图 2-37　MH-Ni 电池的结构

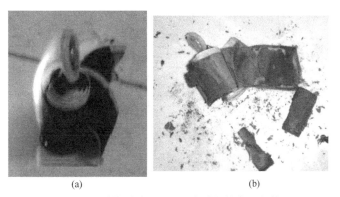

图 2-38　圆柱形 MH-Ni 电池剥去外壳后的情况

$Ni(OH)_2$ 电极中常加入 CoO。一部分 CoO 在化成过程中掺入 $Ni(OH)_2$ 晶格，使晶格变形，增加了 $Ni(OH)_2$ 的导电率。大部分的 CoO 通过溶解-沉积机理，在化成过程中，在 $Ni(OH)_2$ 表面形成均匀的、覆盖良好的导电性网络 $CoOOH$（图 2-39）。在第一次充电期间，由于 $Co(OH)_2$ 的氧化电势比 $Ni(OH)_2$ 的氧化电势低，这导致在 $Ni(OH)_2$ 转化为 $NiOOH$ 之前便形成稳定的 $CoOOH$，如果放电结束电压不显著地低于 1V(MH-Ni 电池一般控制不小于 0.8V，当低于 0.6V 时 $CoOOH$ 开始被还原)。则 $CoOOH$ 不再参加电池中后续的反应，这样阴极就获得了对应 $CoO \rightarrow CoOOH$ 所耗电量的预先充电。如果随后放电使正极的可用容量耗尽，但由于预先充电的缘故负极仍有放电储备。

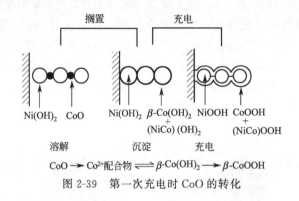

图 2-39 第一次充电时 CoO 的转化

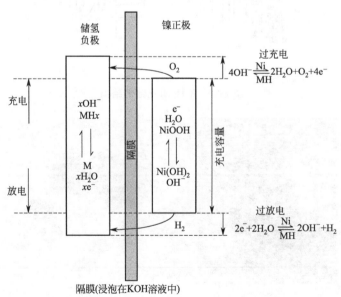

图 2-40 MH-Ni 电池充放电与密封机理示意

在 MH-Ni 电池中，一般设计为负极过量，即

$$负极容量＝正极容量＋放电预留＋充电预留 \qquad (2\text{-}27)$$

因此充电时，当正极活性物质转化完全并开始大量析氧后，负极尚有剩余容量（充电预留），这样 MH-Ni 电池通过氧气与储氢负极的再复合实现了密封（图 2-40）。氧气的再复合反应如下。

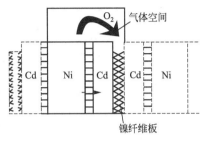

$$O_2＋MH \Longrightarrow M＋H_2O \quad (2\text{-}28)$$

Cd-Ni 电池的密封原理与 MH-Ni 电池相似（图 2-41）。

镍系电池全部放完电后，极板上的结晶体很小。电池部分放电后，$Ni(OH)_2$ 没有完全变为 NiOOH，剩余的 $Ni(OH)_2$

图 2-41　Cd-Ni 电池密封原理

将结合在一起，形成较大的结晶体，这使得电池放电时形成次级放电平台。由于镉晶粒更容易聚集成块，因而镉镍电池的记忆效应最严重（图 2-42）。

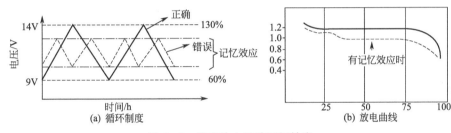

图 2-42　浅充放电导致记忆效应

（3）锂离子电池

锂离子蓄电池（Li-ion battery）由可使锂离子嵌入及脱嵌的碳作负极，可逆嵌锂的金属氧化物作正极和有机电解质构成（图 2-43）。电池结构如下。

$(-)Li(C) \mid 含锂盐的有机溶质 \mid 嵌 Li 化合物（如 LiCoO_2、LiNiO_2 或 LiMn_2O_4）(+)$

$$正极 \quad LiCoO_2 \Longrightarrow Li_{1-x}CoO_2＋xLi^+＋xe^- \qquad (2\text{-}29)$$

$$负极 \quad C＋xLi^+＋xe^- \Longrightarrow CLi_x \qquad (2\text{-}30)$$

$(-)Li \longrightarrow Li^+＋e^-$ ；$(+)Li^+＋e^- \longrightarrow Li$

当对锂离子电池进行充电时，电池的正极上有锂离子生成，生成的锂离子经过电解液运动到负极。而作为负极的碳呈层状结构，它有很多微孔，到

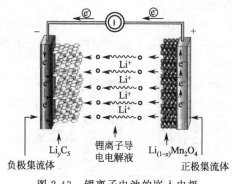

负极集流体　锂离子导
　　　　　　电电解液　　　　　正极集流体

图 2-43　锂离子电池的嵌入电极

达负极的锂离子就嵌入到碳层的微孔中，嵌入的锂离子越多，充电容量越高。当对电池进行放电时，嵌在负极碳层中的锂离子脱出，又运动回到正极。回到正极的锂离子越多，放电容量越高。不难看出，在锂离子电池的充放电过程中，锂离子处于从正极→负极→正极的运动状态。如果把锂离子电池形象地比喻为一把摇椅，摇椅的两端为电池的两极，而锂离子就像优秀的运动健将，在摇椅的两端来回奔跑。所以专家们又给了锂离子电池一个可爱的名字——摇椅式电池。

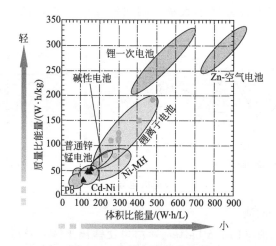

图 2-44　各种电池的比能量

　　锂离子电池于 1990 年由日本索尼（Sony）公司开发成功以来，以其比能量高（尤其是体积比能量非常高，也就是轻，见图 2-44）、电势高（3.7V，见表 2-5 和图 2-45）、自放电率低、环境污染小和记忆效应极小等优点，逐渐成为现代电池工业的"新星"。有关锂离子电池的研发已成为电池领域最活跃、最迅速的前沿课题之一。近年来锂离子电池对镍氢电池的排挤越发严重，但当其作为动力电池使用时，由于存在爆炸的危险，其应用受到一定限制，目前锂离子电池的这种不足已因技术进步而被逐渐克服。事实上国内已有一些厂家推出了容量较小的锂动力电池。

表 2-5　元素的氧化还原电势

电极电位/V	反应
−3.045	$Li^+ + e^- \Leftrightarrow Li$
−2.9	$6C + xLi^+ + xe^- \Leftrightarrow C_6Li_x$
−2.714	$Na^+ + e^- \Leftrightarrow Na$
−2.363	$Mg^{2+} + 2e^- \Leftrightarrow Mg$
−1.968	$Be^{2+} + 2e^- \Leftrightarrow Be$
−1.68	$Al^{3+} + 3e^- \Leftrightarrow Al$
−1.22	$ZnO_2^- + 3e^- \Leftrightarrow Zn$
−0.828	$2H_2O + 2e^- \Leftrightarrow 2OH^- + H_2$
−0.825	$Cd(OH)_2^- + 2e^- \Leftrightarrow Cd$
−0.763	$Zn^{2+} + 2e^- \Leftrightarrow Zn$
−0.447	$S + 2e^- \Leftrightarrow S^{2-}$
−0.355	$PbSO_4 + 2e^- \Leftrightarrow Pb$
0	$2H^+ + 2e^- \Leftrightarrow H_2$
0.337	$Cu^{2+} + 2e^- \Leftrightarrow Cu$
0.480	$NiOOH + H_2O + e^- \Leftrightarrow Ni(OH)_2 + OH^-$
0.536	$I_2 + 2e^- \Leftrightarrow 2I^-$
0.8	$Li_{1-x}NiO_2 + xLi^+ + xe^- \Leftrightarrow LiNiO_2$
0.9	$Li_{1-x}CoO_2 + xLi^+ + xe^- \Leftrightarrow LiCoO_2$
1.0	$Li_{1-x}Mn_2O_4 + xLi^+ + xe^- \Leftrightarrow LiMn_2O_4$
1.065	$Br_2 + 2e^- \Leftrightarrow 2Br^-$
1.23	$O_2 + 4H^+ + 2e^- \Leftrightarrow 2H_2O$
1.36	$Cl_2 + 2e^- \Leftrightarrow 2Cl^-$
1.685	$PbO_2 + 2e^- \Leftrightarrow PbSO_4$
2.87	$F_2 + 2e^- \Leftrightarrow 2F^-$

（右侧标注：锂离子电池、镍氢电池）

注：Li 的性质——｛最低的氧化还原电位，最小的重量/单位容量｝——｛高电位电池，轻阳极｝——高比能量

安全性能是锂离子电池的第一项考核指标。锂电池易受到过充电、深放电、短路以及高温的损害。单体锂离子电池的充电电压必须严格限制。充电速率通常不超过 $1C$，最低放电电压为 2.7～3.0V，如再继续放电则会损坏电池。锂离子电池以恒流转恒压方式进行充电。采用恒流充电至 4.2V 时，充电器应立即转入恒压充电，充

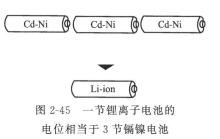

图 2-45　一节锂离子电池的电位相当于 3 节镉镍电池

电电流逐渐减小，当电池充足电后，进入涓流充电过程。图 2-46 给出了锂离子电池充放电的电压范围。为避免过充电或过放电，锂离子电池不仅在内部设有安全机构，充电器也必须采取安全保护措施，以监测锂离子电池的充放电状态。因此锂离子电池块中通常包含有锂离子电池和电池 IC 保护线路，保护线路提供过充电、过放电、过电流、过电压和低电压保护。此外锂离子电池还应通过各种滥用试验，如外部短路、过充、针刺、焚烧、温度冲击以

及冲击、振动、跌落等力学性能试验。

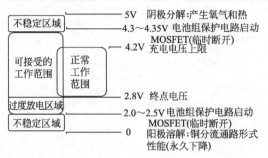

图 2-46　锂离子电池充放电的电压范围

锂聚合物电池（图 2-47）是将有机电解液储存于聚合物膜中，甚至直接用导电聚合物为电解质，使电池中无游离电解液，从而赋予电池轻量化、超薄化、小型化、形状可任意改变、安全性更好、能量密度高等特点。有人预言，将来的电池可以薄得像信用卡一样（图 2-48），真是神奇！

图 2-47　锂聚合物电池

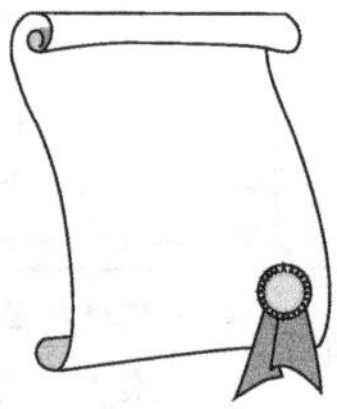

图 2-48　柔式纸板电池

（4）碱锰充电电池

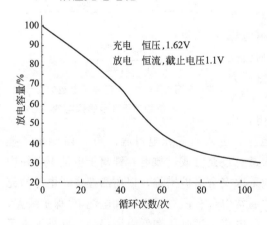

图 2-49　AA 型碱性锌锰充电
电池 10Ω 放电循环曲线

碱锰充电电池是在碱性锌锰电池的基础上发展起来的。这种电池在不改变原碱性电池放电特性的同时，又能充电使用几十次到几百次。目前其深充放电循环寿命仅大于 25 次，但其容量高（约比镉镍充电电池高一倍），自放电很小，电压较高，比较经济实惠，对环境友好，第一次使用无需充电，充电易于控制，没有记忆效应，而且良好的使用习惯可以大大延长寿命，可以和一次电池互换。该电池不适用于大电流充放电，若充电电流较大，则会导致：a. 循环寿命急剧下降；b. 漏液甚至爆炸。因此可充式碱性锌锰电池一定要使用专用充电器进行恒压充电（图 2-49）或先恒流后恒压的充电模式。

表 2-6 几种主要电池的性能比较

技术参数	碱锰电池 Zn-MnO$_2$	镉镍电池 Cd-Ni	镍氢电池 MH-Ni	锂离子电池 Li-ion	锂聚合物电池
工作电压/V	1.5	1.2	1.2	3.6	3.6
重量比能量/(W·h/kg)	50～90	50～70	65～100	105～140	400～500
体积比能量/(W·h/L)	150～250	150	200	300～400	500～600
充放电寿命/次	100	1000	1000	1000	1000
自放电率/(%/月)	极小	25～30	30～35	6～9	6～9
记忆效应	无	有	较小	极小	极小
污染	很小	大	很小	很小	很小
充电温度/℃	0～45	0～45	10～45	0～45	0～45
放电温度/℃	20～60	20～60	10～45	20～60	20～60
主要优点	低成本 自放电很小 电压高 资源丰富	低成本 高功率 快速充电 耐用	较低成本 高功率 污染小 比较耐用	高比能量 高电压 污染小 自放电小	高比能量 高电压 污染小 形状可调
主要缺点	寿命短 耐用性差 内阻大 充电麻烦	记忆效应 污染大 低比能量	自放电大 与1.5V电池通用	高成本 安全性差 耐用性差 充放电麻烦	高成本 耐用性差 充放电麻烦

2.2.6.3 燃料电池

燃料电池是通过连续供给燃料从而能连续获得电力的发电装置。燃料电池不同于一次电池和二次电池：一次电池的活性物质利用完毕就不能再放电，二次电池在充电时也不能输出电能。而燃料电池只要不断地供给燃料，就像往炉膛里添加煤和油一样，它便能连续地输出电能。一次和二次电池与环境只有能量交换而没有物质交换，是一个封闭的电化学系统；而燃料电池却是一个敞开的电化学系统，与环境既有能量交换，又有物质交换。燃料电池可分级为：电池单元、燃料电池组、燃料电池动力厂。由于燃料电池需要不断地提供燃料，移走反应生成的水和热量，因此需要一个比较复杂的辅助系统。特别是当燃料不是纯氢，而是含有杂质或简单的有机物（诸如 CH_4、CH_3OH 等）作为燃料，就必须有净化装置或重整设备；同时还应考虑到能量综合利用的问题。完整的燃料电池发电系统由电池堆、燃料供给系统、空气供给系统、冷却系统、电力电子换流器、保护与控制及仪表系统组成

（图 2-50）。

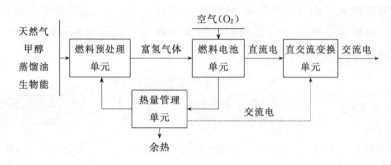

图 2-50　燃料电池系统

限制燃料电池普及推广的瓶颈在于造价高、寿命短等难题尚未圆满解决。燃料电池预计将在本世纪二三十年代开始走向大规模应用。

表 2-7　燃料电池的类型与特征

类型	电解质	导电离子	工作温度	燃料	氧化剂	技术状态	可能的应用领域
碱性	KOH	OH^-	50～200℃	纯氢	纯氧	高度发展、高效	航天，特殊地面应用
质子交换膜	全氟磺酸膜	H^+	室温～100℃	氢气，重整氢	空气	高度发展，需降低成本	电汽车，潜艇推动，可移动动力源
磷酸	H_3PO_4	H^+	100～200℃	重整气	空气	高度发展，成本高，余热利用价值低	特殊需求，区域性供电
熔融碳酸盐	（Li,K)CO_3	CO_3^{2-}	650～700℃	净化煤气、天然气、重整气	空气	正在试用，需延长寿命	区域性供电
固体氧化物	氧化钇稳定的氧化锆	O^{2-}	800～1000℃	净化煤气、天然气	空气	电池结构选择，开发廉价制备技术	区域供电，联合循环发电

　　燃料电池通常以氢气、丙烷、甲醇、煤气、天然气等还原剂为负极反应物，以氧气、空气等氧化剂为正极反应物。为了使燃料电池的电极反应高效进行，要求电极材料兼备催化功能。可用多孔碳、多孔镍、铂、钯等贵金属作电极材料。电解质有碱性、酸性、熔融盐和固体电解质以及高聚物电解质-离子交换膜等数种。燃料电池主要按电解质来分类（表 2-7）。如碱性燃料电池（AFC）、磷酸盐电池（PAC）、熔融碳酸盐电池（MCFC）、固体氧化物电池（SOFC）、质子交换膜燃料电池（PEMFC）等。其中 SOFC、

PEMFC 最具发展潜力。PAC 和 MCFC 遇到的棘手问题主要是高温的磷酸和熔融态的（Li，K）CO_3 挥发较快，对其它材料腐蚀太大。质子交换膜燃料电池由于工作温度低（室温至 100℃）、启动快，是将来电动车的理想电源，因而备受重视。PEMFC 中的直接甲醇燃料电池使用液态的甲醇，具有体积小、补充燃料方便、可应用于小型电器（例如手机和笔记本电脑）等优点，因此受到特别的重视。受限于 Pt 催化剂的资源有限性，PEMFC 难以被大规模使用。生物燃料电池是燃料电池中特殊的一类。它利用生物催化剂将化学能转变为电能，所以除了在理论上具有很高的能量转化效率之外。还有其它燃料电池不具备的特点——原料广泛，即可以利用一般燃料电池所不能利用的多种有机、无机物质作为燃料，甚至可利用光合作用或直接利用污水等。

下面简介碱性氢氧燃料电池（AFC），以方便读者理解燃料电池的工作原理。AFC 是 20 世纪 50 年代开始研发，20 世纪 60 年代成功应用于美国 Gemini 载人宇宙飞船的一种燃料电池，具有较高的能量转换率（≥60%）、高比功率和高比能量等优点。用多孔隔膜把电池分成三个部分：中间部分装有 75% 的 KOH 溶液，负极侧通入氢气，正极侧通入氧气（图 2-51）。工作温度在 200℃ 以下，理论电动势为 1.23V。若将碱性燃料电池应用于地面，会出现因 KOH 溶液易与 CO_2 反应生成 K_2CO_3 而很快失效的难题。

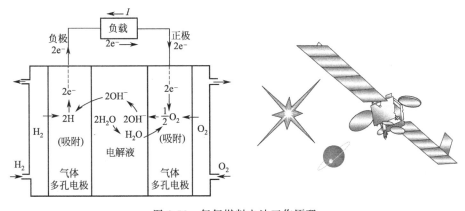

图 2-51 氢氧燃料电池工作原理

电池符号　　$(-)Pt(s)|H_2(g)|KOH(aq)|O_2(g)|Pt(s)(+)$

（＋）正极　　$O_2(g)+2H_2O(l)+4e^- \Longrightarrow 4OH^-$　　　　　　(2-31)

（－）负极　　$H_2(g)+2OH^- \Longrightarrow 2H_2O(l)+2e^-$　　　　　(2-32)

电池反应　　$2H_2(g)+O_2(g)\longrightarrow 2H_2O(l)$　　$E^{\ominus}=1.229V$　　(2-33)

此反应是电解水的逆过程，整个过程中不产生污染物。电池在产生电能的同时生成水。这种电源在宇宙飞船中可用于通信、照明和船舱中的取暖。电池中产生的水可供宇航员饮用。

2.2.7　废旧电池的危害

电池中含有的主要污染物质包括重金属（有 Cd、Hg、Pb、Mn、Ni、Zn 等）以及酸、碱等电解质溶液。其中 Hg、Cd、Pb 对环境和人体健康有较大危害。这类废电池主要为：a. 含 Hg 电池，指氧化汞电池以及部分 Hg 含量较高的锌锰和碱锰干电池（图 2-52）；b. 含 Cd 电池，主要是 Cd-Ni 电池，部分在正极中添加 $Cd(OH)_2$ 的 MH-Ni 蓄电池，计量用标准 $CdSO_4$ 电池；c. 铅酸蓄电池。

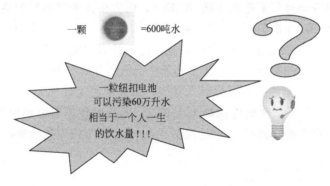

一颗 　 =600吨水

一粒纽扣电池可以污染60万升水相当于一个人一生的饮水量！！！

图 2-52　电池的危害

极微量的 Hg 对人体即有很大的毒性，典型事例是 20 世纪 50 年代发生在日本的"水俣病"。危害有头晕、四肢神经末梢麻木、记忆力减退、神经错乱、甚至死亡，还影响孕妇导致胎儿畸形。Cd 及其化合物均为有毒物质，对人体的心、肝、肾等器官的功能具有显著的不良影响。人每天摄入 2～10mg Cd 时，约有 25%～50% 留在人体内，其生理半衰期为 10～30 年，且有 1/3 积蓄于人的肾脏，造成慢性中毒。早年日本流行的"骨痛病"就是长期食用"Cd 米"和饮用"Cd 水"引起的。Pb 也是毒性较大的重金属，慢性 Pb 中毒表现为酶及血红素合成紊乱、神经系统障碍、消化系统病变（消化不良、腹部绞痛）和肾机能障碍。涉 Pb 行业中中小型乡镇企业职工 Pb 中毒患病率 9.35%，其中蓄电池、冶炼行业最高，Pb 中毒患病率分别为 23.8% 和 18.8%。更令人不安的是，我国约有 50% 的城乡儿童血铅含量高于以前国际公认的 $100\mu g/L$ 儿童铅中毒诊断标准[6]，而目前这一标准已经降为 $60\mu g/L$！

2.3 电解的应用

电解的应用很广,除了用于生产化工原料外,在机械工业和电子工业中广泛应用电解进行金属材料的加工和表面处理。最常见的是电镀、阳极氧化、电解加工等。

2.3.1 氯碱工业

将食盐水溶液电解,同时制取氯气、氢气和烧碱。离子交换膜电解槽主要由阳极、阴极、离子交换膜、电解槽框和导电铜棒等组成,每台电解槽由若干个单元槽串联或并联组成。图 2-53 表示的是一个单元槽的示意图。

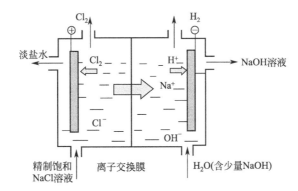

图 2-53 离子交换膜法电解原理

阳极 $2Cl^- \longrightarrow Cl_2 \uparrow + 2e^-$ (2-34)

阴极 $2H^+ + 2e^- \longrightarrow H_2 \uparrow$ (2-35)

电解槽总反应 $2NaCl + 2H_2O \Longrightarrow 2NaOH + Cl_2 \uparrow + H_2 \uparrow$ (2-36)

在溶液中,由于 H^+ 变成 H_2,水的离解平衡被破坏,使 OH^- 聚集起来,与 Na^+ 形成了 NaOH。

电解槽的阳极用金属钛网制成,为了延长电极使用寿命和提高电解效率,钛阳极网上涂有钛、钌等氧化物涂层;阴极由碳钢网制成,上面涂有镍涂层;阳离子交换膜把电解槽隔成阴极室和阳极室。阳离子交换膜有一种特殊的性质,即它只允许阳离子通过,而阻止阴离子和气体通过,也就是说只允许 Na^+ 通过,而 Cl^-、OH^- 和气体则不能通过。这样既能防止阴极产生的 H_2 和阳极产生的 Cl_2 相混合而引起爆炸,又能避免 Cl_2 和 NaOH 溶液作用生成 NaClO 而影响烧碱的质量。

由电解槽流出的阴极液中含有约 30% NaOH 的溶液，称为液碱，液碱经蒸发、结晶可以得到固碱。阴极区的另一产物湿氢气经冷却、洗涤、压缩后被送往氢气储柜。阳极区产物湿氯气经冷却、干燥、净化、压缩后可得到液氯。

2.3.2 铜的电解精炼和铝的冶炼

电解冶炼按电解的介质可分为水溶液电解冶金和熔盐电解冶金。下面简单讨论精炼铜和提取铝的过程。

需要进行电解精炼的粗铜，其纯度已达 99.2%～99.7%，但少量杂质对铜的导电性及延展性影响仍很大，不能满足电气工业的要求。为此需采用电解精炼法，进一步去除杂质使其纯度达到 99.95% 以上，同时借此可回收粗铜中有较高经济价值的金属，如金、银、铂、镍等。铜电解精炼的电化学系统——阳极为粗铜、阴极为纯铜，电解液主要含有 $CuSO_4$ 和 H_2SO_4。阳极可能发生以下多种电极反应。

$$Cu \longrightarrow Cu^{2+} + e^- \qquad \varphi^{\ominus} = 0.34V \qquad (2\text{-}37)$$

$$Cu \longrightarrow Cu^+ + e^- \qquad \varphi^{\ominus} = 0.51V \qquad (2\text{-}38)$$

$$Cu^+ \longrightarrow Cu^{2+} + e^- \qquad \varphi^{\ominus} = 0.17V \qquad (2\text{-}39)$$

$$2H_2O \longrightarrow 4H^+ + O_2 + 4e^- \qquad \varphi^{\ominus} = 1.229V \qquad (2\text{-}40)$$

此外阳极中含有比铜电势更负的杂质离子也可能从阳极溶解。一般由于 Cu^{2+} 的电极电势较 Cu^+ 离子的更负，主要发生的是二价铜离子的阳极溶解；而一价铜离子的反应为次要的，但因溶液中存在以下化学平衡。

$$2Cu^+ \rightleftharpoons Cu^{2+} + Cu \qquad (2\text{-}41)$$

Cu^+ 的浓度虽很低，却可能引起副反应，使电流效率下降。

阴极过程是阳极过程的逆反应，即 Cu^{2+} 的还原。

$$Cu^{2+} + 2e^- \longrightarrow Cu \qquad (2\text{-}42)$$

尽管电解液是酸性，一般情况氢析出的电势较铜更负，所以在阴极很少有氢气析出。

在铜电解精炼时（图 2-54），比铜电极电势更负的杂质如 Fe、Ni、Zn 等，可在阳极共溶，进入电解液，但不能在阴极与铜一起析出；而电极电势较铜正的杂质虽可能在阴极共析，却不能在阳极共溶而进入电解液，只能进入阳极泥，这类金属包括 Ag、Au、铂族等。这样就达到分离杂质、精炼金属铜以及资源充分利用的目的。最危险的杂质是电极电势与铜接近的杂质，它们既可能在阳极与铜共溶，又可能在阴极共析，这要定期地对电解液进行净化，尽量降低这些离子在溶液中的积累。

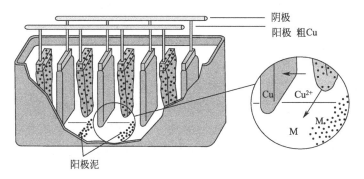

图 2-54 精炼铜示意图

若电解 Na^+、Mg^{2+} 或 Al^{3+} 这类离子的熔融盐（或某些氧化物），由于无 H^+ 存在，则是 Na^+、Mg^{2+} 或 Al^{3+} 直接在电极上放电，析出相应的金属 Na、Mg 或 Al（图 2-55）。这是制取活泼金属的通用方法。

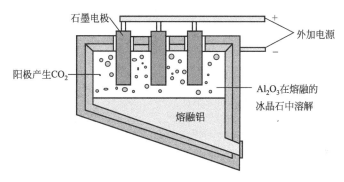

图 2-55 电解炼铝的示意图

铝相对密度比熔融的混合物大，可由斜底排出

2.3.3 电镀与电刷镀

获得金属镀层的工艺主要有电镀、热喷镀、热浸镀、化学镀、物理气相沉积中的蒸镀、离子镀和溅射等，其中以电镀历史最悠久、应用最广泛、可沉积的金属及合金镀层品种最多。电镀是应用电解原理在某些金属表面镀上一薄层其它金属或合金的过程。电镀的目的主要是使金属增强抗腐蚀能力、改善美观和表面的机械性能、赋予制件表面以特殊的物理性能。电镀时，一般都是用含有镀层金属离子的电解质配成电镀液；把待镀金属制品浸入电镀液中与直流电源的负极相连，作为阴极；用镀层金属作为阳极，与直流电源正极相连。通入低压直流电，阳极金属溶解在溶

液中成为阳离子，移向阴极，这些离子在阴极获得电子被还原成金属，覆盖在需要电镀的制品上（图 2-56）。对非导体表面的电镀，要先对非导体表面的电镀，要先在非导体表面形成导电层后，再进行电镀处理。形成导电薄膜的方法很多，如化学镀、真空蒸发镀膜、离子溅射镀、喷镀、涂覆导电涂料，目前应用较多的是化学镀。

　　为了达到防护要求，对电镀层的基本要求为：a. 与基体金属结合牢固、附着力好；b. 镀层完整、结晶细致紧密，孔隙率小；c. 具有良好的物理、化学及力学性能；d. 具有合适的镀层厚度，而且镀层分布要均匀。

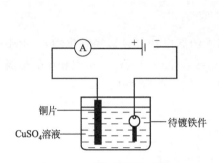

图 2-56　电镀铜的实验装置

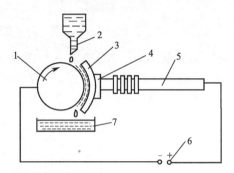

图 2-57　电刷镀工作原理示意

1—工作阴极；2—电镀液加入管；3—镀液包套；

4—石墨阳极；5—镀笔；6—直流电源；

7—电镀液回收盘

　　电刷镀（图 2-57）的基本原理与电镀相同，只是不用镀槽，而是将电解液浸在包着阳极的棉花包套（称为镀笔）中，刷镀时，接通电源后，用浸满镀液（即电解液）的镀笔与工件（阴极）直接接触，在阳极与阴极的相对运动中，即可获得镀层。为了获得良好的镀层，刷镀前和一般电镀一样需对镀件进行除油、除锈等表面处理，只不过是用镀笔浸取除油或除锈液进行处理。刷镀主要用于修复被磨损或加工超差的零件，也可用于印制板和电器接点的维修与防护。由于电刷镀技术能以很小的代价，修复价值较高的机械局部损坏部位，被誉为"机械的起死回生术"而得到广泛应用。

2.3.4　电铸

　　电铸（electroforming）是通过电解使金属沉积在铸模上制造或复制金属制品（能将铸模和金属沉积物分开）的过程。电铸与电镀都是指镀液中的金属离子在电场作用下，沉积到阴极上的过程，但两者的加工目的不同。电铸的目的主要是复制模具、工艺品以及加工高精度的空心、薄壁零件及导管等。而且电镀层较薄（0.01～0.05mm），而电铸层厚度较厚（0.05～5mm）。近年来，电铸加工在微小、精密零部件的制造应用发挥了重要作用，并作为一项先进制造工艺技术日益受到国内外的重视。

2.3.5　阳极氧化

阳极氧化是用电解的方法通以阳极电流，使 Al、Mg 等金属表面形成氧化膜的一种工艺。现以铝及铝合金的阳极氧化为例说明。将经过表面抛光、除油等处理的铝及铝合金工件作为电解池的阳极，并用铅板作为阴极，稀硫酸或铬酸、草酸溶液作为电解液。通电后，适当控制电流和电压条件，铝阳极表面就能被氧化而生成一层氧化铝膜（厚度可达 $5\sim300\mu m$）。阳极氧化过程中氧化膜的生成是两种不同的化学反应同时进行的结果。在阳极铝表面上，一种是 Al_2O_3 的形成反应，另一种是 Al_2O_3 被电解液不断溶解的反应。当生成速率大于溶解速率时，氧化膜就能形成，并保持一定的厚度。阳极氧化膜可分为两部分，如图 2-58 所示。

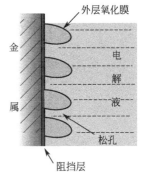

图 2-58　阳极氧化膜的结构

① 靠近基体，纯度较高的致密 Al_2O_3 膜，厚度0.01～0.05mm，称阻挡层。

② 靠近电解液，由 Al_2O_3 和 $Al_2O_3 \cdot H_2O$ 所形成的膜，硬度较低，有松孔，可使电解液流通。

阳极反应　（主要反应）$2Al+6OH^-(aq) = Al_2O_3+3H_2O+6e^-$

$$(2-43)$$

（次要反应）$4OH^-(aq) = 2H_2O+O_2\uparrow+4e^-$ (2-44)

阴极反应　$2H^+(aq)+2e^- = H_2(g)\uparrow$ (2-45)

阳极氧化所得氧化膜能与金属结合得很牢固，因而大大提高了铝及其合金的耐腐蚀性和耐磨性，并可提高表面的电阻和热绝缘性。由于氧化膜的多孔性，阳极氧化后往往还需要封闭处理，例如将工件浸在重铬酸钾盐或铬酸盐溶液中；有人认为此时重铬酸根或铬酸根离子能为氧化膜所吸收而形成碱式盐 $[Al(OH)Cr_2O_7]$ 或 $[Al(OH)Cr_2O_4]$。不过也正是由于氧化膜富有多孔性，所以常使染料吸附于表面孔隙中，以增强工件表面的美观或作为使用时的区别标记，还可使膜层的疏孔缩小，并可改善膜层的弹性、耐磨性和耐蚀性。例如光学仪器和仪表中有些需要降低反光性的铝合金制件的表面往往用黑色染料填封处理。

2.3.6　电抛光与电解加工

电抛光　金属制件在合适的溶液中进行阳极氧化处理，由于金属表面上凸出部分在电解过程中的溶解速率大于凹入部分的溶解速率，经一段时间的电解可使表面平滑、光亮的过程。电化学抛光（图 2-59）涉及的材料有不锈钢、纯金属、碳钢、合金钢、有色金属及其合金、贵重金属等几乎所有的金属材料。

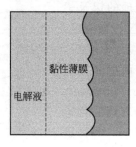

图 2-59　电化学抛光示意

电解加工　以工件作为阳极，模件（工具）作为阴极。两极之间保持很

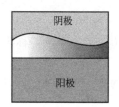
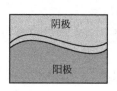

图 2-60　电解加工示意图

小的间隙（0.1～1mm），使高速流动的电解液从中通过以达到输送电解液和及时带走电解产物的作用，使阳极金属能较大量地不断溶解，最后成为与阴极模件工作表面相吻合的形状。这样模具不易磨损。对于韧性特强的金属作异型加工时最为有利。电解加工（图 2-60）与电抛光的原理相同。主要区别：电抛光时阳极与阴极间的距离较大（100mm 左右），电解液不流动。

电解加工的优缺点 ⎰ 优点 ⎰ 大而复杂的工件可一次完成；
表面质量好，生产效率高；
阴极材料不受损失。
缺点 ⎰ 加工工艺复杂，精度只能满足一般要求；
模件阴极需加工成专用形状；
电解废液不易妥善处理。

2.3.7　电泳

电泳涂装属于有机涂装，其工作原理为带电荷的涂料粒子与带相反电荷电极的"异极相吸"。采用直流电源，金属工件浸于电泳漆液中，通电后阳离子涂料粒子向阴极工件移动，阴离子涂料粒子向阳极工件移动，继而沉积在工件上，在工件表面形成均匀、连续的涂膜。当涂膜达到一定厚度（漆膜电阻大到一定程度）时，工件表面形成绝缘层，"异极相吸"停止，电泳涂装过程结束。但漆膜薄的位置继续增厚，因此所得漆膜厚度均匀。刚沉积的湿膜含有大量水分，由于电流的影响，会发生部分脱水，使湿膜不挥发分达到80％（电渗）。脱水后湿膜牢牢黏附在底材上，通常的清洗不能洗脱。由于边缘电流密度高，电泳过程首先发生在这些区域（图 2-61）。

(a)   (b)

图 2-61　电泳过程示意

整个电泳涂装过程可以概括为以下四个步骤。

① 电解　水的电解。

② 电泳　带电的聚合物分别向阴极或阳极泳动的过程。

③ 电沉积　带电的聚合物分别在阴极或阳极沉积的过程。

④ 电渗　沉积的电泳涂膜收缩、脱去溶剂和水，形成均匀致密的湿膜。

电沉积类型包括：a. 阳极电沉积，金属工件为阳极，吸引漆液中带负电荷的涂料粒子，电沉积时，少量的金属离子（阳极氧化）迁移到涂膜表面，对涂膜的性能造成影响，阳极电泳涂料主要用于对耐蚀性要求较低的工件，是经济型涂料；b. 阴极电沉积，金属工件为阴极，吸引漆液中带正电荷的涂料粒子，由于被涂工件是阴极而非阳极，进入涂膜的金属离子大大减少，从而提高了漆膜的耐蚀性能。

2.3.8　电渗析

电渗析（electrodialysis）是利用离子交换膜（charged membranes）和直流电场的作用，从水溶液和其它不带电组分中分离带电离子组分的一种电化学分离过程（图 2-62）。例如前面提到电沉积法涂漆操作中使漆膜内的水分排到膜外以形成致密的漆膜。应用举例如下。

① 海水淡化、纯水制备和废水处理。电渗析制备初级水可除去80％～90％的盐；再用离子交换除去剩余的 10％～20％ 的盐，制备高级水。这样既降低成本，又减少污染。

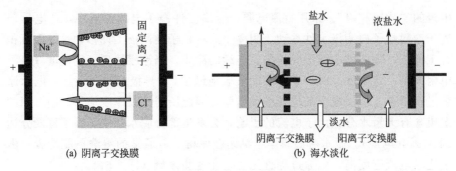

图 2-62 海水淡化——电渗析原理

② 建筑工业及工程中泥土或泥浆脱水，水的净化等。

③ 在分析上可用于无机盐溶液的浓缩或脱盐；溶解的电离物质和中性物质的分离。

④ 在食品工业中用于从牛奶中除去无机盐和从酒和果汁中除去有机酸等。

⑤ 中草药有效成分的分离和精制。通过电渗析一般可以把中草药提取液分离成无机阳离子和生物碱、无机阴离子和有机酸、中性化合物和高分子化合物三部分。

为什么离子交换膜具有选择性呢？离子交换膜分为阳离子交换膜和阴离子交换膜两种。离子交换膜之所以具有选择透过性，主要是由于膜上孔隙和离子基团的作用。例如在水溶液中，阴离子交换膜的活性基团会发生离解，留下的是带正电荷的固定基团，构成了强烈的正电场。在外加直流电场作用下，根据异电相吸原理，溶液中带负电的阴离子就可被它吸引、传递而通过离子交换膜到另一侧，而带正电荷的阳离子则由于离子膜上固定正电荷基团的排斥不能通过交换膜［图 2-62(a)］。在电渗析过程中，膜的作用并不像离子交换树脂那样对溶液中的某种离子起交换作用，而是对不同电性的离子起选择透过作用，因而离子交换膜实际上应称为离子选择性透过膜。

2.3.9 电化学除油

电化学除油又称电解除油，是在碱性溶液中，以工件为阳极或阴极，采用不锈钢板、镍板、镀镍钢板或钛板为对电极，在直流电作用下将工件表面油污除去的过程（图 2-63）。电化学除油液与碱性化学除油液相似，但其主要依靠电解作用强化除油效果，通常电化学除油比化学除油的速度更快、除油更彻底。

电化学除油可分为阴极除油、阳极除油及阴-阳极联合除油。阴极除油

的特点是在工件上析出氢气，即
$2H_2O+2e^- \Longrightarrow H_2+2OH^-$。除油
时析氢量多，分散性好，气泡尺寸
小，乳化作用强烈，除油效果好，
速度快，不腐蚀工件。但析出的氢
气会渗入金属内部引起氢脆，故不
宜用于高强度钢、弹簧钢等脆性较
敏感的金属工件。此外当电解溶液
中含有少量锌、锡、铅等金属粒子
时，工件表面将会有一层海绵状金
属析出，污染金属工件，并影响镀

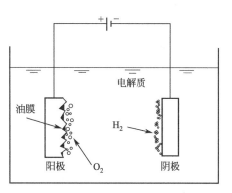

图 2-63　电化学除油的机理示意图

层的结合力。阳极除油的特点是在制件上析出氧气，即 $4OH^- \Longrightarrow O_2 + 2H_2O+4e^-$。除油时，一方面氧析出时泡少而大，与阴极电化学除油相比，其乳化能力较差，因此其除油效率较低；另一方面由于 OH^- 放电，使阳极表面溶液的 pH 值降低，不利于除油。同时阳极除油时析出的氧气促使金属表面氧化，甚至使某些油脂也发生氧化，以致难于除去。此外有些金属或多或少地发生阳极溶解。所以有色金属及其合金和经抛光过的工件，不宜采用阳极除油。但阳极电化学除油没有"氢脆"，镀件上也无海绵状物质析出。由于阴极除油和阳极除油各有优缺点，生产中常将两种工艺结合起来，即阴阳极联合除油。在联合除油时，最好采用先阴极除油、再短时间阳极除油的操作方法。这样既可利用阴极除油速度快的优点，同时也可消除"氢脆"。因为在阴极除油时渗入金属中的氢气，可以在阳极除油的很短时间内几乎全部除去。此外工件表面也不至于氧化或腐蚀。实践中常采用电源自动周期换向实现阴-阳极联合除油。对于黑色金属制品，大多采用阴极-阳极联合除油。对于高强度钢、薄钢片及弹簧件，为保证其力学性能，绝对避免发生"氢脆"，一般只进行阳极除油。对于在阳极上易溶解的有色金属制件，如铜及其合金工件、锌及其合金工件、锡焊工件等，可采用不含氢氧化钠的碱性溶液阴极除油。若还需要进行阳极除油以除去工件表面杂质沉积物，则电解时间要尽量短，以免工件遭受腐蚀。

习　　题

　　1. 早期获得过实际应用的 Daniell 电池，其负极室内一般充入稀 H_2SO_4 溶液，而不是充入 $ZnSO_4$ 溶液。为什么？

　　2. 将下列反应设计成原电池：（1）Cl_2（g）$+$ Ag $\longrightarrow$ AgCl（s）；（2）$H^+ +$

$OH^- \longrightarrow H_2O$

3. 在电解反应中，化学能与电能之间的转化关系是什么？

4. 化学电源主要有哪几种？蓄电池有哪几种？各有何优缺点？

5. 某物业公司收取电动自行车的停车费 50 元/月，名目为电池充电费，你有什么看法？

6. 可逆电池的条件是什么？为什么要引入可逆电池的概念？有什么重要意义？

7. 作为一个电池的消费者，你希望使用怎样的电池？假如你是一个电池的研究生产者，你应该开发生产怎样的电池？

8. 为了保护祖国的环境，为了子孙后代的幸福，无论是电池的研究者，生产商，还是消费者，我们都应承担什么义务？

9. 举例说明电池在生产、生活和科学技术上的重要用途。

10. 银锌电池广泛用于电子仪器的电源，它的充电和放电过程可表示为：

$$2Ag + Zn(OH)_2 \underset{放电}{\overset{充电}{\rightleftharpoons}} Ag_2O + Zn + H_2O$$

此电池放电时，负极发生反应的物质为（   ）。

A. Ag   B. Zn(OH)₂   C. Ag₂O   D. Zn

11. 试述电解方法在工业上有哪些应用，并举例说明之。

12. 电镀与电刷镀有何异同？

13. 在铜的电解精炼中，最危险的杂质是电极电势与铜接近的杂质，为什么？

参 考 文 献

[1] 小久见善八. 电化学. 郭成言译. 北京：科学出版社，2002：69-158.

[2] 朱志昂. 近代物理化学：下册. 第 3 版. 北京：科学出版社，2004：228-298.

[3] 谢德明，童少平，丁喜鹏. 我国民用电池工业及其可持续发展战略. 电源技术，2005，29 (8)：551-555.

[4] 顾军，李光强，许茜等. 钒氧化还原液流电池的研究进展（Ⅰ）：电池原理、进展. 电源技术，2000，24 (2)：16-19.

[5] 谢德明，刘昭林. 镍氢电池化成机理的探讨. 电池，1999，29 (2)：73-75.

[6] 秦俊法，李增禧. 中国微量元素研究二十年. 广东微量元素科学，2004，11 (12)：11.

第 3 章
电极电势与电池电动势

电极电势（electrode electric potential）与电池电动势都是电化学中最基本的概念。相界面的电势差是影响电化学反应的主要因素，电池电动势源于组成电池各部分的界面电势差。由于电动势的存在，当外接负载时，原电池就可对外输出电功，电解时外界就要对电解池做功。

电化学中的各种界面反应是在"电极/电解质"界面上发生的，因此研究"电极/电解质"界面性质有助于弄清界面性质对界面反应的影响。最常见的"电极/电解质"界面是"电极/电解质溶液"界面。本章将讨论"电极/电解质溶液"界面，所得结论很大程度上适用于其它类型的"电极/电解质"界面。

3.1　电极电位的产生

一个事实：
凡是两相界面均存在着电位差！
即：哪里有两相界面，哪里就有两个电荷量相等，而符号相反的双电层，在它们之间就存在电位差。

为什么有两相界面就存在着电位差？

什么是双电层？

3.1.1　"电极/溶液"界面电势差

在 Cu-Zn 原电池中，为什么检流计的指针只偏向一个方向，即电子由 Zn 传递给 Cu^{2+}，而不是从 Cu 传递给 Zn^{2+}？（或者说，在 Cu-Zn 原电池中为什么 Zn 是负极而不是正极呢?）这是因为原电池中 Zn 电极的电极电势比 Cu 电极的电极电势更负（或更低）。那么，电极电势是怎样产生的？是什么原因引起各个电极的电势不同呢？

　　若把金属插入纯水中，由于水分子的极性很大，它的负端对金属离子有强烈的吸引力，致使金属离子进入溶液的趋势增加。如 Zn 插入到纯水中，由于水为极性分子，与金属表面晶格上的 Zn^{2+} 相互吸引，而发生水化作用，结果使一部分 Zn^{2+} 与金属中其它离子间的键力减弱，甚至离开金属而进入水溶液中，因此金属表面带负电荷，溶液因 Zn^{2+} 加入而带正电。同时金属带负电，又吸引 Zn^{2+} 聚集在它的周围，且液相中的 Zn^{2+} 也会再沉积到金属表面。当金属溶解的速度等于离子沉积的速度时，达到动态平衡。结果形成金属带负电，溶液带正电的双电层（electrical double-layer），从而产生电极电势（图 3-1）。

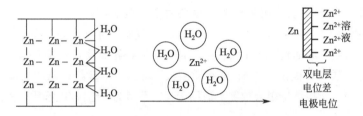

图 3-1　金属 Zn 浸入到纯水中形成双电层

$$M \xrightarrow[\text{沉积}]{\text{溶解}} M^{z+}(aq) \quad + \quad ze^-$$

（在电极上）　（在溶液中）　（留在电极上）

形成双电层,使金属及其盐溶液间
产生电势差,即电极电势 φ

　　若液体不是纯水，而是组成电极的金属盐溶液，由于金属离子从溶液沉积到电极表面的速率加快，这时双电层电势与在纯水中的情况不同。若金属离子较容易进入溶液，则金属电极带负电，只是电势数值比在纯水中要大；若金属离子不易进入溶液，则溶液中的金属离子向电极表面的沉积速率较大而使电极金属带正电。

　　金属晶格是由金属离子和自由电子构成的，若要使金属离子脱离金属晶格，必须克服金属离子与晶格的结合力作用。金属表面带正电还是带负电，与金属的晶格能和水化能的相对大小有关。

　　① 水化能大于晶格能，金属表面带负电。如 Zn、Cd、Mg、Fe 等。

　　② 水化能小于晶格能，金属表面带正电。如 Cu、Au、Pt 等。

下面以金属电极为例，从化学势角度讨论电极与溶液界面电势差的产生。金属晶格中有金属离子和能够自由移动的电子存在。当把一金属电极浸入含有该种金属离子的溶液时，如果金属离子在电极相中与溶液相中的化学势不相等，则金属离子会从化学势较高的相转移到化学势较低的相中。这可能发生两种情况：或者是金属离子由电极相进入溶液相，而将电子留在电极上，导致电极相荷负电而溶液相荷正电，如 Zn|ZnSO$_4$（1mol/L）界面；或者是金属离子由溶液相进入电极相，使电极相荷正电而溶液相荷负电，如 Cu|CuSO$_4$（1mol/L）界面。无论哪种情况，都破坏了电极和溶液各相的电中性，使相间出现电势差。由于静电的作用，这种金属离子的相间转移很快会停止，达到平衡状态，于是相间电势差亦趋于稳定。

电极与溶液界面上电势差的产生

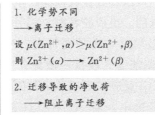

金属和溶液化学势不同
→离子转移
→金属与溶液带异种电荷
→双电层
→电位差
→产生电极电位

思考:是什么因素决定了带电物质的相间转移?

1. 化学势不同
⟶ 离子迁移
设 $\mu(Zn^{2+},\alpha) > \mu(Zn^{2+},\beta)$
则 $Zn^{2+}(\alpha) \longrightarrow Zn^{2+}(\beta)$

2. 迁移导致的净电荷
⟶ 阻止离子迁移

结果:
$Zn^{2+}(\alpha) \Longleftrightarrow Zn^{2+}(\beta)$ 达到平衡

例:Zn 电极插到 $ZnSO_4$ 溶液中

α	β
$Zn \Longleftrightarrow$	$ZnSO_4$
$Zn^{2+} + 2e^-$	(aq)
$2e^-$	$Zn^{2+}(\beta)$
Zn	
$Zn^{2+}(\alpha)$	

注:电子不能越过界面进入溶液

影响金属进入溶液的因素 { 金属的活泼性 / 溶液的浓度 / 体系的温度

金属越活泼,溶解成离子的倾向越大,离子沉积的倾向越小。达成平衡时,电极上积累的电子越多,电极的电势越低;反之电极的电势越高。

因此影响电极电势的因素有:电极的本性(内因)、温度、介质、离子浓度等(外因)

根据双电层理论，可以很好地解释 Cu-Zn 原电池中检流计偏向的现象。由于 Zn 比 Cu 活泼，故 Zn 电极比 Cu 电极上的电子密度大（上述平衡更偏向右方），Zn^{2+}/Zn 电对的电极电势更负一些，所以电子从 Zn 极流向 Cu 极（如图 3-2 所示）。

由图 3-2 可知，电极电势代数值越小，金属离子脱离自由电子的吸引而进入溶液的趋势越大；反之电极电势代数值越大，金属离子越易沉积在金属表面。因此电对的电极电势数值越小，其还原态物质还原能力越强，氧化态物质氧化能力越弱；电对的电极电势代数值越大，其还原态物质还原能力越弱，氧化态物质氧化能力越强。所以电极电势是表示氧化还原电对中氧化态物质或还原态物质得失电子能力相对大小的一个物理量。

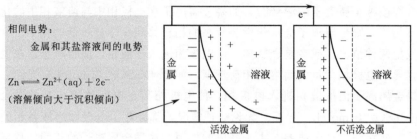

图 3-2   电极电势的产生（双电层模型）

3.1.2   胶体双电层

当溶胶通以直流电时，可以看到胶粒向某一电极移动，这种现象叫做电泳。它说明胶体粒子是带电的。组成胶粒核心部分的固体微粒称为胶核。胶粒带电的原因有二：a. 因吸附其它离子而带电。胶核具有巨大的界面（总表面积），因而有很强的吸附能力。胶核一般优先吸附与它有相同化学元素的离子（例如 AgNO₃ 与 KCl 反应，生成 AgCl 溶胶，若 KCl 过量，则胶核 AgCl 吸附过量的 Cl⁻ 而带负电，若 AgNO₃ 过量，则 AgCl 吸附过量的 Ag⁺ 而带正电）；b. 因电离作用而使胶粒带电。有些胶粒与分散介质接触时，固体表面分子会发生电离，使一种离子进入液相，而本身带电。

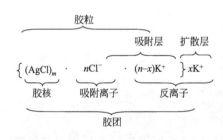

图 3-3   胶体双电层的组成与结构

当胶核表面吸附了离子而带电后，在它周围的液体中，与胶核表面电性相反的离子会扩散到胶核附近，并与胶核表面电荷形成扩散双电层（图 3-3）。扩散双电层由如下两部分构成：a. 吸附层，胶核表面吸附的离子，由于静电引力，又吸引了一部分带相反电荷的离子（以下简称反离子），形成吸附层；b. 扩散层，除吸附层中的反离子外，其余的反离子扩散分布在吸附层的外围。距离吸附层的界面越远，反离子浓度越小，到了胶核表面电荷影响不到之处，反离子浓度就等于零。从吸附层界面（图 3-4 的虚线）到反离子浓度为零的区域叫做扩散层。胶核和吸附层构成了胶粒，胶粒和扩散层形成的整体为胶团，在胶团中吸附离子的电荷数与反离子的电荷数相等，因此胶粒是带电的，而整个胶团是电中性的。胶团分散于液体介质中便是通常所说的溶胶。由于胶核对吸附层的吸引能力较强，对扩散层的吸引能力弱，因此在外加电场（如通直流电）作用下，胶团会从吸附层与扩散层之间分裂，形成带电荷的胶粒而发生电泳现象［实际上，滑动面（图 3-4）位置并无确切定义，滑动面是当固液两相发生相对移动时呈现在固液交界处的一个高低不平的曲面，它位于紧密层之外，扩散层之中且距固体表面的距离约为分子直径大小处］。

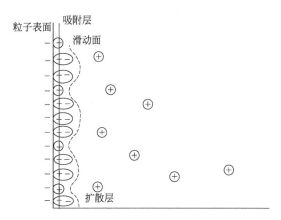

图 3-4 胶体双电层的吸附层与扩散层

3.1.3 接触电势

由于各种金属中的自由电子逸出金属相的难易程度不同。一般以电子离开金属逸入真空中所需要的最低能量来衡量电子逸出金属的难易程度，这一能量称为电子逸出功（φ_e）。显然 φ_e 高的金属，电子较难逸出。当两种不同金属接触时，在 φ_e 高的金属相一侧电子过剩，带负电；在 φ_e 低的金属相一侧电子缺少，带正电。这样在接触界面上形成双电层及接触电势差 $\varphi_{接触}$。例如，当金属 Cu 与金属 Zn 接触时，由于 Zn 的 φ_e 小于 Cu 的 φ_e，电子会从 Zn 相净转移至 Cu 相，如图 3-5 所示。Zn 相有正电荷过剩，Cu 相有负电荷过剩。过剩的负电荷阻止电子的继续进入，达平衡时两相间建立的平衡电

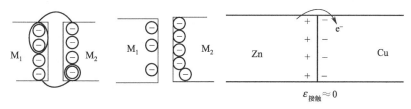

图 3-5 两种金属接触时，在界面上产生电势差

势差称为接触电势差 $\varphi_{接触}$。$\varphi_{接触} \propto \varphi_{e,1} - \varphi_{e,2}$。要点：通常不予考虑，因为 $\varphi_{接触} \approx 0$。

3.1.4　液体接界电势及其消除

在两种不同溶液（电解质不同，或者电解质相同而浓度不同）的界面上存在的电势差称为液体接界电势（liquid-junction potential）或扩散电势。它是由溶液中离子扩散速度不同引起的，液体接界电势一般较小（不超过 40 mV）。如图 3-6 所示。在两种不同浓度的 HCl 溶液的界面上，HCl 从浓的一侧向稀的一侧扩散，由于 H^+ 运动速度比 Cl^- 快，所以在稀溶液一侧出现过剩的 H^+ 而带正电，在浓溶液一侧出现过剩的 Cl^- 而带负电。这样在界面两边就产生了电势差。电势差一旦产生，就会对界面两边离子的扩散速度产生调节作用，使 H^+ 扩散速度变慢，使 Cl^- 扩散速度变快。最后达到稳态，在稳定的电势下，两种离子以相同速度通过界面。这个稳定电势即是液体接界电势。

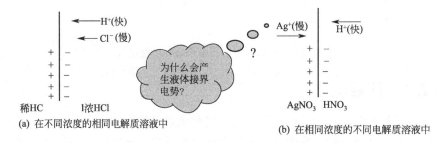

(a) 在不同浓度的相同电解质溶液中

(b) 在相同浓度的不同电解质溶液中

图 3-6　离子迁移速率不同引起液接电势产生的示意

液体接界电势由扩散引起，扩散过程是不可逆的，液体接界电势既难于用实验测定又不能准确的计算，所以人们总是力图消除液体接界电势。消除液接电位的方法如下。

① 最好的方式是采用单液电池。

② 在两溶液间连接一个"盐桥"（salt bridge）。它一般是在 U 型管中装有用 KCl 饱和了的 3% 的琼脂。琼脂是一种固体状态的凝胶，目的是起固定溶液的作用，但不妨碍电解质溶液的导电性。盐桥的制作：加入 3% 琼脂于饱和 KCl 溶液（约 4.2mol/L），加热混合均匀，注入 U 形管中，冷却成凝胶，两端以多孔沙芯密封以防止电解质溶液间的虹吸而发生反应，但仍形成电池回路。

盐桥的作用机制可归结为三点：a. 盐桥中含有饱和 KCl 溶液，它架于两个半电池间,这样既可将两溶液接通,又避免了两溶液的直接接触。b. 由于盐桥中的 KCl 溶液浓度很大(饱和),所以当与较稀的其它电解质溶液接触时,盐桥中的 K^+,Cl^- 向外扩散就成为这两个接界面上离子扩散的主要部分,几乎承担了通过液相接界的全部电荷的迁移[图 3-7(b)]。c. K^+ 和 Cl^- 的扩散速度近于相等,所以在这两个接界面上只会产生两个很小的 E_j,且这两个很小的 E_j 在电路上方向上相反[图 3-7(c)],故能互相抵消。

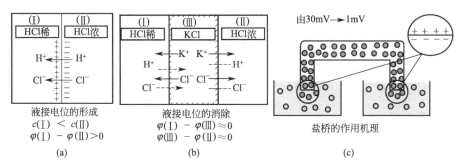

图 3-7　盐桥消除液接电位的机理

盐桥可降低液接电势,但并不能完全消除,一般仍可达 $1\sim2\text{mV}$,而且测量时不易得到稳定的数据,这是由于"液/液"界面的条件不易重复所致。这在使用甘汞电极时应特别注意:用于盐桥的饱和 KCl 溶液应经常更换。盐桥口如被待测溶液玷污,测量结果将不稳定,为此在使用商品甘汞电极时,应把"对流孔"打开,不用时关闭,以便使 KCl 溶液能不断地从盐桥口渗出,以保持新鲜的接界面。一般用盐桥测量得到的电动势(参见表 3-1),其精确度不会超过 $\pm1\text{mV}$。选择盐桥的原则有:a. 正、负离子的迁移速率相近(参见表 3-2);b. 不和相接触的电解质溶液发生反应;若电池中的电解质能与 KCl 溶液发生反应,如:$AgNO_3$ 等,则可改用 KNO_3 或 NH_4NO_3 的溶液作盐桥;c. 浓度高。

表 3-1　盐桥中 KCl 浓度对液体接界电势的影响

$C/(\text{mol/L})$	0	0.2	1.0	2.5	3.5
$E_{液接}/\text{mV}$	28.2	19.95	8.4	3.3	1.1

表 3-2　盐桥中常用电解质的正离子迁移数

$C/(\text{mol/L})$	0.01	0.05	0.10	0.20
KCl	0.490	0.490	0.490	0.489
NH_4Cl	0.491	0.491	0.491	0.491
KNO_3	0.508	0.509	0.510	0.512

103

3.1.5　其它因素引起的电极电势

某些阳离子或阴离子在相界面附近的某一相内选择性吸附（图 3-8），和不带电的偶极质点（如有机极性分子和小偶极子）在界面附近的定向吸附（图 3-9），均可引起电极电势。

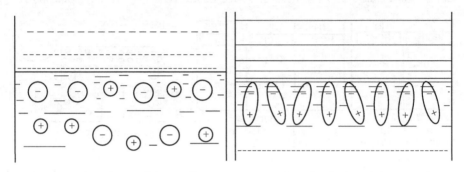

图 3-8　相间由离子吸附产生电位差　　图 3-9　偶极分子定向吸附产生的电位差

3.2　电池电动势的组成与测量、标准电极电势

3.2.1　内电位

将试验电荷 ze^- 从无穷远处移入一个实物体相（α）内。所做的功可分为三部分（图 3-10）：a. 从无穷远移到表面 10^{-4} cm（这是实验电荷与 α 相的化学短程力尚未发生作用的地方）。所做的功为 $W_1=ze\Psi$。b. 从表面移入体相内部，由于表面存在着定向的偶极层，或电荷分布的不均匀性，所以要克服表面电势 χ 而做功 $W_2=ze\chi$。c. 将实验电荷引入物相内部时除了克服表面电势要做功之外，还要克服粒子之间的短程作用的化学功，这个功就是化学势 μ。

内电位 ϕ 又称为伽伐尼（Galvani）电位。ϕ 分为两部分——外电位（Ψ）和表面电势（χ），即

$$\phi=\Psi+\chi \tag{3-1}$$

电池中单电极的电势（位），又称半电池电动势，它是电极体系中的电子导电相（如金属）相对于离子导电相（如电解质溶液）的内电势（位）差（图 3-11）。迄今人们尚无法直接测量单个电极的电势数值。两个物体的界面电位可表示为

$$\Delta\phi = \phi_1 - \phi_2 = \pm\varphi \tag{3-2}$$

φ——"金属/溶液"界面电位差。$\Delta\phi_{Cu/Cu^{2+}}$为"金属/溶液"界面电位差,而$\Delta\phi_{Zn^{2+}/Zn}$则为"金属/溶液"界面电位差的负值。在电极反应中氧化态物质与其对应的还原态物质处于可逆平衡状态,且在整个电池中无电流通过的条件下测得的电极电势称为"可逆电势"或"平衡电势"。

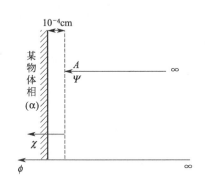

图 3-10 物质相的内电位、
外电位、表面电势

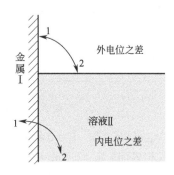

图 3-11 电极与电解质间的
内电位差与外电位差

3.2.2 电池电动势的组成

对一个电池,连接正极的金属引线与连接负极的相同金属引线之间的电势差称为电池电势,在零电流条件下测出的电池电势称为电动势(electromotive force of cells),用 E 表示。

$$E = \lim_{I \to 0}[\phi(\text{正极引线}) - \phi(\text{负极引线})] \tag{3-3}$$

电动势也可用组成电池的各界面电势差的加和表示,如丹尼尔电池(参见图 3-12)。

$$E = \sum_i \Delta\phi \tag{3-4}$$

$$\overbrace{\qquad\qquad\qquad\qquad E \qquad\qquad\qquad\qquad}$$

$$(-)\overset{1}{\text{Cu}}|\overset{2}{\text{Zn}}|\text{ZnSO}_4(1\text{mol/kg})|\overset{3}{\text{CuSO}_4}(1\text{mol/kg})|\overset{4}{\text{Cu}}(+)$$

$$\Delta\phi_{Zn/Cu} \quad \Delta\phi_{Zn^{2+}/Zn} \qquad \Delta\phi_{Cu^{2+}/Zn^{2+}} \qquad \Delta\phi_{Cu/Cu^{2+}}$$

$$E = \phi[\text{Cu}(+)] - \phi[\text{Cu}(-)]$$
$$= \phi[\text{Cu}(+)] - \phi(\text{CuSO}_4) + \phi(\text{CuSO}_4) - \phi(\text{ZnSO}_4) + \phi(\text{ZnSO}_4) - \phi(\text{Zn}) + \phi(\text{Zn}) - \phi[\text{Cu}(-)]$$
$$= \Delta\phi_4 + \Delta\phi_3 + \Delta\phi_2 + \Delta\phi_1 = \sum_{i=1}^{4}\Delta\phi_i$$

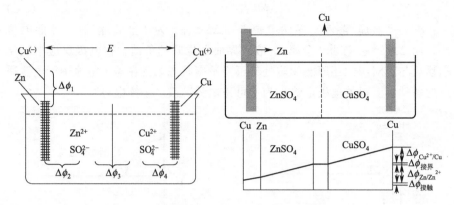

图 3-12　丹尼尔电池电动势的组成

E 也可以记为　$E = \Delta\phi_{接触} + \Delta\phi_{液接} + \Delta\phi_{Zn^{2+}/Zn} + \Delta\phi_{Cu/Cu^{2+}}$ 　　　　(3-5)

各相界面：a. 金属电极/溶液——电极电势；b. 金属电极/导线——接触电势；c. 溶液/溶液——液体接触电势。

若用盐桥除去液体接界电势，且 $\Delta\phi_{Cu/Zn}$ 与 $\Delta\phi_{Zn/Zn^{2+}}$ 和 $\Delta\phi_{Cu^{2+}/Cu}$ 相比很小，所以电池电动势仅取决于两个半电池的"电极/溶液"界面电势差，即

$$E \approx \Delta\phi_{Zn^{2+}/Zn} + \Delta\phi_{Cu/Cu^{2+}} = \varphi_+ - \varphi_- \qquad (3-6)$$

3.2.3　标准氢电极和标准电极电势

3.2.3.1　绝对电极电势的不可测性

显然若能分别测得每一半电池的电极电势，则上述电池的电动势可得。但遗憾的是，目前尚无法测定单个电极的电极电势。例如要测如图中的 $(\phi_{cu} - \phi_{sol})$，就要将电表的两端分别连接 Cu 和水溶液，为此必须引入金属 Me，所以实际上测得的电位是 $E = (\phi_{cu} - \phi_{sol}) + (\phi_{sol} - \phi_{Me}) + (\phi_{Me} - \phi_{cu})$，也就是由"Cu/水溶液"和"Me/水溶液"两个电极系统所组成的原电池的电动势（图 3-13）。那么单电极电位的真实数值究竟等于多少？有没有严格的理论把它算出来呢？知道它的真实数值后，对电化学的发展又有何影响呢？

3.2.3.2　标准氢电极

在实际应用中电极电势同焓、吉布斯函数一样，只需要知道它们的相对值而不必去追究它们的绝对值（图 3-14）。为此常选择一相对标准电势作为零点，并以此标准电极与任一待测的电极组成一电池，利用测定电池电动势的方法测量其电动势，则所得电动势值便是待测电极的相对电势。因此通常所说的某电极的"电极电势"实指相对电极电势（relative electrode potential）。

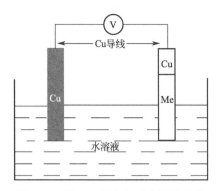

图 3-13 绝对电极电位无法测量示意

图 3-14 伏打电池中，电子从负极流向正极很像水由高处流向低处

国际上规定**标准氢电极**（standard hydroden electrode，SHE）作为标准电极，并规定在任何温度下，标准氢电极的（平衡）电极电势为零（即所谓**氢标**），以 $\varphi^{\ominus}(H^+/H_2)=0.0000V$ 表示［在固体物理等理论研究中，则采用无穷远处真空中电子电位为零作参考点，这样给出的电极电势就是真空电子标电极电势，氢标电极电势较真空电子标电极电势的值负（4.5±0.2）伏］。电池"$(Pt)H_2(g,p^{\ominus})\,|\,H^+(a=1)\,\|\,$待定电极"的电动势 E 即为待测电极的电极电势 φ（包含数值和符号），即

$$E=\varphi_{待测}-\varphi^{\ominus}(H^+/H_2)=\varphi_{待测}-0=\varphi_{待测} \qquad (3\text{-}7)$$

在不会引起混淆的情况下，可用 E 表示电极电势，即将电极电势理解为半电池的电动势。

电极电势的符号规定（图 3-15）：在测量时（该电池工作时），若待测电极实际上进行的是还原反应，则 E（待测电极）为正值（电势高于标准氢电极）；若待测电极上进行的是氧化反应，则 E（待测电极）为负值（电势低于标准氢电极）。

例如 $(-)Cu\,|\,Cu^{2+}(a=1)\,\|\,H^+(a=1)\,|\,H_2(101.325kPa),Pt\,(+)$

$E=0.342V \qquad \varphi(Cu)=0.342V$

$(-)H^+(a=1)\,|\,H_2(101.325kPa),Pt\,\|\,Zn\,|\,Zn^{2+}(a=1)(+)$

$E=-0.792V \qquad \varphi(Zn)=-0.792V$

标准氢电极中（图 3-16），氢气为还原剂，氧气或其它氧化剂的存在会影响实验测定，而含砷、硫化物的气体易被铂黑吸附而使它失去吸附氢气的能力（即"中毒"现象），故氢气通入之前应预先流经碱性没食子酸溶液和碱性高锰酸钾溶液以净化。铂黑是由许多微小铂晶体组成的，表面积很大，

107

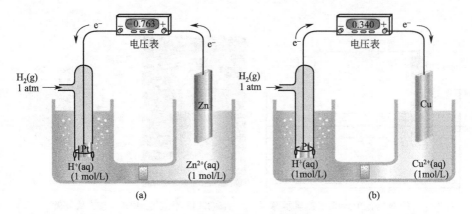

图 3-15　标准电极电势测试示意

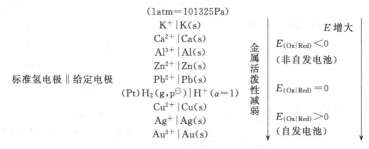

(1atm＝101325Pa)

当光线射入时经过不断反射均被吸收，因而呈现黑色。镀铂黑的工艺如下。

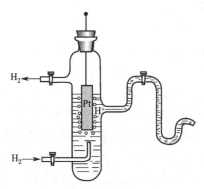

图 3-16　标准氢电极

将镀铂黑的金属铂片插入 $a_{H^+}=1$（近似为 1.0mol/dm³）的溶液中，并不断通入 $p_{H_2}=101.325$kPa 的纯净干燥氢气，使氢气冲击铂片并建立平衡。$2H^+(aq)+2e^- \Leftrightarrow H_2(g)$

① 1～1.5g 铂用热硝酸洗过后用 $V_{HCl}:V_{HNO_3}:V_{H_2O}=3:1:4$ 的王水溶解 $\xrightarrow{水浴蒸干}$ 加入 2mL HCl $\xrightarrow{蒸干}$ 得红棕色 H_2PtCl_6（无水氯铂酸）$\xrightarrow[\text{80mg Al(AC)}_3 \cdot 3H_2O]{\text{加入 100mL } H_2O}$ 即成镀液。

② 在 100～200mA/cm² 的电流密度下，电镀 1～3min，得到均匀一致的铂黑镀层。

标准氢电极是一级参比电极。该电极的温度系数很小，电极电位可精确到 0.00001V，若条件控制得当，电极电势稳定，重现性好。但铂黑容易中毒，且对氢气的纯度及压力控制精度的要求都很高。在实际应用中，由于标准氢电极的制备和使用均不方便，故通常使用第二级标准电极。第二级标准电极通常称为参比电极。最常用的参比电极有甘汞电极和银-氯化银电极等。它们制备简单、使用方便、性能稳定。

3.2.3.3 标准电极电势

电极体系处于热力学标准状态下的电极电势称为标准电极电势，用 $E^\ominus$ 或 $\varphi^\ominus$（电极）表示。标准状态指组成电极的离子浓度为 $1.0\,mol/L$（严格讲应为离子的活度 $a=1$），气体压强为 $1.01325\times10^5\,Pa$，测量温度 298.15 K，液体和固体都是纯净物质。用标准状态下的各种电极与标准氢电极组成原电池，测定这些原电池的电动势，就可知道这些电极的标准电极电势。一些常用的电极在 25℃（298.15 K）时，以水为溶剂的 $\varphi^\ominus$ 值按由小到大的顺序自上而下排列于表 3-3 中。有些电极电势不能直接测定，如能与水剧烈反应的电对：Na^+/Na、F_2/F^- 等，则可通过热力学函数计算。非标准状态下（活度不是 1）电极电势与物质浓度的关系可用能斯特公式（参见第 4 章）计算。

表 3-3　标准电极电势

电　极　反　应					$E^\ominus/V$	
	氧化态	电子数	还原态			
物质的氧化态的氧化能力依次增强	Li^+　+　e^-　$\rightleftharpoons$　Li			物质的还原态的还原能力依次增强	−3.04	代数值增大
	K^+　+　e^-　$\rightleftharpoons$　K				−2.93	
	Ca^{2+}　+　e^-　$\rightleftharpoons$　Ca				−2.87	
	Na^{2+}　+　$2e^-$　$\rightleftharpoons$　Na				−2.71	
	Mg^{2+}　+　$2e^-$　$\rightleftharpoons$　Mg				−2.37	
	Zn^{2+}　+　$2e^-$　$\rightleftharpoons$　Zn				−0.76	
	Fe^{2+}　+　$2e^-$　$\rightleftharpoons$　Fe				−0.44	
	Sn^{2+}　+　$2e^-$　$\rightleftharpoons$　Sn				−0.14	
	Pb^{2+}　+　$2e^-$　$\rightleftharpoons$　Pb				−0.13	
	$2H^+$　+　$2e^-$　$\rightleftharpoons$　H_2				0.00	
	Sn^{4+}　+　$2e^-$　$\rightleftharpoons$　Sn^{2+}				+0.14	
	Cu^{2+}　+　$2e^-$　$\rightleftharpoons$　Cu				+0.34	
	O_2+2H_2O　+　$4e^-$　$\rightleftharpoons$　$4OH^-$				+0.401（在碱性溶液）	
	I_2　+　$2e^-$　$\rightleftharpoons$　$2I^-$				+0.54	
	Fe^{3+}　+　e^-　$\rightleftharpoons$　Fe^{2+}				+0.77	
	Br_2　+　$2e^-$　$\rightleftharpoons$　$2Br^-$				+1.08	
	$Cr_2O_7^{2-}+14H^+$　+　$6e^-$　$\rightleftharpoons$　$2Cr^{3+}+7H_2O$				+1.33	
	Cl_2　+　$2e^-$　$\rightleftharpoons$　$2Cl^-$				+1.36	
	$MnO_4^-+8H^+$　+　$5e^-$　$\rightleftharpoons$　$Mn^{2+}+4H_2O$				+1.51	
	F_2　+　$2e^-$　$\rightleftharpoons$　$2F^-$				+2.87	

由于同一还原剂或氧化剂在不同介质中的产物和标准电极电势可能是不同的，所以在查阅标准电极电势数据时，要注意电对的具体存在形式、状态

和介质条件等都必须完全符合。因此与标准电极电势相对应的电极反应中，应标明反应式中各物质（包括氧化态、还原态物质及介质等）的状态（如 s、1、g、aq 等）。若不会引起混淆，一般也可将物质的状态省略。例如 $Fe^{2+}(aq)+2e^{-}\Longrightarrow Fe(s)$，可简写为 $Fe^{2+}+2e^{-}\Longrightarrow Fe$。

对标准电极电势表有如下几点说明。

① $\varphi^{\ominus}$ 值与反应速度无关，$\varphi^{\ominus}$ 值是电极处于平衡状态时表现出的特征值，与平衡到达的快慢、反应速度的大小无关。

必须注意，电极电势可以说明氧化还原反应能否进行，但它却丝毫不能说明反应的速率。例如用氧气/氢气电对的电势差（1.23V）是足够大的。但在室温下，这个反应的速率小得不能量度，只有在升高温度或加入催化剂时才能使反应速率增大。

② $\varphi^{\ominus}$ 值的大小和符号与组成电极的物质种类（电子得失倾向）有关，而与电极反应的写法无关。表中电极反应都应写成还原反应形式：氧化态＋$ze^{-}\Longrightarrow$还原态，而且一般用电对"氧化态/还原态"表示电极的组成。在表中所列的标准电极电势的正、负数值，不因电极反应进行的方向而改变。例如不管电极反应是按 $Zn^{2+}+2e^{-}\Longrightarrow Zn$，还是按 $Zn\Longrightarrow Zn^{2+}+2e^{-}$ 的方式进行，电对（Zn^{2+}/Zn 或 Zn/Zn^{2+}）的标准电极电势总是负号。另外 $\varphi^{\ominus}$ 的大小与电极反应中物质的计量系数无关。这是因为电极电势是一强度量，与电极反应电子的得失数目无关。

$$\left.\begin{array}{l} Zn^{2+}+2e^{-}\Longrightarrow Zn \\ 2Zn^{2+}+4e^{-}\Longrightarrow 2Zn \end{array}\right\}\varphi^{\ominus}=-0.763\ (V)$$

③ $\varphi^{\ominus}$ 值是标准状态下水溶液体系的标准电极电势，对于非标准状态，非水溶液体系，都不能使用 $\varphi^{\ominus}$ 值比较物质的氧化还原能力。

④ 表 3-3 中物质的还原态的还原能力自下而上依次增强；物质的氧化态的氧化能力自上而下依次增强。具体地说，电对的 $\varphi^{\ominus}$ 越小，在表中的位置越高，物质的还原态的还原能力越强；电对的 $\varphi^{\ominus}$ 越大，在表中的位置越低，物质的氧化态的氧化能力越强。如表中左下方的氧化态物质 F、Cl、$S_2O_8^{2-}$、MnO_4^{-} 等都是很强的氧化剂，而表右上方还原态物质 K、Na、Zn 等都是强还原剂。

⑤ 物质还原态的还原能力越强，其对应的氧化态的氧化能力就越弱；物质氧化态的氧化能力越强，其对应的还原态的还原能力就越弱。例如表 3-3 中 K 是最强的还原剂，其对应的 K^{+} 则是最弱的氧化剂，F_2 是最强的氧化剂，其对应的 F^{-} 则是最弱的还原剂。

⑥ 对角线规则　只有电极电势数值较小的还原态物质与电极电势数值

较大的氧化态物质之间才能发生氧化还原反应，两者电极电势的差别越大，反应就进行得越完全。如电对 Zn^{2+}/Zn 的标准电极电势数值（$-0.76V$）较 Cu^{2+}/Cu 的数值（$0.34V$）为小，所以 Zn 原子较 Cu 原子容易失去电子，而 Cu^{2+} 的氧化能力比 Zn^{2+} 强。

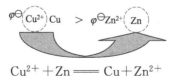

$$Cu^{2+} + Zn \Longrightarrow Cu + Zn^{2+}$$

⑦ 判断氧化还原反应进行的方向

a. 电动势判据　$E = \varphi(+) - \varphi(-) = \varphi(氧化剂) - \varphi(还原剂) > 0$，反应 $\longrightarrow$

b. 电极电势判据　$\varphi(氧化剂) > \varphi(还原剂)$，反应 $\longrightarrow$

对多个电化学对的体系　$\varphi_{最正} - \varphi_{最负} = E_{最大}$，反应倾向最大。

3.2.4 电动势的测定方法

准确测定电池电动势是电化学领域中最基本、最重要的测量。

（1）伏特计（表）不能测量电池电动势

物理学中，可以用 Volt 表（电压表）测量电路中两点的电位差和电池正负极间电势差（输出电压）。但它不能用来测量电池的电动势值。原因有两个：a. 当用电压表测量时必然有电流从正极流向负极，电极与溶液间发生氧化（负极）反应和还原（正极）反应，这是一不可逆过程，电极电位会偏离可逆电极电位；b. 电池有内电阻，电流通过电池会损失电能，从而发生电势降，伏特表测量的只是路端电压，不是电池电动势 E_{mf}（图 3-17）。

若电流强度为 I，R_i 为内电阻，R_o 为外电阻，根据全电路欧姆定律：

$$E_{mf} = I(R_o + R_i) = IR_o + IR_i \tag{3-8}$$

IR_o、IR_i 分别是外电路、内电路的电压降。令 $V = IR_o$，则

$$E_{mf} = V + IR_i \tag{3-9}$$

采用 Volt（伏特）计或万用电表直接测量两极间电压时 $I \neq 0$，测量的只是 V（路端电压），所以 $E_{mf} > IR_o$。

$$E_{mf} = \frac{R_o + R_i}{R_o} V \tag{3-10}$$

$R_o \rightarrow \infty$ 时，$E \rightarrow V$，只有伏特计的输入阻抗趋于无穷大时才能测得电池的电动势。

（2）对消法测电池的电动势

波根多夫（Poggendorff）对消法测电池电动势如图 3-18 所示。图中 E_W

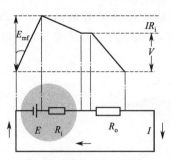

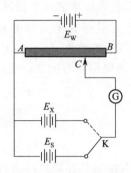

图 3-17　普通伏特计不能测定电池电动势　　图 3-18　对消法电动势测定示意

为工作电池的电动势，它的作用是对消标准电池（E_S）或待测电池（E_X）的电动势。在实际应用中应注意 E_W 一定要大于 E_S、E_X。K 为双掷电闸，G 为检流计，AB 为标准电阻，由均匀的电阻线制成，电阻大小与长度成正比，C 为滑动接头。实际测定时，将电路按图 3-18 连好，并将电闸 K 倒向 E_S 方向（即与标准电池相连）。然后，移动滑动接头，直到检流计没有电流通过时为止。例如此时滑动接头位于 C 点，也就是说当 AC 这段电路上的电势差正好完全由 E_S 电池电动势所补偿，即 $V_{AC} = E_S$，同时有 $V_{AB} = E_W$

$$\frac{V_{AB}}{R_{AB}} = I = \frac{V_{AC}}{R_{AC}} \tag{3-11a}$$

$$\frac{V_{AC}}{V_{AB}} = \frac{R_{AC}}{R_{AB}} = \frac{AC}{AB} \tag{3-11b}$$

所以
$$\frac{E_S}{E_W} = \frac{AC}{AB} \tag{3-12}$$

再把电闸 K 倒向 E_X，移动滑动接头到 C' 点时，没有电流通过 G，此时得到

$$\frac{E_X}{E_W} = \frac{AC'}{AB} \tag{3-13}$$

将式(3-13) 及式(3-12) 两式相除，可得

$$\frac{E_X}{E_S} = \frac{AC'}{AC} \tag{3-14a}$$

若标准电池的电动势为已知，则可以得出待测电池的电动势

$$E_X = E_S \frac{AC'}{AC} \tag{3-14b}$$

（3）惠斯顿标准电池

电池电动势测量中常用的标准电池是惠斯顿（Weston）标准电池（如图 3-19 所示）。在惠斯顿标准电池中负极用镉汞齐，若使用纯金属镉会因为表面处理不一致而容易造成电极电势的波动。镉汞齐中用 12.5％的镉是因为在此组成附近，镉汞齐成为固熔体与液态溶液的二相平衡，当镉汞齐的总组成改变时，这二相的组成并不改变，所以电极电势不会因为汞齐中的总组成略有变化而改变。惠斯顿标准电池的优点主要是高度可逆、电动势稳定且随温度变化小。

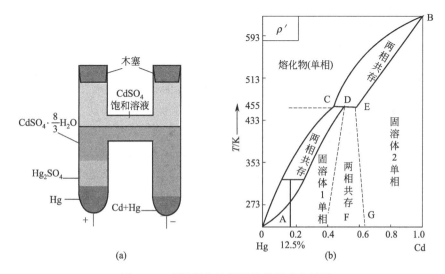

图 3-19 惠斯顿电池简图及其组成之相图

电池符号 $Cd(Hg)(12.5\%)|CdSO_4 \cdot \frac{8}{3}H_2O$ 饱和溶液 $|Hg_2SO_4(s)|Hg(l)$

电极反应 负极 $\quad Cd\,(12.5\%) \longrightarrow Cd^{2+}(aq) + 2e^-$

正极 $\quad Hg_2SO_4(s) + 2e^- \longrightarrow 2Hg(l) + SO_4^{2-}$

电池反应 $\frac{8}{3}H_2O + Cd(12.5\%) + Hg_2SO_4(s) =\!=\!= CdSO_4 \cdot \frac{8}{3}H_2O(s) + 2Hg(l)$

3.3 "电极/溶液"界面的基本性质

3.3.1 研究"电极/溶液"界面性质的意义

电化学体系的特点是：自发电荷分离形成电势差，超薄双电层、超强电场的多相体系。电化学界面通常涉及的电势差约为 0.1~1V，双电层距离约为 $10^{-10}\sim10^{-9}$ m，产生的电场强度达 $10^8\sim10^{10}$ V/m，如此强的电场必然对电荷载体产生非常大的作用力。除电化学体系外，还没有发现一个实际电场能产生如此大的电场强度。

大多数常见电化学反应的进行速度是由扩散过程所控制的。然而许多电极反应，当电极电势偏离平衡值十分之几伏，甚至超过 1V 时，电流密度仍然小于扩散极限值，考虑到扩散速度控制的电化学反应的电流值应在距平衡电势仅几十毫伏的电势范围内迅速上升到接近极限值，这就只可能是界面反应本身缓慢所导致的。

有两方面因素对电极表面反应的活化能有很大影响：a."电场因素"——"电极/溶液"界面的电极电势及界面层中的电势分布情况。通常电极电势的变化范围为1~2V，而只要电极电势改变 100~200mV，就可以使反应速度改变 1 个数量级。因此通过改变电极电势，也能使电极反应速度约改变 10 个数量级。b. "化学因素"——电极材料的化学性质和表面状况。例如在同一电极电势下，氢在铂电极上的析出速度要比在汞电极上的析出速度大 10^{10} 倍以上。又如当电极表面出现吸附的或成像的有机化合物层或氧化物层时，许多电极反应的进行速度就大大降低了。电极表面处理的方法也常对电极表面的反应能力有很大的影响，甚至在同一晶体的不同晶面上电极反应速度也各不相同。当然一切"化学作用"的本质都与电现象有关，而"电极/溶液"界面电场的大小及分布情况也与界面上的各种粒子的化学性质有关。"化学因素"和"电场因素"的区分只是为了讨论上的方便。通过控制"化学因素"也可以大幅度地改变电极反应速度。若仅依靠改变电极电势来控制电极反应速度，往往需要消耗额外的能量，有时还会引起有害的副反应。

3.3.2　电毛细曲线和微分电容曲线

电流流经"电极/溶液"界面会在界面上引起两种变化：a. 电化学反应。这时为了维持一定的稳态反应速度，就必须由外界不断地补充电荷，即从外电路中引入"持续的"电流。b. 界面充电。这与电容器的充电过程相似。这时为了形成一定的界面结构只需要耗用有限的电量，即只会在外电路中引起瞬间电流。若流向界面的电荷全部用于改变界面构造而不发生电化学反应，那么这种电极称为"理想极化电极"。

为了研究界面电性质，最好选择理想极化电极。在理想极化电极的界面上，由外界输入的电量都被用来改变界面结构，因而可以很方便地将电极极化到不同的电势，而且建立某种表面结构所耗用的电量也很容易被定量计算。对于某些非理想极化电极，在用电量或电容法研究其界面结构时，必须同时考虑法拉第电量与非法拉第电量的贡献。

3.3.2.1 电毛细曲线

所谓"电毛细曲线"就是电极电势（φ）与界面张力（σ）的关系曲线（图 3-20）。液态金属的电毛细曲线可以用毛细管静电计（图 3-21）测量。测量时将理想极化电极极化至不同电势（φ），然后调节汞柱高度（h），使倒圆锥形的毛细管（K）内汞弯月面的位置保持一定，因此界面张力与汞柱高度成正比。测得的电毛细曲线示于图 3-20。电极表面电荷密度可根据 Lippman 公式由曲线的斜率计算得到。利用界面张力数据还可以计算界面吸附量（参见文献 1）。

Lippman 公式

$$q = -\left(\frac{\partial \sigma}{\partial \varphi}\right)_{\mu_1, \mu_2 \cdots} \tag{3-15}$$

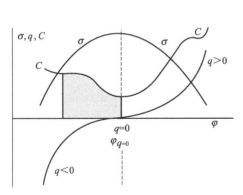

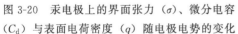

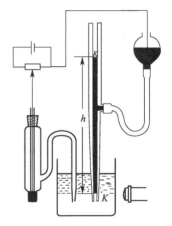

图 3-20　汞电极上的界面张力（σ）、微分电容（C_d）与表面电荷密度（q）随电极电势的变化

图 3-21　毛细管静电计

在图 3-20 中，电毛细曲线的左边分支上 $\mathrm{d}\sigma/\mathrm{d}\varphi > 0$，故 $q < 0$，即电极表面荷负电；在曲线的右边分支上则有 $\mathrm{d}\sigma/\mathrm{d}\varphi < 0$，即电极表面荷正电（$q > 0$）。在曲线最高点处有 $\mathrm{d}\sigma/\mathrm{d}\varphi = 0$，此时 $q = 0$，相应的电势称为"零电荷电势"（φ^0）。

推导 Lippman 公式的出发点是 Gibbs-Duham 公式。对于整体相这一公式可写成

$$S\mathrm{d}T - V\mathrm{d}p + \sum n_i \mathrm{d}\mu_i = 0 \tag{3-16a}$$

对界面相则还需要考虑界面自由能的影响，即

$$S\mathrm{d}T - V\mathrm{d}p + A\mathrm{d}\sigma + \sum n_i \mathrm{d}\mu_i = 0 \tag{3-16b}$$

115

式中，A 为界面的面积。若 T，p 不变，则上式简化为 Gibbs 吸附等温式

$$d\sigma + \sum \Gamma_i d\mu_i = 0 \qquad (3\text{-}17)$$

式中，$\Gamma_i = n_i/A$，称为 i 粒子的界面吸附量，单位为 "mol/cm^2"。

对于 "电极/溶液" 界面，如果认为电极相中除电子外不含有能在界面区中富集的其它粒子，则式(3-17) 可改写为

$$d\sigma = -q d\varphi - \sum \Gamma_i d\mu_i \qquad (3\text{-}18)$$

式中右方最后一项累计液相中除溶剂外的各种粒子。推导式(3-18) 时将电极中的电子看作是一种界面活性粒子。若电极表面上的剩余电荷密度为 q，则电子的界面吸附量 $\Gamma_{e^-} = -q/F$，而其偏摩尔粒子自由能的变化为 $d\mu_{e^-} = -F d\varphi$（参见第 4 章），因而 $\Gamma_{e^-} d\mu_{e^-} = q d\varphi$。若溶液的组成不变，则由式(3-18) 立即可得 Lippman 公式。

3.3.2.2 微分电容法

理想极化电极的 "电极/溶液" 界面可视为电容性元件，其界面双电层的微分电容（electrode capacitance）可定义为

$$C_d = \frac{dq}{d\varphi} \qquad \begin{array}{l} dq \text{——界面两侧电量的变化量} \\ d\varphi \text{——由 } dq \text{ 引起的电极电势变化量} \end{array} \qquad (3\text{-}19)$$

C_d 的测量可以采用交流电桥法（参见文献［1］）或交流阻抗法。微分电容曲线的大致形状如图 3-20。为了测出不同电势下 q 的数值，需将式(3-19) 积分，如此得到

$$q = \int C_d d\varphi + \text{常数} \qquad (3\text{-}20)$$

上式右方的积分常数可以利用 $\varphi = \varphi^0$ 时 $q = 0$ 求得，即可写成

$$q = \int_{\varphi^0}^{\varphi} C_d d\varphi \qquad (3\text{-}21)$$

因此，电极电势为 $\varphi = \varphi^0$ 时，q 的数值相当于图 3-20 中曲线下方阴影部分的面积。

微分电容的测量很容易受到杂质污染的影响，因此必须仔细纯化溶液才能获得重现性良好的实验数据。测量电极电容最好在理想极化电极上进行。若是在界面上还进行着电化学反应，则由于电极反应的某些组成部分（例如反应粒子的传质步骤）具有一定的时间常数和容抗性质（见交流阻抗技术），干扰界面电容的测定。另一方面，电极电容的充放电过程也会干扰暂态测量。

当电极插入溶液中后，在电极与溶液界面上形成了双电层。由于正、负

离子静电吸引和热运动两种效应的结果，溶液中的反离子只有一部分紧密地排在固体表面附近（界面层），称为紧密层；另一部分离子按一定的浓度梯度扩散到溶液中，称为扩散层（表面层）。紧密层的厚度不超过几个埃（Å），约一、二个离子厚度；分散层在稀溶液中及表面电荷密度很小时的厚度可达几百埃（Å），但在浓溶液中及表面电荷密度不太小时几乎可以忽视分散层的存在，即可近似地认为分散层中的剩余电荷均集中在紧密层的外表面上。分散层是离子电荷的热运动所引起的，其结构（厚度、电势分布等）只与温度、电解质浓度（包括价型）及分散层中的剩余电荷密度有关，而与离子的个别特性无关。

　　金属表面与溶液内部电中性处之间的电势差即为"电极/溶液"界面电势差 φ（电极电势）。如果规定溶液本体中的电位为零，电极相的电位为 φ，则"电极/溶液"界面电势差就是 φ。φ 在双电层中的分布情况如图 3-22 所示，即 φ 是紧密层电位 $\varphi - \psi_1$（又称为"界面上的"电势差）和分散层电位 ψ_1（又称为"液相中的"电势差）之和。

$$\varphi = \psi_1 + (\varphi - \psi_1) \tag{3-22}$$

　　由于双电层包括紧密部分及分散部分，计算双电层电容时将双电层电容看成是由紧密层的电容 $C_{\text{紧}}$ 及分散层的电容 $C_{\text{分散}}$ 串联而组成（图 3-22）。

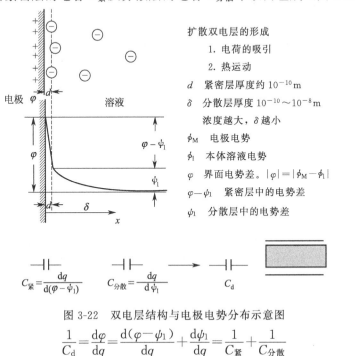

扩散双电层的形成
　　1. 电荷的吸引
　　2. 热运动
d　紧密层厚度约 $10^{-10}\,\text{m}$
δ　分散层厚度 $10^{-10} \sim 10^{-8}\,\text{m}$
　　浓度越大，δ 越小
ϕ_M　电极电势
ϕ_1　本体溶液电势
φ　界面电势差。$|\varphi| = |\phi_M - \phi_1|$
$\varphi - \psi_1$　紧密层中的电势差
ψ_1　分散层中的电势差

$$C_{\text{紧}} = \frac{\mathrm{d}q}{\mathrm{d}(\varphi - \psi_1)} \qquad C_{\text{分散}} = \frac{\mathrm{d}q}{\mathrm{d}\psi_1} \qquad \longrightarrow \qquad C_d$$

图 3-22　双电层结构与电极电势分布示意图

$$\frac{1}{C_d} = \frac{\mathrm{d}\varphi}{\mathrm{d}q} = \frac{\mathrm{d}(\varphi - \psi_1)}{\mathrm{d}q} + \frac{\mathrm{d}\psi_1}{\mathrm{d}q} = \frac{1}{C_{\text{紧}}} + \frac{1}{C_{\text{分散}}} \tag{3-23}$$

在无机盐稀溶液中测得的微分电容曲线上有一明显的极小值，其位置与稀溶液中的零电荷电势一致（图 3-23）。

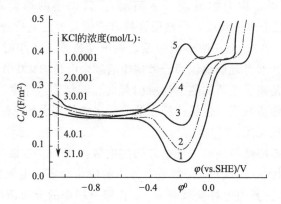

图 3-23　采用滴汞电极在 KCl 溶液中测得的微分电容曲线

3.3.2.3　无机阴离子与有机分子在"电极/溶液"界面上的吸附

电毛细曲线可以测定电极表面上离子和分子的吸附量。由于加入的活性物质容易在毛细管的内壁上吸附，使毛细管中汞弯月面的运动受到阻滞，所以得到更广泛应用的是界面电容法，特别是微分电容法。根据吸附引起的电容值变化，可以测量发生吸附的电势区间，计算表面吸附量，以及估计吸附粒子在电极界面上的排列情况。如果知道单位面积电极表面的电容值，还可以通过测量电容值来计算电极（包括多孔体和粉末）的真实表面积。不过需要指出的是，电容峰值附近曲线的形状往往与测量频率有关，表明吸附平衡并未实现，因此不能用来精确计算 q 和 σ。

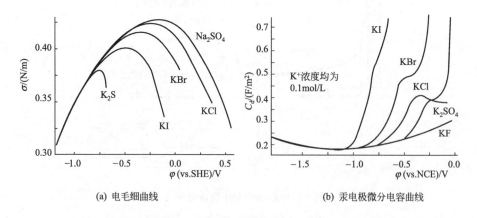

(a) 电毛细曲线　　　　　　　(b) 汞电极微分电容曲线

图 3-24　无机阴离子的吸附对电毛细曲线和微分电容曲线的影响

当电极上 q 为较大的负值时，在汞电极上测得的若干种无机盐溶液中的电毛细曲线及微分电容曲线都分别基本重合（图 3-24）。从图 3-24(b) 中可以看出，无论溶液中为何种阳离子，在汞电极上测得的微分电容值在较负电势区都大致为常数。但在较正电势区各曲线相差较大。零电荷电势的位置也与所选用的阴离子有关。这说明：a. 当电极表面荷负电时，界面结构基本相同；b. 当电极荷正电时，界面结构与阴离子的特性有关。其原因如下。

① 当电极表面荷负电时，大多数无机阳离子由于水化程度较高，且不能与电极表面发生化学作用，故不能逸出水化球而直接吸附在电极表面上，因此紧密层较厚 [图 3-25(a)]。此时与电极直接接触的是一层水分子，该层水分子由于在强电场中偶极定向排列导致介电饱和，因而使介电常数约降至 6，而阳离子则以水化离子的形式出现在第二层中，其介电常数约为 40，则界面电容值主要由第一层水分子所决定而与溶液中正离子的种类及水化阳离子的大小几乎无关。例如在许多金属的荷负电表面上，紧密层电容约为 $20\mu F/cm^2$。

② 当电极荷正电时，不少无机阴离子由于水化程度较低，特别是能与电极表面原子发生类似生成化学键的相互作用，它们往往能直接吸附在电极表面上而形成更薄的紧密层。后一种情况称为离子的"特性吸附"或"接触吸附"。能在电极表面"特性吸附"的阴离子可能在电极表面上"超载吸附"。当出现"超载吸附"时，紧密层中的电势降与分散层中的电势降方向相反 [图 3-25(b)]。

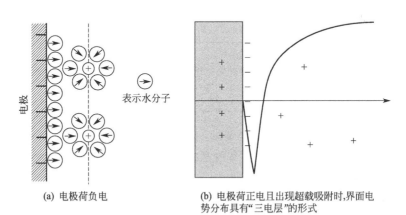

(a) 电极荷负电

(b) 电极荷正电且出现超载吸附时，界面电势分布具有"三电层"的形式

图 3-25　荷电表面的界面结构

由于分散层中的离子剩余电荷处在全然无序的热运动状态，可以统计地认为每一与电极表面平行的面上各点具有等电势。然而特性吸附的阴离子具

有相对稳定的表面位置，因此特别是当这些阴离子的表面覆盖度不大时，它们可以表现出明显的"粒子性"，即所在平面上各点的电势具有二维的不均匀性，并由此导致所谓 Esin-Markov 效应（图 3-26）。

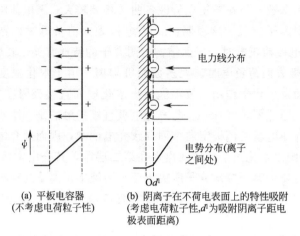

(a) 平板电容器
(不考虑电荷粒子性)

(b) 阴离子在不荷电表面上的特性吸附
(考虑电荷粒子性,d^1 为吸附阴离子距电极表面距离)

图 3-26　电荷的"粒子性"对电力线分布和电势分布的影响

　　绝大多数水溶性的有机分子在"电极/溶液"界面上都具有程度不同的表面活性（表 3-4）。与无机离子相比，有机分子的表面活性一般要强得多，对电极过程的影响也更显著。因此在电化学体系中常添加表面活性剂以控制电极过程，如各种缓蚀剂、光亮剂、表面润滑剂和极谱极大抑制剂等。

表 3-4　表面活性物质的吸附对电极反应动力学的影响

分类	表面活性粒子本身不参加电极反应	表面活性物质参加电极反应
作用	改变电极表面状态以及界面层中的电势分布情况,从而影响反应粒子的表面浓度及界面反应的活化能	反应粒子或反应产物(包括中间粒子)能在电极表面上吸附,对有关的分部步骤的动力学参数有直接影响

　　当向溶液中加入有机活性分子后，在 φ^0 附近可以观测到"电极/溶液"界面的界面张力下降。活性分子浓度愈大，界面张力就愈低，出现界面张力下降的电势范围也愈广（图 3-27）。

　　当无机阴离子在电极界面上受特性吸附时，离子电荷可比一般水化阳离子更接近电极表面，引起电极电容增大［图 3-23 和图 3-24(b)］。有机分子则由于具有较大的尺寸和较小的介电常数，在 φ^0 附近于电极界面上吸附时会导致电极电容减小。随着活性物质表面覆盖度（θ）的加大，φ^0 附近 C_d 的数值逐渐减小，最后达到极限值（$C_\theta = 1$）。图 3-28 的曲线 2 和 3 中，在

C_d 显著降低与远离 φ^0 处恢复"正常"之间出现的很高的电容峰值是由于有机分子脱附产生。

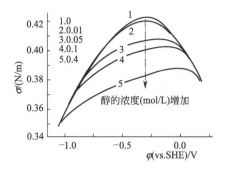

图 3-27 在含有 t-$C_5H_{11}OH$ 的 1mol/L NaOH 溶液中测得的电毛细曲线

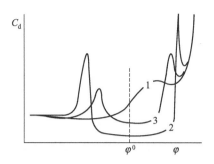

图 3-28 加入有机表面活性物质对微分电容曲线的影响

1—未加入活性物质；2—在 φ^0 附近达到饱和覆盖；3—未达到饱和覆盖

电极电势对有机分子的吸附有很大的影响。在电毛细曲线（图 3-27）和微分电容曲线（图 3-28）上都可以看到，φ^0 附近活性分子的吸附量最大，而当电极电势偏离 φ^0 后吸附量就很快地降低了，终至完全脱附（图 3-29）。其原因可解释为：当真空中某平板电容器带电 Q 后，两板间的电势差为 V，同时也储存了能量，电容器的储能公式为 $W = \frac{1}{2}QV$。若在此电容器中充入介电常数为 ε 的介质，则 V 与 W 均下降为原

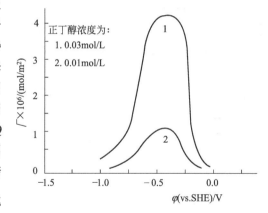

图 3-29 3mol/L KCl 溶液中正丁醇的吸附量随电极电势的变化

值的 $\frac{1}{\varepsilon}$。由此可见，随着电极上 q 与 $|\varphi - \varphi^0|$ 的增大，由于有机分子的介电常数比水小，在电极表面上水分子取代有机分子的过程中释放的能量也越大，当能量的降低足以补偿有机分子脱附引起的能量升高（当 q 与 $|\varphi - \varphi^0|$ 较小时，有机分子的吸附是一个能量降低的过程）时，有机分子即从电极上脱附。

121

3.3.3　关于电子导体和离子导体界面的真实图景

电极学科里的难题

　　电极学是电化学中最本质、最丰富、最有吸引力的部分。电极学的起步是很早的。1800 年伏打已构成实用的伏打电池，1834 年法拉第提出法拉第电解定律，1839 年 W. Grove 设计了燃料电池。然而两个世纪过去了，燃料电池离实用仍很远，电极学也依旧名不见经传，甚至在大学物理化学中也占不上多少篇幅。这和那些后起之秀的科学宠儿，诸如核科学、微电子学、激光学、遗传工程等相比，真是望尘莫及。

　　什么原因使电化学进展迟缓，难关重重？

　　电极和溶液的界面是一个很奇特的场所。这里不仅有和溶液本体不同的溶剂分子和过剩的正负离子，还有高达 10^8 V/m 的场强。反应物和电极间的电子交换就在这里进行。然而它的真实图景究竟怎样呢？人们描绘了一百多年，依然很不清楚。

　　第一幅图景是赫姆霍茨（Helmholtz）在 1853 年描绘的一幅平板电容器的图景。赫姆霍茨将平衡时"电极/溶液"界面电荷分布比拟为一平板电容器，如图3-30 所示。平板电容器模型强调正负电荷层间的静电吸引力，部分反映了双电层的面目；但却无法解释双电层电容随电位而变化的事实。实际上由于热运动，溶液一侧的水合离子只有一部分是比较紧密地附着在电极表面上，另一部分，则类似德拜-休克尔离子氛模型，扩散地分布到本体溶液中。半个世纪后，Gouy 和 Chapmann 提出了扩散层模型。1924 年，斯特恩（O. Stern）吸收上述两家之长，提出一个既有紧密层，又有扩散层的模型。即一部分水化正离子是以紧密吸附的形式聚集在赫姆霍茨平面上，而其余则形成扩散双电层。此模型与赫姆霍茨模型和查普曼模型的一个主要区别在于它把吸附在电极表面上的离子看成是固定在固体表面的一部分而不是流动的。同时它考虑到离子特别是水合离子占有一定体积而不是点电荷。

　　1947 年，格拉哈姆（D. C. Grahame）又作了进一步改进。他认为离子在电极表面上还可能存在化学吸附，被吸附后溶剂化去除，因而在电极表面上有两个赫姆霍茨平面（见图 3-31）。图上画出被化学吸附的去水化负离子，它的中心连线形成的平面称为内赫姆霍茨平面（IHP）。而由于静电作用吸附在表面上的水化正离子的中心连线形成的平面称为外赫姆霍茨平面（OHP）。在此以内至电极表面称为紧密层，在此以外延伸至本体溶液，称为扩散层，扩散双电层即由紧密层和扩散层共同构成。"内层"和"外层"

的物理意义是不同的。内层是被直接特性吸附在电极表面的一层阴离子的"最稳定位置",由化学吸附键的键长所确定;而外层只是不断进行着热运动的分散层中的阳离子能接近电极表面的"极限距离",并不存在这一位置上稳定停留的阳离子层。

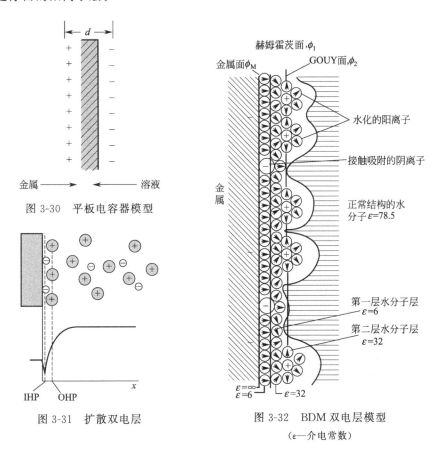

图 3-30　平板电容器模型

图 3-31　扩散双电层

图 3-32　BDM 双电层模型

(ε—介电常数)

20 世纪 60 年代,Bockris、Devanathan 和 Müller 综合了最新的科学实验数据,给双电层描绘了一幅现代图景(图 3-32)。这里既有水分子在界面上的定向排列,还有阴离子在荷正电的金属表面上的特性吸附。水的介电常数在双电层区也改变了。溶液中的离子分别构成内赫姆霍茨平面和外赫姆霍茨平面。然而这种"BDM 模型"仍然面临着许多值得探讨的问题。如双电层中水分子的结构怎样?这里有没有冰晶的结构的存在呢?吸附在电极表面的阴离子或中性分子对双电层行为的影响怎样?它们和金属表面的结合力本质是什么?金属的过剩电荷都集中在表面上吗?它们的分布和能量状态,如

123

何受到溶液一方的影响？人们有没有可能直接利用工具去直接摄取或观察真实的双电层结构呢？

　　迄今为止，研究得比较详细的电化学界面，首先是"金属/电解质溶液"界面，其次是"半导体/电解质溶液"界面。反映界面结构的电化学参数的实验数据基本上来自传统的电化学研究技术，缺乏界面结构分子水平的信息。界面结构的模型基本上局限于界面溶液侧模型的统计力学处理。20世纪 70 年代以来，有明确结构（例如单晶电极）界面的研究和电化学界面分子水平的研究且迅速地发展。利用固体物理和表面物理理论（主要是能带理论），处理界面固相侧的工作业已进行。电化学界面的研究类型也大为扩展。这一切将促进电化学界面微观结构模型的建立，例如原子、离子、分子、电子等的排布，界面电场的形成，界面电位的分布，界面区粒子间的相互作用，电极表面的微结构和表面重建，表面态等的建立。

习　　题

　　1. 在测定 $Ag|AgNO_3(m)$ 的电极电势时，在盐桥中哪一种电解质是可以采用的？
A. KCl（饱和）；B. NH_4Cl；C. NH_4NO_3；D. NaCl

　　2. 有人说"标准氢电极的电位随所取的温度而不同"，对吗？

　　3. 用学过的理论正确解释伽伐尼的实验现象。

　　4. 如果金属表面带负电荷，则在"金属/溶液"界面上的电势将如何分布？当出现"特性吸附"时，界面上的电势又将如何分布？

　　5. 你认为影响分散层厚度的因素有哪些？

　　6. 金属表面带正电还是带负电荷受什么因素所决定，又与哪些因素有关？对于较浓的硫酸铜溶液放入铜电极时金属表面带什么电？

参 考 文 献

[1]　查全性. 电极过程动力学. 第 3 版. 北京：科学出版社，2002：13-73.
[2]　小久见善八. 电化学. 郭成言译. 北京：科学出版社，2002：23-42.
[3]　李荻. 电化学原理. 第 2 版. 北京航空航天大学出版社，1999：31-189.
[4]　朱志昂. 近代物理化学：下册. 第 3 版. 北京：科学出版社，2004：228-298.
[5]　小泽昭弥. 现代电化学. 北京：化学工业出版社，1995：42-60.
[6]　郭保章，段少文. 20 世纪化学史. 江西：江西教育出版社，1998.

第 *4* 章
平衡态电化学

电化学热力学建立了可逆电池电动势与该电池的电池反应的热力学函数变化之间的关系。所以可以通过测量电动势来确定热力学函数变化，同时也揭示了化学能转变为电能的最高限度，为改善电池性能提供了理论依据。

4.1 自发变化的自由能与电池电动势

所谓"自发变化"是指能够自动发生的变化，即无需外力帮忙，任其自然，不去管它，即可发生的变化。而自发变化的逆过程则不能自动进行。例如：a. 气体向真空膨胀，它的逆过程即气体的压缩过程不会自动进行；b. 热量由高温物体传入低温物体，它的逆过程热量从低温物体传入高温物体不会自动进行；c. 各部分浓度不同的溶液，自动扩散，最后浓度均匀，而浓度已经均匀的溶液，不会自动变成浓度不均匀的溶液；d. 锌片投入 $CuSO_4$ 溶液引起置换反应，它的逆过程也是不会自动发生。一切自发过程在适当地条件下可以对外做功；借助于外力是可以使一个自动变化逆向进行的，但不可避免地要在环境中留下影响，即环境要消耗功才能进行。

系统中物质的总能量可分为束缚能（bond energy）和自由能（free energy）。束缚能是不能用于做有用功的能量，而自由能是在恒温、恒压条件下能够做最大有用功（非膨胀功）的那部分能量。自由能具有加合性，一个体系的总自由能是其各组分自由能的总和。自由能的绝对值无法测定，只能知道系统在变化前后的自由能变化（自由能差）ΔG。凡是满足了恒温、恒压条件的变化过程都可以用 ΔG 来判断变化方向和限度。

$$\Delta G = G_2 - G_1 \qquad G_1, G_2：系统变化前后的自由能 \qquad (4\text{-}1)$$

若 $\Delta G < 0$，表明系统变化过程中自由能减少，这种情况属自动变化或自发变化；若 $\Delta G > 0$，自由能增加，系统不可自动进行，必须从外界获得能量才能进行；$\Delta G = 0$，自由能不增不减，表示系统处于动态平衡。

$$\boxed{状态 1} \xrightarrow[\text{可逆电池}]{\text{恒温恒压可逆过程}} \boxed{状态 2} \quad \Delta G —— 推动力$$

在等温、等压的可逆过程中，若不考虑由于体积改变而产生的机械功，原电池对环境所做的最大电功等于该电池反应的自由能的减少，即

$$\Delta G = -W_{电功} = -nFE \qquad (4\text{-}2)$$

$$W_{电功} = EQ \begin{cases} 交换 1mol 电子的电量 \quad 96485C/mol（1 法拉第 F） \\ 交换 n\ mol 电子的电量 \quad nF \end{cases}$$

如果电池反应是在标准状态下进行，则 $\Delta G^{\ominus} = -nFE^{\ominus}$ \qquad (4\text{-}3)

$$桥梁公式 \begin{cases} (\Delta_r G)_{T,P,R} = W_{f,\max} = -nEF \\ (\Delta_r G_m)_{T,P,R} = -\dfrac{nEF}{\xi} = -zEF \end{cases}$$

图 4-1　电化学与热力学的联系

当电池反应为 1mol 时，有（图 4-1）

$$\Delta_r G_m = -zFE \qquad (4\text{-}4a)$$

和 $$\Delta_r G_m^{\ominus} = -zFE^{\ominus} \qquad (4\text{-}4b)$$

式中　$\Delta_r G_m$——电池反应进度为 1mol 时的吉布斯函数变，J/mol；

$\Delta_r G_m^{\ominus}$——为参加电池反应的各物质都处于标准态时的吉布斯函数变，称为标准电动势，J/mol；

n——电池输出单元电荷的物质的量，mol；

z——1mol 电池反应中，参与电极反应的电子摩尔数；

E——电池电动势，V；

$E^{\ominus}$——为参加电池反应的各物质都处于标准态时的电动势，称为标准电动势，J/mol；

F——法拉第常数，C/mol。

注意：n 与 z 是不同的，读者若没有学习过"反应进度（ξ）"这一简单概念，那么可将 z 理解为电池反应式中的计量系数，即 1mol 电池反应是按照所写的方程将反应物完全转化为产物。

根据 $\Delta_r G_m^{\ominus} = -nFE^{\ominus}$ 可以用热力学函数来计算原电池的标准电动势。反之也可以通过实验测得标准电动势，从而计算反应的标准吉布斯自由能变。

讨论：

① 若一化学反应能自发进行，$\Delta_r G_m <$ 0，则必有 $E > 0$，在恒温恒压下，在原电池中可逆进行时，吉布斯自由能的减少，完全转化为对环境所作的电功（图 4-2）。

② 在等温、等压下，若 $E > 0$，则该电池可自发进行。

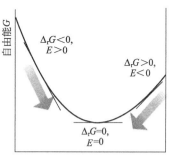

图 4-2 $\Delta_r G$ 与反应进度的关系

③ 同一原电池，电池反应计量式写法不同，计量式对应的摩尔反应吉布斯自由能则不同，转移电子数不同，但该电池的电动势不变。因为电动势是强度性质，与参加反应的物质的量无关。反之电池反应的摩尔吉布斯函数变与反应计量式的写法有关。

④ 测定原电池可逆电动势，就可以计算该温度与压力下的电池反应摩尔吉布斯函数变化。原电池电动势很容易测到 4 位有效数字，而用量热法测定与计算 $\Delta_r G_m$，就不那么容易达到这个精度，实验难度也大。

⑤ 用热力学数据从理论上计算氧化还原反应的电动势，尤其是可计算不易测量的某些电极的电极电势。

4.2　能斯特方程

4.2.1　电池反应的能斯特方程

1889 年能斯特应用热力学的理论研究电池的电动势，得到了电化学中最著名的方程之一——能斯特方程（Nernst equation），即原电池电动势与反应物及产物活度的关系式。需要指出的是，能斯特方程仅能应用于达到电化学平衡的体系，也即可逆电池。对于实用电池，只要输出电流不为零，能斯特方程就不成立。

对于反应 $aA+dD \Longrightarrow xX+yY$，由化学平衡原理得：

$$\Delta_r G_m = \Delta_r G_m^\ominus + RT \ln \frac{a_X^x a_Y^y}{a_A^a a_D^d} \tag{4-5}$$

若反应通过可逆电池完成，则有 $\Delta_r G_m = -zEF$ 和 $\Delta_r G_m^\ominus = -zE^\ominus F$，代入式(4-5)，可得：

$$E = E^\ominus - \frac{RT}{zF} \ln \frac{a_X^x a_Y^y}{a_A^a a_D^d} \qquad \text{电池反应的 Nernst 公式} \tag{4-6}$$

式中，E、$E^\ominus$、z 意义同式(4-4)。

由能斯特方程，只要知道反应组分的活度、标准电池电动势即可求出任一温度下的电池电动势。当 $T=298.15K$ 时，有

$$E = E^\ominus - \frac{0.05916}{z} \lg \prod_B a_B^{\nu_B} \tag{4-7}$$

式中，a_B 为反应组分的活度，对于气体，用压力表示（$p/p^\ominus$）。除非特别指明，对于有 H_2O 参与的电极反应，$a_{H_2O}=1$。对于任何固体纯净物或单质，其活度亦为 1。但对于合金应标明其活度；ν_B 为反应组分在电池反应中的计量系数。

在标准状态，$E>0$，反应正向进行。若在非标准态时，降低产物浓度或增大反应物浓度，原电池电动势将减小，若有 $E<0$，则电池反应逆向进行。因此离子浓度改变可能影响氧化还原反应方向。但是只有当 $E^\ominus$ 较小时，浓度的改变才可以改变反应的方向，而当 $E^\ominus$ 较大时，浓度的改变要非常大才能改变反应的方向，所以浓度的改变一般不会改变反应的方向。综上，可以根据 $E^\ominus$ 值判断反应的方向。

$$\because \Delta_r G_m^\ominus = -RT \ln K_a^\ominus$$

$$\therefore E^\ominus = \frac{RT}{zF} \ln K_a^\ominus \tag{4-8}$$

由上式可知，若能求得原电池标准电动势 $E^\ominus$，即可求得该电池反应的标准平衡常数，反之亦然。由此可得判定反应方向的自由能、物质量、电动势判据，如图 4-3 所示。

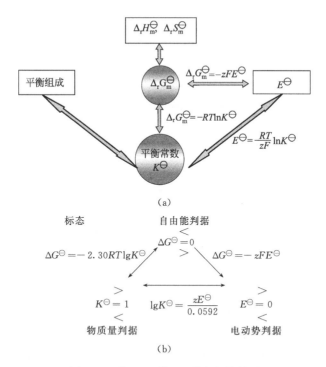

(a)

图 4-3 $K^{\ominus}$、$\Delta_r G_m^{\ominus}$ 和 $E^{\ominus}$ 之间的关系

4.2.2 电池电动势与热力学函数的关系

(1) 由电池电动势及其温度系数求反应的摩尔熵变 $\Delta_r S_m$ 和 Q_r

$$\because (\partial \Delta G / \partial T)_p = -\Delta S, \text{且 } \Delta_r G_m = -zEF$$

$$\therefore \Delta_r S_m = -\left(\frac{\partial \Delta_r G_m}{\partial T}\right)_p = zF\left(\frac{\partial E}{\partial T}\right)_p \quad \boxed{\text{电动势的温度系数}} \tag{4-9}$$

$\left(\partial E / \partial T\right)_p$ 的值可由测定不同温度下的电动势得到。大多数电池电动势的温度系数是负值。

$$\because Q_r = T \Delta_r S_m$$

$$\therefore Q_r = zFT\left(\frac{\partial E}{\partial T}\right)_p \quad \text{——电池反应热效应} \tag{4-10}$$

(2) 由电池电动势及其电动势的温度系数计算电池反应的摩尔焓变 $\Delta_r H_m$

$$\because \Delta_r G_m = \Delta_r H_m - T \Delta_r S_m$$

$$\therefore \Delta_r H_m = \Delta_r G_m + T\Delta_r S_m = \boxed{-zEF + zFT\left(\frac{\partial E}{\partial T}\right)_p} \quad \boxed{\text{焓变，非电池反应热效应}}$$

(4-11)

注意　恒压、无有效功，有 $\Delta_r H_m = Q_{p,非电池} \neq Q_{p,电池}$ (4-12)

及 $\qquad\qquad Q_r = Q_{p,电池} \neq \Delta_r H_m$（因为有电功）   (4-13)

$$\Delta_r H_m = \Delta_r G_m + Q_r \qquad\qquad (4\text{-}14)$$

即，化学反应释放出的化学能＝电池对外做的最大电功＋可逆放电时与环境交换的热。

这个 $\Delta_r H_m$ 是在没有非体积功的情况下，恒温恒压反应热。因为电动势容易精确测定，所以按上式得的 $\Delta_r H_m$ 往往比用量热法测得的更准。

当 $(\partial E/\partial T)_p < 0$ 时，$Q_r < 0$，则电池放热。化学能＞电能，一部分化学能→电能，另一部分化学能以热的形式放出；

当 $(\partial E/\partial T)_p > 0$ 时，$Q_r > 0$，则电池吸热。化学能＜电能，电池反应中，电池从环境吸热，与化学能一起→电能；

当 $(\partial E/\partial T)_p = 0$ 时，则 $Q_r = 0$，表示原电池在恒温下可逆放电时与环境无热的交换，化学能全部→电能。

由于电池的温度系数很小（10^{-4} V/K），因此在常温时，$\Delta_r H_m$ 与 $\Delta_r G_m$ 相差很小。即电池将大部分化学能转变成了电功。所以从获取电功的角度来说，利用电池获功的效率是最高的。化学电源将化学能转换为电能的（理想的）最大效率 $\varepsilon_{最大}$ 定义为

$$\varepsilon_{Max} = \frac{-\Delta_r G_m}{-\Delta_r H_m} \qquad\qquad (4\text{-}15)$$

式中，$-\Delta_r G_m$ 等于电池可作的最大电功；$-\Delta_r H_m$ 等于电池反应不在电池中进行时放的热。室温下，$|T\Delta_r S_m| \ll |\Delta_r H_m|$，故 $\Delta_r G_m$ 的值通常接近于 $\Delta_r H_m$，所以 $\varepsilon_{最大}$ 通常接近于 1。例如氢氧燃料电池的反应为 $2H_2 + O_2 \longrightarrow H_2O$，$\Delta_r H_m(298.15K) = -241.95 kJ/mol$，$\Delta_r G_m(298.15K) = -228.72 kJ/mol$。所以 $\varepsilon_{最大} = 0.95$。

因为 $-W_{最大} = -\Delta_r G_m = zFE_{理论}$，实际电功 $-W_{实际} = ZFE_{实际}$，而 $\varepsilon_{实际} = \dfrac{zFE_{实际}}{-\Delta_r H_m}$，因为 $E_{实际} < E_{理论}$，故 $\varepsilon_{实际} < \varepsilon_{最大}$。

4.2.3　电极电势的能斯特方程式

可以证明，能斯特方程式也可以应用于单个的可逆电极反应。设电极反应为

$$aOx + ze^- \longrightarrow dRe \quad （氧化形＋ze^- \longrightarrow 还原形）$$

则有电极反应的能斯特方程：

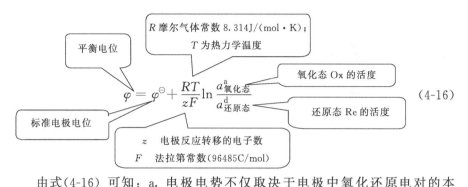

$$\varphi = \varphi^{\ominus} + \frac{RT}{zF} \ln \frac{a_{氧化态}^a}{a_{还原态}^d} \tag{4-16}$$

由式(4-16)可知：a. 电极电势不仅取决于电极中氧化还原电对的本性，还与温度、浓度或分压以及介质的酸度有关。溶液中的反应一般是在常温下进行，因此温度对电极电势的影响较小，而氧化态和还原态物质的浓度变化，则是影响电极电势的重要因素。b. 当电极反应中的物质活度 [Ox] 和 [Re] 都是一个单位时，$\ln \frac{a_{Re1}^d}{a_{Ox1}^a} = \ln 1 = 0$，此时 $\varphi = \varphi^{\ominus}$，即，$\varphi^{\ominus}$ 的物理意义是相应电极反应中的物质浓度为 1 个单位（严格说是活度为 1）时的电极电位，称为标准电极电位，对于每个电极都有一个特征值。另外还可看到，增加氧化型的浓度或降低还原型的浓度，可使电极电势值增大，反之则减小。c. 非标准状态下对于两个电势比较接近的电对，仅用标准电势来判断反应方向是不够的，应该考虑离子浓度改变对反应方向的影响。

一种简单情况下的电极电势的能斯特方程证明如下。

设电池反应为　$[氧化形]_1 + [还原形]_2 \longrightarrow [还原形]_1 + [氧化形]_2$

$$aOx_1 + bRe_2 \Longrightarrow dRe_1 + fOx_2$$

阴极　$aOx_1 + ze^- \longrightarrow dRe_1$

阳极　$bRe_2 \longrightarrow fOx_2 + ze^-$

式中，Ox 为氧化形，Re 为还原形，a、b、d、f 为反应的计量系数。

$$E = E^{\ominus} - \frac{RT}{zF} \ln \frac{a_{Re1}^d a_{Ox2}^f}{a_{Ox1}^a a_{Re2}^b}$$

$$E = \varphi_+ - \varphi_- \qquad E^{\ominus} = \varphi_+^{\ominus} - \varphi_-^{\ominus}$$

$$\varphi_+ - \varphi_- = \left(\varphi_+^{\ominus} - \frac{RT}{zF} \ln \frac{a_{Re1}^d}{a_{Ox1}^a} \right) - \left(\varphi_-^{\ominus} - \frac{RT}{zF} \ln \frac{a_{Re2}^b}{a_{Ox2}^f} \right)$$

等式两边的第一项都只和阴极反应有关，而第二项只和阳极反应有关，故可得：

$$\varphi_+ = \varphi^{\ominus}_+ - \frac{RT}{zF}\ln\frac{a^{d}_{Re1}}{a^{a}_{Ox1}} \qquad \varphi_- = \varphi^{\ominus}_- - \frac{RT}{zF}\ln\frac{a^{b}_{Re2}}{a^{f}_{Ox2}}$$

4.3　浓差电池电动势的计算

前面讨论的电池都发生了化学反应，另有一类电池，工作时电池中发生变化的净结果只是物质从高浓度状态向低浓度状态迁移，且其电池电动势只与该物质的浓度有关（$E^{\ominus}=0$），称之为浓差电池（concentration cell）。下面是三种典型的浓差电池。

（1）单液浓差电池

这类浓差电池的特点是电极材料相同，但浓度不同，插入同一电解质溶液。因此也称为电极浓差电池（electrode-concentration cell）。下面是单液浓差电池的 3 个例子。

① 气体浓差电池（图 4-4）　$Pt(s)\mid H_2(p_1)\mid HCl(aq)\mid H_2(p_2)\mid Pt(s)$　$p_1>p_2$

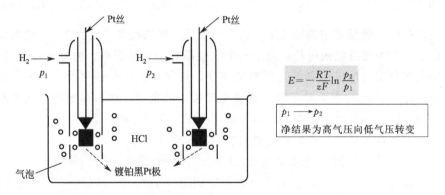

$$E = -\frac{RT}{zF}\ln\frac{p_2}{p_1}$$

$p_1 \longrightarrow p_2$
净结果为高气压向低气压转变

图 4-4　氢气浓差电池

电极反应　正极　$2H^+(a_\pm)+2e^- \longrightarrow H_2(p_2)$；

$$\varphi_+ = \varphi^{\ominus}(2H^+ + 2e^- \longrightarrow H_2) - \frac{RT}{2F}\ln\frac{(p_2/p^{\ominus})}{(\alpha_\pm)^2}$$

负极　$H_2(p_1) \longrightarrow 2H^+(a_\pm)+2e^-$；

$$\varphi_- = \varphi^{\ominus}(2H^+ + 2e^- \longrightarrow H_2) - \frac{RT}{2F}\ln\frac{(p_1/p^{\ominus})}{(a_\pm)^2}$$

电池反应　$H_2(p_1) \longrightarrow H_2(p_2)$　$p_1>p_2$

电池电动势　　$E_{mf} = \dfrac{RT}{2F}\ln\dfrac{p_1}{p_2}$

电池电动势的大小仅决定于氢气压力的比值，而与溶液中氢离子的活度无关。要使 $E > 0$，须 $p_1 > p_2$，即电池反应的方向为高浓度→低浓度。

② 汞齐浓差电池　　$Na(Hg)(a_1)\,|\,Na^+(a_\pm)\,|\,Na(Hg)(a_2)$

$$E_{mf} = \dfrac{RT}{F}\ln\dfrac{a_1}{a_2} \quad (a_1 > a_2)$$

③ 以稳定的氧化锆构成的氧浓差电池　$O_2(p_1)\,|\,ZrO_2 + CaO\,|\,O_2(p_2)$

这种氧浓差电池的应用十分广泛，例如可用来直接测定钢水中的含氧量。这种氧浓差电池由两个电极组成，一个是已知氧分压的参比电极，另一个是未知氧分压的待测电极，中间用固体电解质连接（图 4-5）。

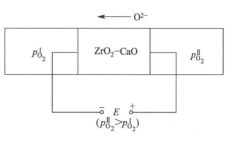

图 4-5　氧浓差电池

电极反应　　负极　$2O^{2-} \longrightarrow O_2(p_1) + 4e^-$

　　　　　　正极　$O_2(p_2) + 4e^- \longrightarrow 2O^{2-}$

电池反应　$O_2(p_2) \longrightarrow O_2(p_1)$

电池电动势　$E = \left[\varphi^\ominus(O^{2-}/O_2) - \dfrac{RT}{4F}\ln\dfrac{a_{O^{2-}}^2}{p_2/p^\ominus} \right] -$

$$\left[\varphi^\ominus(O^{2-}/O_2) - \dfrac{RT}{4F}\ln\dfrac{a_{O^{2-}}^2}{p_1/p^\ominus} \right]$$

$$= \dfrac{RT}{4F}\ln\dfrac{p_2}{p_1}$$

如已知参比电极的氧分压，再测出电池电动势，就可求另一电极的氧分压。

（2）双液浓差电池

特点　电极材料和电解质溶液的种类相同，但电解质浓度不同，也称为电解质浓差电池（electrolyte-concentration cell）。例如 $Ag(s)\,|\,AgNO_3(a_1)\,\|\,AgNO_3(a_2)\,|\,Ag(s)$　$a_2 > a_1$。其电池反应为 $Ag^+(a_2) \longrightarrow Ag^+(a_1)$。因为温度相同，电极材料相同，故 $\varphi_左^\ominus = \varphi_右^\ominus = \varphi^\ominus(Ag^+ + e^- \longrightarrow Ag)$，$E_{mf}^\ominus = 0$。$E_{mf} = \dfrac{RT}{F}\ln\dfrac{a_2}{a_1}$。可见，这种类型浓差电池电动势的大小，决定于两个电解质活度的比值。只有当正极电解质溶液的活度（a_2）大于负极电解质溶液（a_1）时，E_{mf} 才为正值。放电的效果相当于活度 a_2 的银离子自发地由高化学势区向低化学势区（活度 a_1）转移。

若在电池中不用盐桥，让两种不同浓度的溶液直接接触，这样就有液体接界电势存在。整个电池的电动势则由浓差电势 E_c 和液接电势 E_j 两部分组成，即 $E = E_c + E_j$。

（3）复杂浓差电池

在细胞膜两边由于某离子浓度不等可产生电势差，这就是膜电势。

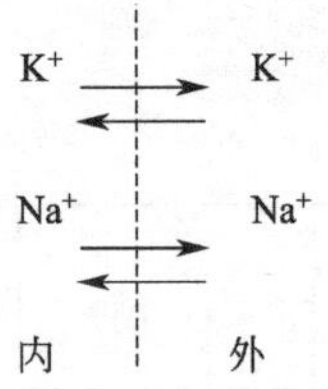

$$\text{内液}(\beta)，M^{z^+}(\beta) \mid \text{外液}(\alpha)，M^{z^+}(\alpha)$$

在生物化学中，习惯表示为：

膜电势　$\Delta\varphi = \varphi_{内} - \varphi_{外} = \dfrac{RT}{F}\ln\dfrac{a_{M^{z^+}}(\beta)}{a_{M^{z^+}}(\alpha)}$

由于决定膜电势的离子有多种，因此实际的膜电势表达式比上式复杂。对膜电势起决定作用的主要是 K^+，其次是 Na^+。静止的肌肉细胞、肝细胞、神经细胞的膜电势分别约为 $-90mV$、$-40mV$、$-77mV$，当神经细胞受到外界刺激时，$\Delta\varphi = 43mV$。

4.4 　液体接界电势

液体接界电势是热力学上不可逆的，其产生的情况往往比较复杂。式（4-17）和式（4-18）分别为当电池可逆输出 1F 电量时，在界面两边分别含有性质相同而活度不同的 i 种离子（图 4-6）和 $i=2$（即界面两边只含性质相同而浓度不同的正、负离子各一种）时液体接界电势的计算公式。

$$E_1 = -\frac{RT}{F}\int_{a_{i,1}}^{a_{i,2}}\sum_i \frac{t_i}{z_i}d\ln a_i \quad (4\text{-}17)$$

$$E_1 = \frac{RT}{F}\left(\frac{t_+}{z_+} - \frac{t_-}{z_-}\right)\ln\frac{a_1}{a_2} \quad (4\text{-}18)$$

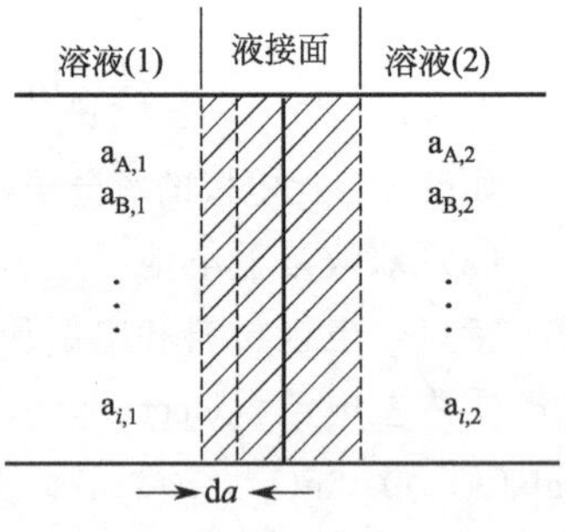

式中，E_1 为液体接界电势，z_i 为第 i 种离子的价数，$a_{i,1}$ 和 $a_{i,2}$ 分别表示第 i 种离子在界面两边的活度。对 1-1 价型的电解质溶液，式（4-18）可表示为

图 4-6　液体接界浓度梯度

$$E_1 = (t_+ - t_-)\frac{RT}{F}\ln\frac{a_1}{a_2} = (2t_+ - 1)\frac{RT}{F}\ln\frac{a_{\pm 1}}{a_{\pm 2}} \quad (4\text{-}19)$$

① 消除液接电位的原理　从式(4-19)可知，当 $t_+ \approx t_-$，$E_l \approx 0$，故使用盐桥可以消除液接电位。

② 消除液接电位的方法　当正、负离子迁移数相等时，E_l 为零。因此常用含有 1‰～2‰ 琼脂的饱和 KCl 盐桥以消除液体接界电势。其原因是 K^+ 和 Cl^- 的迁移数十分接近，而且 KCl 的浓度远较其它电解质大，迁移任务主要由 K^+ 和 Cl^- 完成，这样液体接界电势的数值可降到 1～2mV，在一般的电动势测量中，可略去不计。

式(4-18)的推导过程如下：设在图 4-6 中，界面两边本体溶液 1 和 2 中分别含有 A、B、C、…、i 等离子，其浓度分别为 $a_{A,1}$、$a_{A,2}$、$a_{B,1}$、$a_{B,2}$、…、$a_{i,1}$、$a_{i,2}$ 等。通过 1F 电量，由于各离子迁移数和价数不同，则每种离子传输的电量也不相等。对于第 i 种离子而言，迁移的离子的量为 t_i/z_i，当由浓度为 $a_{i,1}$ 转入 $a_{i,1} + \mathrm{d}a_{i,1}$ 的状态时，所发生的吉布斯自由能变化为

$$\mathrm{d}G_{m,i} = \frac{t_i}{z_i}\big[(\mu_i + \mathrm{d}\mu_i) - \mu_i\big] = t_i/z_i \mathrm{d}\mu_i$$

$$\because \quad \mathrm{d}\mu_i = \mathrm{d}(\mu_i^{\ominus} + RT\ln a_i) = RT\mathrm{d}\ln a_i$$

各种离子吉布斯自由能变的总和为：$\mathrm{d}G_m = \sum \mathrm{d}G_{m,i} = \sum RT(t_i/z_i)\mathrm{d}\ln a_i$
$$= RT\sum (t_i/z_i)\mathrm{d}\ln a_i$$

如以 $\mathrm{d}E_l$ 表示由发生 $\mathrm{d}a$ 变化时所引起的液体接界电势，则近似有

$$\mathrm{d}E_l = -\frac{\mathrm{d}G_m}{F} = -\frac{RT}{F}\sum (t_i/z_i)\mathrm{d}\ln a_i$$

而由本体溶液 1 至本体溶液 2 之间的液体接界电势 E_l 可表示为

$$E_l = -\int_{a_{i,1}}^{a_{i,2}} \frac{RT}{F}\sum (t_i/z_i)\mathrm{d}\ln a_i = -\frac{RT}{F}\int_{a_{i,1}}^{a_{i,2}} \sum (t_i/z_i)\mathrm{d}\ln a_i$$

【例】　已知电池 Ag(s)|AgCl(s)|KCl $(m_1=0.5\mathrm{mol/kg}$，$\gamma_\pm=0.649)$|KCl $(m_2=0.05\mathrm{mol/kg}$，$\gamma_\pm=0.812)$|AgCl(s)|Ag(s) 在 298.15K 时电池电动势为 0.0523 V，计算：a. KCl 溶液中 K^+、Cl^- 的迁移数。b. 液体接界电势 $E_{液接}$。c. 电池在消除液体接界电势后的电动势。

解：1F 电量通过电池时，总的变化为：

$$t_{+,K^+}(a_{\pm,1}) + t_{+,Cl^-}(a_{\pm,1}) \longrightarrow t_{+,K^+}(a_{\pm,2}) + t_{+,Cl^-}(a_{\pm,2})$$

此过程的自由能变化为：

$$\Delta G = t_+ RT\ln \frac{a_{2,K^+} a_{2,Cl^-}}{a_{1,K^+} a_{1,Cl^-}} = 2t_+ RT\ln \frac{a_{\pm,2}}{a_{\pm,1}}$$

$$E_{mf} = -\frac{\Delta G}{F} = 2t_+ \frac{RT}{F}\ln \frac{a_{\pm,1}}{a_{\pm,2}} = 0.0523\mathrm{V}$$

（1）$t_{+,\text{K}^+} = \dfrac{0.0523}{2\times0.0591\lg\dfrac{0.5\times0.649}{0.05\times0.812}} = 0.490$ $t_{-,\text{Cl}^-} = 0.510$

（2）$E_{\text{液接}} = (t_+ - t_-)\dfrac{RT}{F}\ln\dfrac{a_{\pm,1}}{a_{\pm,2}}$，所以 $E_{\text{液接}} = -0.001\text{V}$

（3）电池在消除液体接界电势后，电池反应为 $\text{Cl}^-(a_{\pm,1}) \longrightarrow \text{Cl}^-(a_{\pm,2})$

该浓差电池的电动势 $E_{\text{mf}} = \dfrac{RT}{F}\ln\dfrac{a_{\pm,1}}{a_{\pm,2}} = 0.0533\text{V}$

4.5 电化学势

在一般多相体系中，粒子的转移方向可由化学势的高低进行判断。与此相仿，电化学体系粒子的传递方向可引入"电化学势"这一概念进行量度。电化学势（electrochemical potential）可以表示为化学势 μ 和电功（$zF\phi$）之和，因此化学势可当做电化学势的分量。

定义 $$\bar\mu_B = \left(\frac{\partial G}{\partial n_B}\right)_{T,P,n_c,w'\neq0} = \mu_i^\alpha + z_i F\phi^B \tag{4-20a}$$

项　目	化学系统	电化学系统
相平衡条件	$\mu_i^\alpha = \mu_i^\beta$	$\bar\mu_i^\alpha = \bar\mu_i^\beta$
化学平衡条件	$\sum v_i\mu_i = 0$	$\sum v_i\bar\mu_i = 0$

电化学势的物理意义　在电化学体系中，在等温等压并保持体系其它组分的物质的量都不变的情况下，将 1mol 荷电粒子 B 从真空无限远处可逆地移入 α 相内部所作的功，即电化学势也可表示如下。

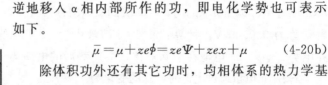

$$\bar\mu = \mu + ze\phi = ze\Psi + zex + \mu \tag{4-20b}$$

除体积功外还有其它功时，均相体系的热力学基本方程如下。

$$dG = -SdT + Vdp + \sum\bar\mu_i dn_i + \sum Y_i dX_i,$$
$$X_i(Y_i \text{为广义力}, X_i \text{为广义位移}) \tag{4-21}$$

从电化学势角度考虑电极电势的能斯特方程式推导如下。

$$\text{M}^{z+} + ze^- \Longrightarrow \text{M}$$

平衡时电化学位

$$相平衡\bar{\mu}_{M^{z+}}(Sol)=\bar{\mu}_{M^{z+}}(M) \tag{4-22}$$

$$化学平衡\bar{\mu}_{M^{z+}}(Sol)+z\bar{\mu}_e(M)=\bar{\mu}_M(M) \tag{4-23}$$

$$[\mu_{M^{z+}}(Sol)+zF\phi(Sol)]+z[\mu_e(M)-F\phi(M)]$$
$$=\bar{\mu}_M(M)=\mu_M(M) \quad (M\text{ 为中性}) \tag{4-24}$$

由此得到"金属/溶液"界面电势差为

$$\varphi_{M/M^{z+}}=\Delta\phi(M,Sol)=\phi(M)-\phi(Sol)$$

$$=\frac{1}{zF}[\mu_{M^{z+}}(Sol)+z\mu_e(M)-\mu_M(M)]$$

$$=\frac{1}{zF}[\mu_{M^{z+}}^{\ominus}+z\mu_e(M)-\mu_M^{\ominus}(M)]+\frac{RT}{zF}\ln a_{M^{z+}} \tag{4-25}$$

$$(\because \mu_i=\mu_i^{\ominus}+RT\ln a_i \quad \mu_M(M)=\mu_M^{\ominus}(M)\text{纯物质为标准态})$$

标准电极电势 $\varphi_{M/M^{z+}}^{\ominus}=\dfrac{1}{zF}[\mu_{M^{z+}}^{\ominus}+z\mu_e(M)-\mu_M^{\ominus}(M)] \tag{4-26}$

立即可得，单电极的 Nernst 方程

$$\varphi_{M/M^{z+}}=\varphi_{M/M^{z+}}^{\ominus}-\frac{RT}{zF}\ln\frac{1}{a_{M^{z+}}} \tag{4-27}$$

习　题

1. 已知铜锌原电池的标准电动势为 1.10V，试计算该原电池反应的标准吉布斯自由能变。

2. 试根据标准吉布斯自由能变计算下列反应的 $E^{\ominus}$。$2H_2(g)+O_2(g)\Longrightarrow 2H_2O(l)$，$\Delta_rG_m^{\ominus}=-474.4$ kJ/mol。

3. 有人说"当电池正、负两极短路时，$W_f=0$，所以电池反应的 $\Delta_rG_m=0$"，对吗？为什么？

4. 标准电极电位 $\varphi^{\ominus}$ 的意义是什么？如何用它来计算 $E^{\ominus}$，$\Delta_rG_m^{\ominus}$ 和 K_a。

5. 在植物生理学中，把物质顺着电化学势梯度的转移称为被动运输（passive transport），逆着电化学势梯度的转移称为主动运输（active transport），为什么？（提示：主动运输是一个消耗外部能量的过程）。

6. 计算 25℃时，$(-)Zn|Zn^{2+}(0.01mol/L)$ 的电极电势

7. 某电池反应的自由能变化 Δ_rG_m 和熵变 Δ_rH_m 的关系为：

A. $\Delta_rH_m=\Delta_rG_m$　　　B. $\Delta_rH_m>\Delta_rG_m$　　　C. $\Delta_rH_m<\Delta_rG_m$　　　D. 三种均可能

8. 在 298K 和 313K 时分别测定丹尼尔电池的电动势为 $E_1(298K)=1.1030V$，$E_2(313K)=1.0961V$，并设在上述温度范围内 E 随 T 的变化率保持不变，求丹尼尔电池在 298K 时电池反应的 Δ_rG_m、Δ_rH_m、Δ_rS_m 及可逆热效应 Q_r。

9. 判断反应 $H_3AsO_4+2I^-+2H^+\Longrightarrow HAsO_2+I_2+2H_2O$ 在下列条件下向哪个方向进行？已知：$\varphi^{\ominus}(H_3AsO_4/HAsO_2)=0.559$ V，$\varphi^{\ominus}(I_2/I^-)=0.5345V$。

（1）在标准状态下；（2）若溶液的 pH＝7.00；其它物质均为标准状态时；（3）若 $c(H^+)$＝6mol/L，其它物质均为标准状态

10．燃料电池的效率下列说法正确的是：

A. η 一定小于 1　　　B. η 可以大于 1　　　C. η 一定等于 1　　　D. η 不可能大于 1

参 考 文 献

[1]　小久见善八. 电化学. 郭成言译. 北京：科学出版社，2002：23-31.

[2]　朱志昂. 近代物理化学：下册. 第 3 版. 北京：科学出版社，2004：250-277.

第5章
电极过程动力学

　　不可逆电极过程的研究，无论是在理论上或实际应用中，都有非常重要的意义。这是因为：a. 应用 Nernst 方程处理电化学体系的前提是该体系需处于热力学平衡态，而一切现实的电化学过程都是不可逆过程。要使电化学反应以一定的速度进行，无论是原电池的放电或是电解池的充电过程，在体系中总是有显著的电流通过。b. 热力学研究并没有解决有关反应进行的速度问题（图 5-1）。例如燃烧通常是链式反应，并放出大量的能量。但是为了引发燃烧，必须先供给它们一些能量，这是因为氧分子的键能很大

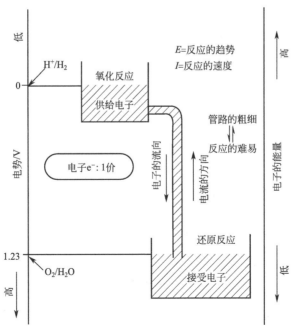

图 5-1　热力学与动力学的区别

（498kJ/mol），一般不易断开，所以分子氧的氧化作用，在常温下通常是非常缓慢的。

本章研究的电池反应动力学（electrochemical kinetics），重点是在电极表面发生的过程，即电极过程。电极过程包括电极上的电化学过程，电极表面附近薄液层的传质及化学过程。电极过程包括阴极过程与阳极过程。

5.1　分解电压与极化

5.1.1　分解电压

在 H_2SO_4 溶液中插入两个铂电极，组成如图 5-2(a) 所示的电解水的电解池。当逐渐增大外加电压时，测得如图 5-2(b) 所示的电压-电流曲线。当外加电压很小时，只有极微弱的电流通过，此时观测不到电解反应发生。逐渐增加电压，电流逐渐增大，当外加电压增加到某一数值后，电流随电压直线上升，同时可观测到两极上有连续的气泡析出。在两电极上的反应可表示如下。

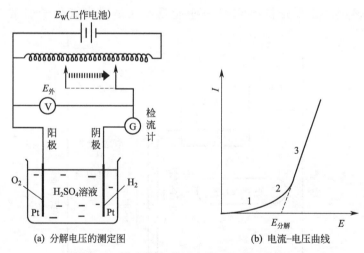

(a) 分解电压的测定图　　(b) 电流-电压曲线

图 5-2　分解电压的测定装置及测量结果

阴极（负极）反应　　$4H^+ + 4e^- \longrightarrow 2H_2 \uparrow$

阳极（正极）反应　　$2H_2O \longrightarrow O_2 \uparrow + 4H^+ + 4e^-$

电解池反应　　$2H_2O \longrightarrow 2H_2 \uparrow + O_2 \uparrow$

电解产物 H_2 和 O_2 又构成原电池　　$(-)Pt | H_2(p) | H^+(H_2O) | O_2(p) |$

Pt（＋）

此电池的电动势与外电源的方向相反，叫反电动势（back E. M. F.）。电解时在两电极上显著析出电解产物所需的最低外加电压称为分解电压（decomposition voltage）。分解电压可用 *E-I* 曲线求得，如图 5-2(b) 所示，将 2-3 段直线外延至 $I=0$ 处，得 $E_{分解}$。理论分解电压也称为可逆分解电压，等于可逆电池电动势。实际分解电压高于理论分解电压，产生这一现象的原因如下。

① 导线、接触点以及电解质溶液都有一定的电阻。

② 实际电解时，电极过程是不可逆的，电极电势偏离平衡电极电势。

第 4 章讨论的电极电势是电极发生可逆电极反应时所具有的电势，此时电极上没有外电流通过，称为可逆电势（reversible potential，φ_r），或平衡电极电势（$\varphi_平$）。当有电流通过电极，电极发生不可逆电极反应。此时电极电势就会偏离平衡电极电势（图 5-3），这种现象称为电极的极化（polarization）。偏差的大小即为过电势（或超电势）η（overpotential）。影响超电势的因素很多，如电极材料、电极表面状态、电流密度、温度、电解质的性质与浓度、溶液中的杂质等。所以，超电势的重现性往往不好。

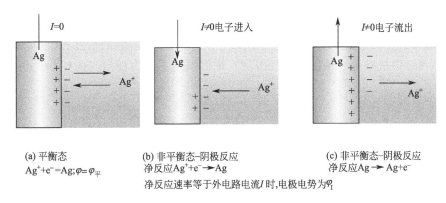

(a) 平衡态
$Ag^+ + e^- = Ag; \varphi = \varphi_平$

(b) 非平衡态-阴极反应
净反应 $Ag^+ + e^- \longrightarrow Ag$
净反应速率等于外电路电流 *I* 时,电极电势为 φ_I

(c) 非平衡态-阴极反应
净反应 $Ag \longrightarrow Ag + e^-$

图 5-3　平衡态与非平衡态（极化态）的差异

η 为某一电流下，极化电位 φ_I 与平衡电极电势 φ_r 的差值。即

$$\eta = \varphi_I - \varphi_r \tag{5-1}$$

5.1.2　电化学极化和浓差极化

按照极化产生的不同原因，通常可简单地把极化分为三类：电化学极化

(electrochemical polarization) 和浓差极化、电阻极化。将与之相应的超电势称为电化学超电势（或活化超电势，activation overpotential）、浓差超电势（diffusion overpotential）、电阻超电势。

（1）电化学超电势（或活化超电势）

电极过程常分为若干步进行，若其中某一步速率很慢，则将阻碍整个电极反应的进行，并导致电极上聚集了一定的与可逆情况不同数量的电荷。这种由于电化学反应本身迟缓引起的极化称为电化学极化。

将 Ag 插入 Ag^+ 溶液中，$Ag|Ag^+(a)$，电极反应　$Ag^+(a)+e^- \longrightarrow Ag$

电化学极化　扩散速度快，反应速度慢，阴阳极表面附近 Ag^+ 的浓度不变。若忽略离子的电迁移（见 5.3.2 所述），阴阳极的变化如图 5-3 所示。

电流通过"电极/溶液"界面→极化 $\begin{cases} \text{阴极极化——由电源输入金属阴极的电子来不及消耗，} \\ \text{即溶液中 } Ag^+ \text{ 不能马上与电极上的电子结合变成 Ag，造} \\ \text{成电极上电子过多积累，使电极电势变负 [图 5-3(b)]。} \\ \text{阳极极化——金属相电子大量流失（被强制抽走），但} \\ Ag^+ \text{ 仍留在金属阳极上，电极上积累过多正电荷，使电极} \\ \text{电势变正 [图 5-3(c)]} \end{cases}$

（2）浓差超电势

浓差极化是由于电极反应造成电极附近（电极与溶液之间的界面区域，在通常搅拌的情况下其厚度不大于 $10^{-3} \sim 10^{-2} cm$）溶液的浓度和本体溶液（指离开电极较远、浓度均匀的溶液）浓度发生了差别所致（图 5-4）。仍以银电极为例，其电极电势为 $\varphi = \varphi^\ominus (Ag^+/Ag) - \dfrac{RT}{F} \ln \dfrac{1}{a}$。不考虑活度与浓度的区别，电极电势为 $\varphi = \varphi^\ominus (Ag^+/Ag) - \dfrac{RT}{F} \ln \dfrac{1}{c}$。这里假定"电极/溶液"界面上的电子转移步骤为快反应，可近似认为在平衡状态下进行。

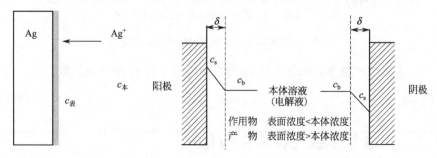

图 5-4　浓差极化产生原因（作用物或产物的扩散速率小→表面浓度≠本体浓度）

① 当 Ag 电极为阴极时，发生还原反应 $Ag^+ + e^- \longrightarrow Ag$

阴极附近的 Ag^+ 不断地沉积到电极上去，使得阴极周围的 Ag^+ 浓度不断降低，若溶液本体中的 Ag^+ 扩散到阴极附近进行补充的速度赶不上 Ag^+ 沉积的速度，则在阴极附近 Ag^+ 的浓度 c_s 必然低于溶液本体 Ag^+ 的浓度 c_0，即 $c_s < c_0$。此时电极的实际电势为

$$\varphi_I = \varphi^\ominus (Ag^+ / Ag) - \frac{RT}{F} \ln \frac{1}{c_s}$$

所以，$\varphi_I < \varphi_r$，超电势 $\eta = \varphi_I - \varphi_r = \frac{RT}{F} \ln \frac{c_s}{c_0} < 0$，阴极极化使得阴极电极电势变得更负。

② 当 Ag 电极为阳极时，发生氧化反应 $Ag \longrightarrow Ag^+ + e^-$

电极上的 Ag 不断失去电子生成 Ag^+，使得阳极周围的 Ag^+ 浓度不断增加，若阳极附近 Ag^+ 扩散到溶液本体的速度赶不上 Ag^+ 生成的速度，则在阳极附近 Ag^+ 的浓度 c_s 必然高于溶液本体 Ag^+ 的浓度 c_0，即 $c_s > c_0$。此时，$\varphi_I > \varphi_r$，超电势 $\eta = \frac{RT}{F} \ln \frac{c_s}{c_0} > 0$，阳极极化的结果是阳极电极电势变得更正。

$$\because \eta_{浓差} = |\varphi_{可逆} - \varphi_{不可逆}| = \frac{RT}{zF} \left| \ln \frac{c_s}{c_0} \right| \tag{5-2}$$

$\therefore \eta_{浓差}$ 的大小取决于扩散层两侧的浓度差大小

关于浓差极化，还可以这样理解：电解作用开始后，阳离子在阴极上还原，致使电极表面附近溶液阳离子减少，浓度低于内部溶液，这种浓度差别的出现是由于阳离子从溶液内部向阴极输送的速度，赶不上阳离子在阴极上还原析出的速度，在阴极上还原的阳离子减少了，必然引起阴极电流的下降。为了维持原来的电流，必然要增加额外的电压（推动力），也即要使阴极电位比可逆电位更负一些。阳极反应也可以相似理解。

浓差极化是由于扩散缓慢引起的，一般采取加快扩散速度的方法就可以降低浓差超电势。如提高溶液温度或加强搅拌。用搅拌方法可以减小浓差极化，但无法完全消除，扩散层的极限厚度约为 $1\mu m$。

（3）电阻超电势

当电流通过电极时，在电极表面或电极与溶液的界面上往往形成一薄层的高电阻氧化膜或其它物质膜，从而产生表面电阻电位降，这个电位降称为电阻超电势。可以证明阴极极化时，$\eta_{电阻} < 0$；阳极极化时，$\eta_{电阻} > 0$。

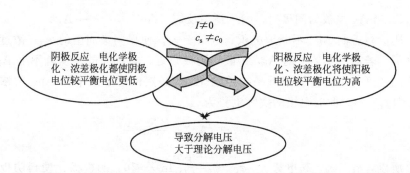

综上所述，当仅考虑活化极化、浓差极化与电阻极化时，阴极电势总是向负移，而阳极电势总是往正移。故阴极超电压为负值，$\eta_c < 0$；阳极超电势为正值，$\eta_a > 0$。很多时候，为了使超电势为正值，规定阳极超电势 $\eta_{阳}$（也可记为 η_a，anode overpotential）和阴极超电势 $\eta_{阴}$（也可记为 η_c，cathode overpotential）分别为

$$\left.\begin{array}{l}\eta_c = \varphi_r - \varphi_{ir} \\ \eta_a = \varphi_{ir} - \varphi_r\end{array}\right\} > 0 \qquad (5\text{-}3a) \atop (5\text{-}3b)$$

$$\eta_{电极} = \eta_{活化} + \eta_{浓差} + \eta_{电阻} \qquad (5\text{-}4)$$
$$\text{减小 } \eta \text{ 途径} \quad \text{改变表面} \quad \text{搅拌} \quad \text{增大电解质溶液电导}$$

一般，金属与其离子构成的电极，或金属与其难溶盐构成的电极，其电化学超电势很小，其超电势主要来源于浓差超电势。气体电极，其超电势主要来源于电化学超电势。

5.1.3　极化曲线

超电势或电极电势与电流（或电流密度）之间的关系曲线称为极化曲线（polarization curve），极化曲线的形状和变化规律反映了电化学过程的动力学特征。在一般情况下，随着电流的增大，电极电位离开其平衡电极电位越来越远。阴极电极电位随电流的增大向负的方向变化 ［图 5-5（a）］，阳极极化曲线变化的方向刚好相反 ［图 5-5（b）］。阴阳两极的极化曲线沿着相反的方向变化的结果，使得自发电池与电解池两极间电位差的变化趋势大不相同。原电池、电解池的 $I\text{-}\varphi$ 曲线都可以看成是图 5-5 所描述的两个单电极极化曲线叠加而成。在电解池中通过的电流增大时，两极间电位差增加的值比 IR 的增加大得多。这是因为电解池中阳极电位总是比阴极电位高，在图 5-6 下部，阳极极化曲线位于阴极极化曲线的右方，考虑到两条极化曲线的变化趋向，随着电流的增大，电解池两极间电位差会逐渐变大。也就是说，电解时的电流越大，所消耗的能量也就越多。在自发电池中刚好相反。这时阳极电位比阴极电位低，如图 5-6 上部，阳极极化曲线位于阴极极化曲线的左方。一般情况下自发电池两极间电位差随着电流

的增大而减小。

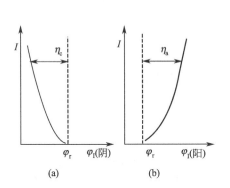

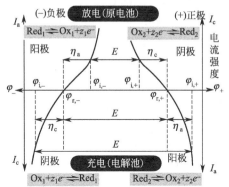

图 5-5 单电极极化曲线：η，$\varphi \sim i$ 曲线

图 5-6 电解时和电池工作时的净电流与电极电势关系示意图（不考虑电解池内阻影响）

单个电极的析出电势［考虑了超电势的极化电极电势，就是离子在电极上析出时的电势（即放电电位）］为

$$\varphi_{阳,析出} = \varphi_{阳,可逆} + \eta_{阳} \tag{5-5a}$$

$$\varphi_{阴,析出} = \varphi_{阴,可逆} - |\eta_{阴}| \tag{5-5b}$$

整个电解池的分解电压为

$$E_{分解} = \varphi_{阳,析出} - \varphi_{阴,析出} + IR = E_{平衡} + \eta_{阳} + |\eta_{阴}| + IR \tag{5-6}$$

式中，$E_{分解}$ 是指相应的原电池的电动势，即理论分解电压；IR 是由于电池内溶液、导线和接触点等电阻（不含电极与电极表面电阻，即 $\eta_{电阻}$ 已经考虑在内的电阻）所引起的电势降。随着电流 I 的增大，端电压上升，使外加的电压增加，额外消耗了电能（环境做的有效功 $-W = nFE_I > -W_r = nFE_{可逆}$）。

原电池极化的结果是：当有电流通过原电池时，原电池的端电压小于平衡电池电动势。即 $E = E_平 - \eta_{阳} - |\eta_{阴}| - IR \tag{5-7}$

随着电流 I 的增大，端电压下降，原电池作功能力降低（系统做的有效功 $-W = nFE_I < -W_r = nFE$），给出的电能少，不利于原电池提供电能。由于极化，使原电池的作功能力下降。但可以利用这种极化降低金属的电化学腐蚀速度。

有极化存在 $\begin{cases} 电解池 & 消耗更多电功 \\ 原电池 & 输出更少电功 \end{cases}$ ⟹ 极化消耗更多能量

超电势的存在将使原电池和电解过程的能耗增加，从能源的利用角度来看，应尽量减小超电势。例如在化学电源中，总是力图使金属电极反应的极化最小，从而得到较高的能量转换效率。在电解 NaCl 时，用表面涂 Pt 的 Ti 电极代替传统的石墨电极，可节能 10%。但在很多情况下，超电势的存在又是有利的，甚至是必需的。例如在金属电沉积过程中，为获得均匀、致密的镀层，常要求电沉积过程在较大的电化学极化条件下进行。又如食盐电解工业中用汞阴极进行电解，就是利用氢在汞上的超电势较高，因此在阴极上才有可能形成汞齐而不析出 H_2。在金属沉积中也常遇到 H_2 的超电势问题。利用氢在不同金属上的超电势，可以在阴极镀上 Zn、Cd、Ni 等而不会有 H_2 析出。

金属 Zn 的还原　$Zn^{2+} + 2e^- \longrightarrow Zn$　　　　　$\varphi^{\ominus} = -0.776V$

在 pH=7 的水溶液中　$H^+(a=10^{-7}) + e^- \longrightarrow 1/2H_2(p^{\ominus})\varphi = -0.414V$

似乎 H_2 应先于 Zn 在阴极上析出，但由于 H^+ 在 Zn 电极上析出时有较大超电势，即使在低电流密度下也有 1V 以上，所以实际上 H_2 后于 Zn 析出（一般金属超电势很小）。

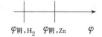

在化学电源中超电势现象也同样重要。例如铅蓄电池充电时

阴极　$PbSO_4 + 2e^- \longrightarrow Pb + SO_4^{2-}$

阳极　$PbSO_4 + 2H_2O \longrightarrow PbO_2 + 4H^+ + SO_4^{2-} + 2e^-$

这两个电极反应的电流效率都很高，也是因为 H_2 和 O_2 分别在这两个电极上有较大的超电势，若没有这种超电势现象，则充电过程将完全变成电解水了。

5.1.4　电解池中两极的电解产物

对电解质水溶液电解时，需加多大的分解电压，及在两极各得何种电解产物，是电解中遇到的首要问题。如果电解的是熔融盐，电极采用铂或石墨等惰性电极，则电极产物只可能是熔融盐的正、负离子分别在阴、阳两极上进行还原和氧化后所得的产物。例如电解熔融 $CuCl_2$，在阴极得到金属铜，在阳极得到氯气。如果电解的是盐类水溶液，电解液中除了盐类离子外还有水解离出来的 H^+ 和 OH^- 离子，当对电解池施以一定电压后，哪种离子首先在阳极和阴极分别发生氧化和还原反应而析出呢？

5.1.4.1　判别依据

对于在阴极、阳极均有多种反应可以发生的情况下，在电解时，阴极上总是析出电势最高的反应优先进行（图 5-7），阳极上总是析出电势最低的反应优先进行（图 5-8）。最低分解电压为优先发生的氧化反应的极化电极电势与优先发生的还原反应的极化电极电势的差。

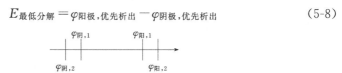

$$E_{最低分解} = \varphi_{阳极,优先析出} - \varphi_{阴极,优先析出} \tag{5-8}$$

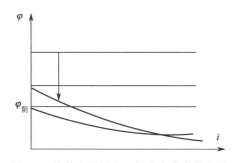

图 5-7　为什么阴极上，析出电位高的离子　图 5-8　为什么阳极上，析出电位低的离子
　　　先放电（因为阴极电位是逐步降低的）　　　　先放电（因为阳极电位是逐步升高的）

5.1.4.2　影响析出电势的因素

（1）离子及其相应电对在标准电极电势表中的位置

在阴极，标准电极电势代数值较大的氧化态物质（正离子）最先在阴极还原。在阳极，标准电极电势代数值较小的还原态物质（阳极金属或负离子）最先在阳极氧化。

（2）离子浓度

离子浓度对电极电势的影响可以根据能斯特方程式进行计算。对于简单离子，一般为 $0.1 \sim 6\text{mol/L}$，浓度对电极电势的影响不大；对于 H^+ 及 OH^-，溶液 pH 值对电极电势产生的影响较大。例如在中性溶液（如 Na_2SO_4 溶液）中，$pH = 7$，$\varphi(H^+/H_2) = -0.414\text{V}$。

（3）电解产物的超电势

有关电解产物的超电势数值，可通过查阅有关手册得到。阴极超电势使阴极析出电势代数值减小。例如当电流密度为 100A/m^2 时，H_2 在铁电极上的超电势为 0.56V。阳极超电势使阳极析出电势代数值增大。例如当电流密度为 100A/m^2 时，O_2 在石墨电极上的超电势为 0.90V。

5.1.4.3　简单盐类水溶液电解产物的一般情况

（1）阴极

金属析出电势　$\varphi(M^{z+}|M) = \varphi^{\ominus}(M^{z+}|M) - \dfrac{RT}{zF}\ln\dfrac{1}{a_{M^{z+}}}$ \hfill (5-9a)

氢析出电势　$\varphi(H^+|H) = -\dfrac{RT}{F}\ln\dfrac{1}{a_{H^+}} - \eta_{H_2}$ 　　　　(5-9b)

各种金属析出的过电势一般都很小（电流密度较小时）。

① 电极电势代数值比 H^+ 大的金属正离子首先在阴极还原析出；一些电极电势比 H^+ 小的金属正离子如 Zn^{2+}、Fe^{2+} 等则由于 H_2 的超电势较大，在酸性较小时，这些金属正离子的析出电势代数值仍大于 H^+ 的析出电势，所以在一般情况下它们也较 H^+ 易于被还原而析出。如果电解池的电压很大，则氢气也能够与这些金属一起在阴极析出。所以在电解过程中，一方面应注意因电解池中溶液浓度的改变所引起的反电动势的改变，同时还要注意控制外加电压不宜过大，以防止 H_2 也在阴极同时析出。

② 标准电极电势代数值较小的金属离子，如 Na^+、K^+、Mg^{2+}、Al^{3+} 等在阴极不易被还原，而是水中的 H^+ 被还原成 H_2 而析出（要还原 Na^+、K^+、Mg^{2+} 等为相应金属必须采用相应的熔融盐进行电解）。

（2）阳极

阳极物质析出电势　$\varphi(A|A^{z-}) = \varphi^{\ominus}(A|A^{z-}) - \dfrac{RT}{zF}\ln a_{A^{z-}} + \eta_a$ 　　(5-10)

① 金属材料除 Pt 等惰性电极外，如 Zn 或 Cu、Ag 等作阳极时，金属阳极首先被氧化成离子而溶解。

② 用惰性材料作电极时，溶液中存在 S^{2-}、Br^-、Cl^- 简单离子时，如果从标准电极电势数值来看，$\varphi(O_2/OH^-)$ 比它们的要小，似乎应该是 OH^- 在阳极上易于被氧化而产生氧气。然而由于溶液中 OH^- 浓度对 $\varphi(O_2/OH^-)$ 的影响较大，再加上 O_2 的超电势较大，OH^- 析出电势可大于 1.7V，甚至还要大。因此在电解 S^{2-}、Br^-、Cl^- 等简单负离子的盐溶液时，在阳极可以优先析出 S、Br_2 和 Cl_2。

③ 用惰性阳极，溶液中存在复杂离子如 SO_4^{2-} 等时，由于其电极电势代数值 $\varphi(S_2O_8^{2-}/SO_4^{2-}) = 2.01V$ 比 $\varphi(O_2/OH^-)$ 还要大，因而一般都是 OH^- 首先被氧化而析出氧气。以石墨作阳极，铁作阴极，在电解 NaCl 浓溶液时，在阴极能得到氢气，在阳极能得到氯气；在电解 $ZnSO_4$ 溶液时，在阴极能得到金属锌，在阳极能得到氧气。

5.1.5　金属离子的分离和离子共同析出

如果电解液中含有多种金属离子，则可通过电解的方法把各种离子分开。为了使分离效果较好，后一种离子反应时，前一种离子的活度应减少到 10^{-6} 以下，这样要求相邻两种离子的析出电势必须相差足够的数值，一般至少要差 0.2V 以上，否则分离不完全。例如 25℃ 时，电解含有 Ag^+、Cu^{2+}、Cd^{2+} 离子的溶液，假定溶液中各离子的活度均为 1，则

$$Ag^+(a=1)+e^-\longrightarrow Ag(s) \quad \varphi(Ag^+/Ag)=\varphi^{\ominus}(Ag^+/Ag)=0.799V$$
$$Cu^{2+}(a=1)+2e^-\longrightarrow Cu(s) \quad \varphi(Cu^{2+}/Cu)=\varphi^{\ominus}(Cu^{2+}/Cu)=0.337V$$
$$Cd^{2+}(a=1)+2e^-\longrightarrow Cd(s) \quad \varphi(Cd^{2+}/Cd)=\varphi^{\ominus}(Cd^{2+}/Cd)=-0.403V$$

显然，从热力学趋势上看，析出的顺序应是 Ag—Cu—Cd。在上述溶液中，当阴极电势达到 +0.799V 时，Ag 首先开始析出。随着 Ag 的析出，阴极电势逐渐下降。当阴极电势降低到 Cu 开始析出的 0.337V 时，Ag^+ 浓度已降至 1.58×10^{-8} mol/kg，相应 $E_{分解}$ 增大。而当阴极电势降至第三种金属 Cd 开始析出的 $-0.403V$ 时，Cu^{2+} 的浓度已降至 10^{-25} mol/kg，可以认为已经分离得非常完全了。

要使两种离子（1，2）同时在阴极析出，就必须使它们具有相近的析出电势，即

$$\varphi^{\ominus,1}+\frac{RT}{z_1F}\ln a_1+\eta_1=\varphi^{\ominus,2}+\frac{RT}{z_2F}\ln a_2+\eta_2 \tag{5-11}$$

从上式可以看出，选择或调整标准电极电势、浓度和超电势的数值，就能使两种离子同时析出。电解法制造合金就是依据这一原理。例如 a. $\varphi^{\ominus}(Sn^{2+}+2e^-\longrightarrow Sn)=-0.136V$，$\varphi^{\ominus}(Pb^{2+}+2e^-\longrightarrow Pb)=-0.126V$，两者只相差 10mV，而且 η 值都不大，只要适当调节离子的浓度就可以使两者同时析出。b. 当两种离子的标准电极电势相差不大（如在 0.2V 以内），而且两者的阴极极化曲线的斜率不同，则当电流密度增大到某一数值后，也可使两者共同析出。c. 如果两种金属的标准电极电势相差很大，例如电镀铜锌合金时，$\varphi^{\ominus}(Zn^{2+}+2e^-\longrightarrow Zn)=-0.763V$，$\varphi^{\ominus}(Cu^{2+}+2e^-\longrightarrow Cu)=0.337V$，以致在简单盐溶液中，无法使两者共同析出。而在加入配合剂 NaCN 后，由于生成了配离子，使得铜的平衡电势变为 $-0.763V$，锌为 $-1.108V$，两者相差 0.345V，再加上两者的超电势也不相同，例如在阴极电流密度为 0.005A/cm^2 时，铜的超电势为 $-0.685V$，锌的超电势为 $-0.316V$，因此铜的析出电势为 $-1.448V$，锌的析出电势为 $-1.424V$，两者仅相差 0.024V，在这样的条件下，就可以使铜、锌同时析出，从而实现锌铜合金电镀。

5.2　电极反应的若干基础知识

5.2.1　电极反应的特点

电极反应通常发生在"电极/电解质"界面。电极本身既是传递电子的

介质，又是电化学反应的基体，电极本身相当于一个催化剂，甚至电极本身有时也参加反应。电极反应是一种有电子参加的特殊的异相氧化还原反应，其特殊性在于电极表面上存在的双电层，且电极表面电场的强度和方向可以在一定范围内自由地和连续地改变，换言之，在电极表面上有可能随意地控制电极表面的"催化活性"与反应条件。因而就可以在一定范围内自如地改变电极反应的活化能和反应速度。因此电极反应的特点很类似于异相催化反应，但也有其自身的特点，主要体现在表面电场对电极反应速度的影响。

① 反应在两相界面上发生，反应速度与界面面积及界面特性有关。

② 反应速度在很大程度上受电极表面附近液层中反应物或产物传质过程的影响，特别是反应物浓度较低或产物浓度较大时。

③ 多数电极反应与新相（如气体、晶体）的生成过程密切相关。

④ 界面电场对电极反应速度有很大影响，界面电位只要改变 0.1V，反应速度可增加 10 倍左右。

⑤ 反应速度容易控制，只要改变电极电位就可以使通过电极的电流维持在任何数值上，也可以方便地使正在激烈进行的反应立即停止，甚至可使电极反应立即反方向进行。这些在其它化学反应中都是无法实现的。

⑥ 电极反应一般在常温常压下进行。

⑦ 反应所用氧化剂或还原剂为电子，环境污染小。

5.2.2　电极反应速率的表示方法

电极反应是发生在"电极/溶液"界面上的有电子参与的一种界面反应，因此电极反应的速率，可用单位表面上、单位时间内发生反应的电子的量来表示，即电极反应的速率可以用通过电极的电流密度来表示。设电极反应为

$$v_A A + v_B B + \cdots + ze^- \Longrightarrow -v_P P - v_Q Q - \cdots \quad (5\text{-}12)$$

式中，v_A、v_B、v_P、v_Q 等为各种粒子的"反应数"，反应数的符号为还原反应的粒子用正号，对参加氧化反应的粒子则用负号；又电子的反应数常用 z 表示（恒为正值）。若 i 粒子在电极上的反应速度 r 为

$r = -\dfrac{1}{s} \times \dfrac{dn}{dt}$ [单位：mol/(cm² · s)]，则相应的电流密度（A/cm²）为

$$i = -\frac{1}{s} \times \frac{dQ}{dt} = -\frac{1}{s} \times \frac{zF dn}{v_i dt} = -\frac{zF}{v_i} \times \frac{dn}{s dt} \quad (5\text{-}13)$$

故 $i = \dfrac{zF}{v_i} r$（即 $r \propto i$）　　　　　　　　　　　　　(5-14)

式中，$F = 96500 C/mol$，n 为摩尔数，s 为电极面积。当 $v_i > 0$（还原反

应），$i_c > 0$；当 $v_i < 0$（氧化反应），$i_a < 0$。即还原电流为正电流（图 5-9），而氧化电流为负电流。不过在本章的 5.4.3 中，i_a、i_c 是绝对反应速度，因而都是正值。需要着重指出：绝不能将 i_a 和 i_c 与外电路中电流（I）混为一谈，更不要误认为 i_c 和 i_a 是电解池中"阳极上"和"阴极上"的电流密度。i_a 和 i_c 总是在同一电极上出现的。不论在电化学装置中的阳极上或阴极上，都同时存在 i_a 和 i_c。电极反应的净电流密度（这才是可以用测量仪表测出的）为阴极还原反应和阳极氧化反应的电流密度之和，因而净电流也有正负之分，一般以阴极电流为正电流，而阳极电流为负电流（图 5-10）。如下式所示。

$$i = i_a + i_c \begin{pmatrix} i_a \to 阳极电流密度 \\ i_c \to 阴极电流密度 \end{pmatrix} \begin{matrix} 当\ i>0,则净反应为还原反应 \\ 当\ i<0,则净反应为氧化反应 \\ 当\ i=0,电极处于平衡状态 \end{matrix} \quad (5\text{-}15)$$

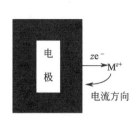

图 5-9　还原过程电流方向示意

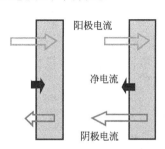

图 5-10　$i = i_a + i_c$ 示意

当 $i = 0$，$|i_a| = i_c$，反应处于动态平衡（$\varphi = \varphi_平$），此时电极的氧化和还原两个方向正好相反的反应仍在不断进行，只是速度相等而宏观上观察不到变化，即没有净反应发生。电极处于电化学平衡时，正向与逆向电流密度相等时，其单向电流密度的绝对值叫交换电流密度（exchange current density）。通用符号 i^0。在电极材料、电极表面状态、溶液浓度和温度一定时，i^0 为常数。当电极上有净的还原反应或氧化反应发生，外加电势 φ_i 必然要比平衡电势 φ_r 更负或更正，其偏差程度可由超电势 η 来度量。在一般情况下，电势增加，电流密度增大，但在某种特定条件下，电势增加电流密度不再增大，这时的电流密度叫极限电流密度 i_d。

$$i^0 = |i_a^0| = i_c^0 \begin{cases} i^0\ 较大 & 平衡容易到达 \\ i^0\ 小 & 平衡不易到达 \end{cases} \quad (5\text{-}16)$$

5.2.3　电极反应的基本历程

电极动力学过程是一个复杂得多步骤过程，它由下列基元步骤串联组成

（图 5-11）。

① 反应粒子向电极表面的传递——液相传质步骤。

② 反应粒子在电极表面的吸附或在界面附近发生前置化学反应——前置表面转化步骤。

③ 反应物质在电极上得失电子生成产物——电化学步骤。

④ 产物在电极表面发生可能的后续化学反应或自电极表面的脱附——后置表面转化步骤。

⑤ 产物形成新相，例如生成气泡或固相沉积层——新相形成步骤；或产物粒子自电极表面向液相中扩散或向电极内层扩散——扩散传质步骤。

某些电极反应可能更复杂一些。例如反应历程中包括平行进行（并联）的分部反应或某些反应产物对电极反应有"自催化"作用。

在电极过程的一系列步骤中，最重要的有（图 5-12）：a. 反应物向电极表面转移——扩散；b. 在电极表面发生氧化还原反应，进行电子转移，形成产物——电极反应；c. 产物向溶液本体扩散——扩散。若扩散步骤慢——浓差极化；若电极反应慢——电化学极化。

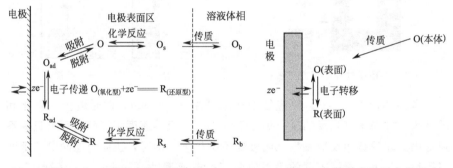

图 5-11　电极反应的一般机理　　　　图 5-12　简单电极反应机理

5.2.4　电极过程的控制步骤

如前所述，一个电极过程可能包含若干种不同的步骤。当电极反应稳态进行时，每个串联步骤进行的净速度是相同的，但这些步骤进行的难易程度往往是不同的。

设想有一群人搬运货物，沿途需要经过 1、2、…、n 个山头，最后到达目的地（图 5-13）。每个人负责一个山头（例如，i 人从左侧山谷爬到山顶后，将货物滚到右侧山谷，以此将货物传递给 $i+1$ 人）。假定将货物从左侧山谷滚到右侧山谷很容易实现，其中的工作量不予考虑，那么正反应可以理解为从左侧山谷爬到山顶运输货物的过程，而逆反应则可以理解为从山顶返回左侧山谷接运货物的过程，活化能就可以理解为从左侧山谷到山顶的高度——设为山头的高度。串联反应的（净）反应速度则可这样理解：山头 i 最高，因此 i 人最困难，例如他 1 天只能净输送货物 10 个，$i-1$ 人和 $i+1$ 人则分别具备净输送货物 1000 个和 100 个的能力，尽管 $i-1$ 与 $i+1$ 都有余力，但 $i-1$ 输送速度加快，i 也消化不了；而 $i+1$ 则必须等待 i。因此，当反应稳态进行时，所有步骤的反应速度相等，净反应速度由其中最困难的步骤决定。

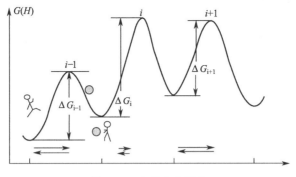

图 5-13　串联反应示意

对于一个串联进行的反应（例如前述搬运货物），假如所有 $n-1$ 个人都是很快的，其中只有一个人慢，则整个输送速度就会下降。这最慢的一个人就形成"瓶颈"，整个反应的速率往往决定于其中速率最慢的一步，这最慢的一步就称为速率控制步骤。电极反应的总体动力学规律总是与控制步骤相一致：a. 当电极上消耗的物质不能及时补充或生成物质不能及时扩散开时，将出现浓差过电压；b. 当电荷转移成为控制步骤时，则表现为活化过电压；c. 化学反应成为控制步骤时，则表现出反应过电压；d. 当析出产物呈固态时，出现结晶过电压。

整个电极反应的进行速度由"最慢"的步骤（即反应相对最困难的步骤）决定。而其它"快步骤"可近似认为在平衡状态下进行的，因而可用热力学方法处理。若某电极反应速度由液相中的传质速度所决定，则知道了电极表面附近的反应粒子的浓度，就可以利用 Nernst 公式来计算电极电势。又当某一电极反应单纯地受电化学步骤的反应速度所控制，就可以用吸附等温式来计算表面吸附量，采用平衡常数来处理表面层中的化学转化平衡等；但是，却不能用 Nernst 公式来计算电极电势。

可以通过改变传质条件或电极电位来改变电极的控制步骤。例如：a. 液相的传质步骤往往进行得比较慢，因而常形成控制整个电极反应速度的限制性步骤。因此可用加强搅拌的方法来提高液相传质速度及电极反应速度［图 5-14(a) 中"扩散区"］。如果其它表面步骤（例如电子得失步骤）进行得不够快，则当液相传质速度提高到一定程度后就会出现新的控制步骤（例如电子得失步骤）。继续加大搅拌强度并不能进一步提高反应速度［图 5-14(a) 中"电化学控制区"］。b. 如果大大增加电化学控制的电极反应的超电势，电极反应速度明显提高，那么扩散步骤就可能形成新的控制步骤［图 5-14(b)］。在控制步骤的转化过程中总会经历一个同时存在两种控制步骤的过渡阶段，此时整个反应的动力学特征表现得比较复杂。习惯常称这时反应处在"混合控制区"（或简称"混合区"）。

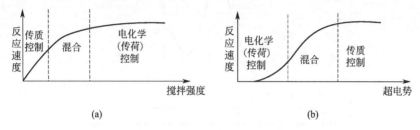

图 5-14　改变搅拌强度或 η 时控制步骤的转化

5.2.5　如何研究电极过程动力学

研究电极过程动力学通常需要明晰下列三个方面的情况。

① 弄清整个电极反应的历程，即所研究的电极反应包括哪些步骤以及它们的组合顺序。

② 在组成电极反应的各个步骤中，找出决定整个电极反应速度的控制步骤。若反应处在"混合区"，则存在不止一个控制步骤。

③ 测定控制步骤的动力学参数（也就是整个电极反应的动力学参数）及其它步骤的热力学平衡常数。

这三方面研究的关键往往在于识别控制步骤和找到影响这一步骤进行速度的有效方法，以消除或减少由于这一步骤进行缓慢而带来的各种限制。

5.3　"电极/溶液"界面附近液相中的传质过程

5.3.1　研究液相中传质动力学的意义

当液相对流速度比较小时，许多电极反应的控制步骤是液相中反应粒子的扩散。由于整个电极反应只显示液相传质步骤的动力学特征，致使获得一些快速分部步骤的动力学特征变得困难。当反应处在混合区时，可以利用传质动力学规律来校正液相传质步骤的干扰作用。但是此时可以利用由液相传质速度所控制的电极过程来测定扩散系数和组分浓度等。

当反应粒子浓度为 1mol/L 时，若不搅拌溶液，仅靠自然对流引起的传质过程所能达到的电流密度上限约为 $0.01 \sim 0.1 A/cm^2$；实际电化学装置中采用的最高电流密度极少超过几个 A/cm^2；采用了目前能实现的最强烈的搅拌措施，可以将上限提高到约为 $10 \sim 100 A/cm^2$；而理论上（假定反应粒子与电极表面的每一次碰撞都能引起电化学反应）电极反应的最大速度可达到约 $10^5 A/cm^2$。以上数据表明电极反应的潜力还远远没有被发挥出来。另一方面，也可以通过减缓液相传质速度（例如金属表面的涂层可以阻挡腐蚀介质的传输）来延缓电化学反应速度（降低了金属的腐蚀速度）。

5.3.2 扩散、电迁移、对流

液相中的传质方式（图 5-15）包括：扩散、电迁移、对流。所谓对流（convection）传质是指物质的粒子随着流动的液体而移动。显然这是溶液中的溶质和溶剂同时移动。

$$
\text{引起对流的原因}
\begin{cases}
\text{自然对流} & \text{溶液中存在密度差和温度差} \\
\text{人为搅拌（强制对流）}
\end{cases}
$$

水溶液的黏度一般不大，因此在大多数实用电化学装置中，只要适当放置电极，仅依靠自然对流就足以维持常用的液相传质速度和电流密度。根据银锌电池的容量和输出功率在失重条件下的大幅下降可以体会到自然对流在常用电化学设备中的巨大作用。

如果溶液中某一组分存在浓度梯度，那么即使在静止液体中也会发生该组分自高浓度处向低浓度处转移的现象，称为扩散（diffusion）现象。显然这是溶质相对溶剂的运动。在稳态扩散的条件下，由于扩散引起的流量可由菲克第一定律（Fick's first law）描述，即单位时间内通过垂直于扩散方向的单

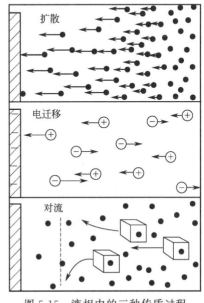

图 5-15 液相中的三种传质过程

位面积的扩散物质量（通称扩散通量）与该截面处的浓度梯度成正比。

扩散系数——单位浓度梯度作用下该粒子的扩散传质速度。单位 m^2/s

$$J = -D \frac{dc}{dx} \quad (5\text{-}17)$$

扩散通量 $mol/(m^2 \cdot s)$ 或 $kg/(m^2 \cdot s)$　　浓度梯度

"—"表示扩散方向为浓度梯度的反方向，即扩散由高浓度向低浓度区进行

如果 i 粒子带有电荷，则在电场中，粒子受静电吸引而运动，所以有：

$$传质总流量＝扩散流量＋电迁流量＋对流流量$$

即，$J_总 = J_{扩散} + J_{电迁} + J_{对流}$　　(5-18a)

对流不引起净电流，不考虑，有 $J_总 = J_{扩散} + J_{电迁}$　　(5-18b)

因为 $r_{电迁} = t_i \times \frac{i}{zF}$，所以 $t_i \downarrow$，$J_{电迁} \downarrow$。当加入大量支持电解质（这一条件可以理解为惰性电解质的浓度超过反应粒子浓度 50 倍以上）时，$t \approx 0$，$J_{电迁} \to 0$，从而有 $r_{传质} \approx r_{扩散}$。如此可以设法将迁移速率和对流速率降至最低而忽略不计，使扩散速率占据总速率的 99% 以上。在这种情况下，传质控制就称为扩散控制。

在远离电极表面的液体中，传质过程主要依靠对流作用来实现，而在电极表面附近薄层液体中，起主要作用的是扩散传质过程。为了简单，在讨论时常常是假设扩散是溶液中唯一的传质方式，然后再进一步考虑其它传质方式对扩散传质的影响（参见表 5-1）。

阴离子阴极还原，如 $Cr_2O_7^{2-} \longrightarrow Cr$
阳离子阳极氧化，如 $Fe^{2+} \longrightarrow Fe^{3+}$　　⇨　扩散与电迁方向相反

阴离子阳极氧化，如 $OH^- \longrightarrow O_2$
阳离子阴极还原，如 $Cu^{2+} \longrightarrow Cu$　　⇨　扩散与电迁方向相同

表 5-1　液相中的三种传质过程

过　程		起　因	特　点
扩散		浓度梯度	只有溶质移动
迁移		电场梯度	带电离子在电场下移动
对流	自然对流	密度梯度重力梯度	溶液中的溶质和溶剂同时移动
	强制对流	搅拌	

5.3.3　理想状态下的稳态扩散

在图 5-16(a) 中，电解池由容器 A 及焊接在其侧方长度为 l 的毛细管所组成，两个电极则分别装在容器 A 和毛细管末端中。由于采取了搅拌措施，并假设溶液的总体积较大以及电解持续时间不太长，因此可以认为容器 A（对流区）中不出现浓度极化，其中反应粒子 i 的浓度（c_i）不随时间变化，且等于初始浓度 c_i^0。与此相反，可以认为毛细管中的液体基本上是静止的，因而其中仅存在扩散传质过程（扩散区）。

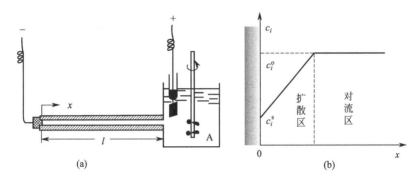

图 5-16　理想情况下电极表面液层中反应粒子的测试装置及其浓度分布

设通过电流时 i 能在位于毛细管末端的电极上反应，则电极附近将出现 i 粒子的浓度极化，并不断向 x 增大的方向发展，直至 $x=l$ 处不再发展，即达到稳态，此时毛细管内各点 c_i 不再变化。故 i 的流量必为常数。根据式 (5-17)，此时应有 $\mathrm{d}c_i/\mathrm{d}x=$ 常数，由此可知毛细管内反应粒子的浓度呈线性分布 [图 5-16(b)]。若电解时设法保持 $x=0$ 处电极表面上的 c_i 为恒定值（$=c_i^s$），则达到稳态后毛细管内的浓度梯度由下式表示。

$$\frac{\mathrm{d}c_i}{\mathrm{d}x}=\frac{c_i(x=l)-c_i(x=0)}{l}=\frac{c_i^0-c_i^s}{l} \tag{5-19}$$

代入式 (5-17) 后得到稳态下的流量为：$J_{扩,i}=-D_i\dfrac{c_i^0-c_i^s}{l}$ 　(5-20)

式中，负号表示反应粒子的流动方向指向电极表面。与式 (5-20) 相应的稳态扩散电流密度则为 $i_{扩散}=\dfrac{zF}{v_i}\times(-J_{扩,i})=\dfrac{zF}{v_i}\times D_i\times\dfrac{c_i^0-c_i^s}{l}$ 　(5-21)

显然，相应于 $c_i^s\to 0$（称为"完全浓度极化"），i 将趋近极限值——极

157

限扩散电流密度（$i_{极限}$或i_d） $i_{极限} = \dfrac{zF}{v_i} \times D_i \times \dfrac{c_i^0}{l}$ (5-22)

5.3.4 平面电极上切向液流中的传质过程

假设平面电极表面存在某种粒子的浓度梯度厚度为δ。若溶液中存在对流现象，则在扩散层内部（$0 < x < \delta$）也不存在完全静止的液层，其中的传质过程仍然是扩散和对流两种作用的联合效果。即使在稳态下，扩散层中各点的浓度梯度亦非定值（图 5-17）。然而，考虑到在$x=0$处不存在对流，所以可以根据$x=0$处的浓度梯度值来计算δ_i的有效值。

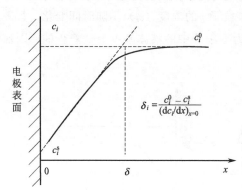

图 5-17 电极表面液层中反应粒子的浓度分布（实际情况）

达到稳态后电极附近浓度梯度由下式表示。

$$\frac{dc_i}{dx} = \frac{(c_0 - c_s)}{\delta} \qquad (5\text{-}23)$$

代入式(5-17) 后得到稳态下的流量为： $J_{扩散} = -D_i \dfrac{(c_0 - c_s)}{\delta}$ (5-24)

$$i_{扩散} = \frac{zF}{v_i} \times (-J_{扩散}) = \frac{zF}{v_i} \times D_i \times \frac{c_0 - c_s}{\delta} \qquad (5\text{-}25)$$

$c_s = f$（电化学反应阻力，扩散阻力），电化学阻力↓，扩散阻力↑，c_s↓。若电极表面的电化学反应很快（电化学阻力很小），则$c_i^s \to 0$（完全浓度极化），$i_{扩散} \to i_{max}$——$i_{极限}$。

$$i_{极限} = \frac{zF}{v_i} \times D_i \times \frac{c_0}{\delta} \qquad (5\text{-}26)$$

同时易得 $i_{扩散} = i_{极限}\left(1 - \dfrac{c_s}{c_0}\right)$ (5-27)

由式(5-27) 立即得到$\dfrac{c_s}{c_0} = 1 - \dfrac{i_{扩散}}{i_{极限}}$ (5-28a)

和 $c_s = c_0\left(1 - \dfrac{i_{扩散}}{i_{极限}}\right)$ (5-28b)

利用式(5-27) 可以计算通过电流时反应粒子表面浓度的变化。由于推导式(5-27) 时只涉及液相传质过程，因而不论电极反应历程中是否还包括其它的慢步骤，这一式子均正确。

$$影响 i_{扩散} 的因素 = \begin{cases} 温度\ T\uparrow,\ D\uparrow,\ i_{扩散}\uparrow \\ 搅拌\ \delta\downarrow,\ i_{扩散}\uparrow \\ \eta_{浓差}\uparrow,\ i_{扩散}\uparrow \\ c_0\uparrow,\ i_{极限}\uparrow \\ 物性\ D=\dfrac{kT}{6\pi r\eta};\ (r—溶剂化离子半径,\ \eta—溶液黏度,\ k—Boltzman\ 常数) \end{cases}$$

在同一电极上与同一液流条件下，反应粒子扩散层的厚度与其扩散系数有关。扩散系数愈大，相应的扩散层也愈厚。当不搅拌溶液时，δ 的有效值约为 $(1\sim5)\times10^{-2}\,cm$。当电极上有大量气体析出时，$\delta$ 可减小约一个数量级。但是，即使很猛烈地搅拌溶液，在一般情况下 δ 的有效值也不会小于 $10^{-4}\,cm$。

$i_{极限}$ 应用：a. 估计电极反应最大速率。c_0 一定，$i\leqslant i_{极限}$，改变电极电势，不能改变电流密度。b. 极谱分析基础。若 D 一定，δ 一定，则 $i_{极限}\propto c_0$，测 $i_{极限}$，得 c_0。c. 实验测定 δ。

5.3.5 浓差极化曲线

假定某一纯粹由液相传质步骤控制的阴极反应的净反应为 $O+ze^- \longrightarrow R$。式中，O 表示"氧化态"（反应粒子），R 表示"还原态"（反应产物）。假设反应开始前已有 $a_R^s=1$，或是通过电流后很快达到 $a_R^s=1$，即反应产物生成独立相，例如金属离子的还原 $Me^{z+}+ze^-=Me$，$c_s<c_0$（参见图5-18）。

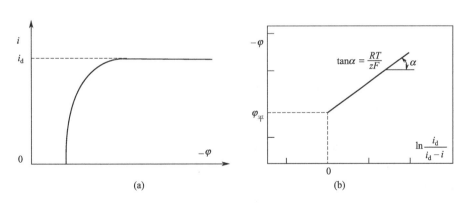

图 5-18 当电极反应速度为扩散控制时的极化曲线，反应产物的活度为恒定值

将式(5-28a)代入式(5-2)，可得：

$$\eta_{浓差}=\frac{RT}{zF}\ln\frac{i_{极限}}{i_{极限}-i_{扩散}} \qquad —— 浓差极化方程 \qquad (5-29)$$

$$\therefore \eta_{浓差} = -\frac{RT}{zF}\ln\left(1-\frac{i_{扩散}}{i_{极限}}\right) \quad [由式(5\text{-}29)\ 可得] \tag{5-30}$$

$\therefore \eta_{浓差}$（或 $\varphi_{不可逆}$）与 $\ln\left(1-\dfrac{i_{扩散}}{i_{极限}}\right)$ 呈线性关系，作 $\eta_{浓差}\sim$ $\ln\left(1-\dfrac{i_{扩散}}{i_{极限}}\right)$ 图得直线，斜率 $=-(RT/zF)$，可求得 z。当 $i_{扩散}$ 很小时，将 $\ln\left(1-\dfrac{i_{扩散}}{i_{极限}}\right)$ 展开得 $-\dfrac{i_{扩散}}{i_{极限}}$。

故　　$\eta_{浓差} = \dfrac{RT}{zF}\times\dfrac{i_{扩散}}{i_{极限}}$ ⟹ $\eta_{浓差}$（或 $E_{不可逆}$）与 $i_{扩散}$ 呈线性关系

$$\tag{5-31}$$

作 $\eta_{浓差}$（或 $\varphi_{不可逆}$）$\sim i_{扩散}$ 图，斜率 $=\dfrac{RT}{zFi_{极限}}$ 可求出 $i_{极限}$。

若反应产物可溶，在这种情况下 $a_R^s \neq 1$，因而首先需要计算反应产物的表面浓度。详细介绍请参阅文献 1。

5.3.6　稳态扩散与非稳态扩散

在稳态扩散中，单位时间内通过垂直于给定方向的单位面积的净原子数（称为通量）不随时间变化，即任一点的浓度不随时间变化，$\dfrac{dc}{dt}=0$。在非稳态扩散中，通量随时间而变化。则反应粒子的浓度同时是空间位置与时间的函数，在扩散过程中扩散物质的浓度随时间而变化，$\dfrac{dc}{dt}\neq 0$，$c=f(t,x)$。非稳态扩散时，在一维情况下，菲克第二定律的表达式为

$$\frac{\partial c}{\partial t} = D\frac{\partial^2 c}{\partial x^2} \tag{5-32}$$

式中，c 为体积浓度（mol/m^3 或 kg/m^3）；t 为扩散时间（s）；x 为扩散距离（m）；D 为扩散系数。Fick 第二定律可从 Fick 第一定律导出。若移入某一体积单元的 i 粒子的总量不同于移出的总量，则该单元中将发生 i 粒子的浓度变化。图 5-19 中两个与 x 方向正交的截面 1，2 之间相距 dx，两个截面上 i 粒子的扩散流量分别应为 J_1，J_2。

当"电极/溶液"界面上进行着电化学反应时，由于反应粒子不断在电极上消耗而反应产物不断生成，因此在电极表面附近的液层中会出现这些粒子的浓度极化。同时在电极表面液层中也往往出现导致浓度变化减缓的扩散传质和对流传质过程。在电极反应的初始阶段，由于反应粒子浓度变化的幅度与范围还比较小，指向电极表面的液相传质过程不足以完全补偿由于电极

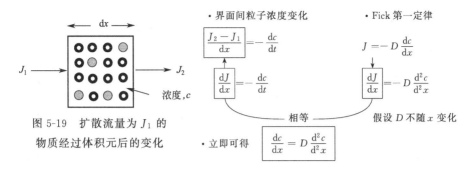

图 5-19 扩散流量为 J_1 的
物质经过体积元后的变化

反应所引起的消耗，因而电极表面液层中浓度变化的幅度与范围愈来愈大。
这时浓度极化处在发展阶段，或者说传质过程处在"非稳态阶段"或"暂态
阶段"。随着浓度极化的发展，扩散传质和对流传质的作用增强，使浓度极
化的发展愈来愈缓慢。尤其是浓度极化的范围延伸到对流传质较强的区域，
就出现了"稳态"过程。这时表面液层中浓度极化仍然存在，然而，却不再
发展。

$$\text{浓度极化} \downarrow \xrightleftharpoons[\text{扩散与对流补给}]{\text{电极反应消耗}} \text{浓度极化} \uparrow$$

严格地说，大多数液相传质过程都具有一些非稳态性质。若溶液中反应
粒子不能通过另一电极反应或外面加入而得到连续补充，那么由于反应粒子
不断在电极上消耗，反应粒子的整体浓度总是逐渐减小的。只有当通过的电
量比较少，可以忽略反应粒子整体浓度的变化时，才能近似地认为存在稳态
扩散过程。

5.3.7 静止液体中平面电极上的非稳态扩散过程

由于非稳态扩散过程通常局限在电极表面的薄层液体中，因此只要电极
的尺寸或电极表面曲率半径不太小，大都可以近似地当作平面电极。处理电
极表面上的非稳态扩散过程时，一般从 Fick 第二定律出发。首先求出各处
粒子浓度随时间的变化式 $[c_i(x,t)]$，然后利用式 $J_{\text{扩},i} = -D_i(\partial c_i/\partial x)_t$ 和
$i(t) = \dfrac{zF}{v_i} \times D_i \times \left(\dfrac{\partial c_i}{\partial x}\right)_t$ 求得各点流量和瞬间扩散电流。由于 Fick 第二定律
是一个二阶偏微分方程，因此只有在确定了初始条件及两个边界条件后才有
具体的解。一般求解时常作下列假定。

① $D_i = $ 常数，即扩散系数不随扩散粒子的浓度改变而变化。

② $c_i(x,0) = c_i^0$。其中，c_i^0 称为 i 粒子的初始浓度，时间则是由接通极
化电路的那一瞬间开始计算；即开始电解前扩散粒子完全均匀地分布在液

161

相中。

③ $c_i(\infty,t)=c_i^0$。即距离电极表面无穷远处总不出现浓度极化——半无限扩散条件。所谓"半"无限扩散，系指扩散只在"电极/溶液"界面的一侧（一般为 $x>0$ 一侧）进行。若液相的体积不太小，由于非稳态扩散过程进行的时间较短，在远离电极表面的液层中就不会发生可察觉的浓度极化。

④ 电解时在电极表面上（$x=0$ 处）所维持的具体极化条件——另一个边界条件。

一种常见极化方式称为"浓度阶跃法"，极化开始前后电极表面反应粒子的浓度变化如图 5-20 所示。浓度阶跃往往是通过极化电势的阶跃来实现的，因此这种极化方法又常称为"电势阶跃法"。实现这种极化主要有两种途径：a. 电极反应中只涉及一种可溶性反应粒子，且极化时电极表面上的电化学平衡基本上没有受到破坏，则只要维持一定的电极电势就可以使反应粒子的表面浓度保持不变，即 $c_i(0,t)=c_i^s=$ 常数。b. 在电极上加上足够大的极化电势，以致反应粒子的表面浓度与 c_i^0 相比较时小到可以忽略不计，那么即使并不精确地将电极电势保持在某一定值也可以导致 $c_i(0,t)=0$。当满足 $c_i(0,t)=0$ 时常称为在电极表面上保持"完全浓度极化"条件。当溶液中仅存在自然对流时，稳态扩散层的有效厚度约为 $10^{-2}\,cm$。根据计算，非稳态扩散层达到这种厚度只需要几秒钟（图 5-21）。如果采取搅拌措施使扩散层减薄，则非稳态过程的持续时间还要更短一些。然而，如果电极反应不生成气相产物，则在小心避免振动和仔细保持恒温的情况下，非稳态过程也可能持续几分钟以上。在凝胶电解质中或在失重的条件下，非稳态过程的持续时间还要更长。

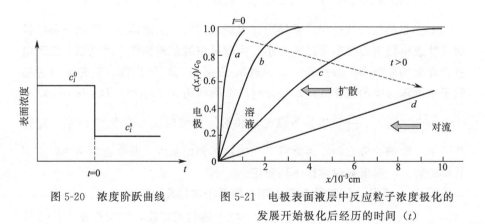

图 5-20　浓度阶跃曲线　　　图 5-21　电极表面液层中反应粒子浓度极化的
　　　　　　　　　　　　　　　　　　发展开始极化后经历的时间 (t)

　　　　　　　　　　　　　　　　a—0.1s；b—1s；c—10s；d—100s

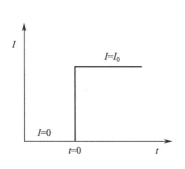

图 5-22 电流阶跃曲线

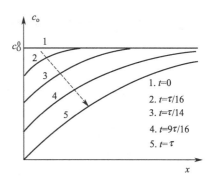

图 5-23 恒流极化时电极表面液层
中反应粒子浓度极化的发展

若开始极化后在电极表面上通过的极化电流密度保持不变,则称为"恒电流"极化或"电流阶跃法"(图 5-22)。图 5-23 中的 τ 为时间常数,即非稳态过程持续的时间。

5.3.8 双电层充放电对暂态电极过程的影响

在上面的讨论中,均不曾考虑界面双电层的存在及其影响。然而在暂态过程中当电极电势变化时,外电路输入的电流一部分用于电极反应,另一部分则耗用在双电层的充放电过程——电容电流。例如当采用电势阶跃法时,理论上电极电势应在开始极化的那一瞬间突跃至设定的数值,而实际上电极电势必须经历一段"过渡时间"(一般不少于几个微秒,见图 5-24 中 τ)才能到达设定值,而在这段时间里,由于电极电势并未达到预选值,反应粒子的表面浓度

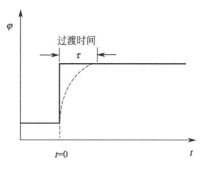

图 5-24 实际电势阶跃曲线

也不可能恒定。前面推导出的各种参数的暂态变化公式,都只适用于 $t > \tau$ 的区间,这就限制了实验方法的快速性与适用范围(参见表 5-2)。

表 5-2 电极电势不能突变的原因

仪器	恒电势仪的电势变化速度有限(一般不超过几伏/微秒)所能提供的最大电流也是有限的(一般不超过几安)	电极电势的变化速度不能为无限大
电极	双电层充放过程的时间常数的限制→瞬间充电电流不能为无限大	

163

5.4　电化学步骤的动力学

计算表明，电极电势改变 0.6V，电极反应速率改变 10^5 倍，对于一个活化能为 40kJ/mol 的反应来说，温度升高 800K 才能达到相同的效果。由此可见电极电势对电极反应速率的影响。电极电势可以通过两种不同的方式来影响电极反应速度。

$$\begin{cases} \text{为非控制步骤，按 Nernst 方程改变 } C_i^s，\text{间接影响，热力学方式} \\ \text{控制步骤，改变 } \Delta_r G，\text{直接影响，动力学方式} \end{cases}$$

例如　活化能↑→电化学步骤速度↓→电化学极化↑。

5.4.1　改变电极电势对电化学步骤活化能的影响

假设某金属电极与金属的盐溶液相接触时发生的电极反应为：

$$Me^{z+} + ze^- \underset{\text{氧化}}{\overset{\text{还原}}{\rightleftharpoons}} Me$$

这一反应可以看作是溶液中的 Me^{z+} 转移到晶格上及其逆过程。

假设：a. 电化学步骤的电子交换发生在双电层的紧密层的边界处，电子通过隧道效应从电极传递到溶液中的离子上；b. 溶液中离子浓度很大，且电极电势离零电荷电势较远，由此可知，改变电极电势时 $\Delta\psi_1 \approx 0$，也即紧密层中的电势变化 $\Delta(\varphi - \psi_1) \approx \Delta\varphi$。那么 Me^{z+} 在两相间转移时活化能的变化及电极电势对活化能的影响可如图 5-25 所示。若电极电势改变 $\Delta\varphi$，则紧密层中的电势变化示于图中的曲线 3，由此引起附加的 Me^{z+} 的势能变化如曲线 4 所示——电极上 Me^{z+} 的势能提高了 $F\Delta\varphi$。将曲线 1 与曲线 4 相加得到曲线 2，它表示改变电极电势后 Me^{z+} 在两相间转移时势能的变化情况。

对于氧化反应来说，电位变正时，金属晶格中的原子具有更高的能量，容易离开金属表面进入溶液。也就是说，电位变正可使氧化反应的活化能下降，氧化反应速度加快。相反由于阴极反应的活化能增大了，阴极反应将受到阻化。从曲线 4 上不难看出，电极电势改变了 $\Delta\varphi$ 后阳极反应和阴极反应的活化能分别变成

$$E_a = E_a^0 - \beta z F \Delta\varphi_{\text{电极}} \tag{5-33a}$$

$$E_c = E_c^0 + \alpha z F \Delta\varphi_{\text{电极}} \tag{5-33b}$$

电极电势 $\varphi + \Delta\varphi$ 下活化能

式中 E_a 和 E_c 分别表示氧化和还原反应的活化能；E_a^0 和 E_c^0 分别表示平衡电位下氧化和还原反应的活化能；$\alpha(0 < \alpha < 1)$ 和 β 为传递系数，分别

表示电位变化对还原反应和氧化反应活化能影响的程度。从图 5-25 中还可看到，$\alpha F\Delta\varphi + \beta F\Delta\varphi = F\Delta\varphi$，因此 $\alpha + \beta = 1$。也就是说，由于电位变化引起的电极能量的变化为 $zF\Delta\varphi$，其中部分用于改变还原反应的活化能，部分用于改变氧化反应的活化能。α 和 β 可由实验求得。有时粗略地取 $\alpha = \beta = 0.5$（参见表 5-3）。

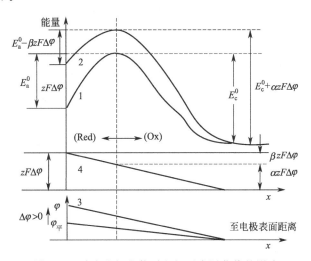

图 5-25　改变电极电势对电极反应活化能的影响

表 5-3　传递系数的实验值

电极	电极反应	α	电极	电极反应	α
Pt	$Fe^{3+} + e^- \longrightarrow Fe^{2+}$	0.58	Hg	$2H^+ + 2e^- \longrightarrow H_2$	0.50
Pt	$Ce^{4+} + e^- \longrightarrow Ce^{3+}$	0.75	Ni	$2H^+ + 2e^- \longrightarrow H_2$	0.58
Hg	$Ti^{4+} + e^- \longrightarrow Ti^{3+}$	0.42	Ag	$Ag^+ + 2e^- \longrightarrow Ag$	0.55

若电极表面负电荷（e^-）↑，电极电势↓，有利于还原反应，相当于还原反应活化能↓，氧化反应活化能↑。式(5-33)亦成立，此时由于 $\Delta\varphi_{电极} < 0$，E_c↓，而 E_a↑。

$$E_a = E_a^0 - \beta zF\Delta\varphi_{电极} = E_a^0 + \beta zF|\Delta\varphi_{电极}|$$

$$E_c = E_c^0 + \alpha zF\Delta\varphi_{电极} = E_c^0 - \alpha zF|\Delta\varphi_{电极}|$$

真实的电极过程往往并不只涉及某一种荷电粒子的转移，也不能认为这种粒子所带有的电荷在全部转移过程中保持不变。可以证明，不论反应的细节如何，改变电极电势后还原反应和氧化反应的活化能都可由式(5-33)描述。

5.4.2　电化学步骤的基本动力学参数

设电极反应为

$$M^{z+} + ze^- \underset{i_a}{\overset{i_c}{\rightleftharpoons}} M$$

还原电流密度

氧化电流密度

根据反应动力学基本理论，平衡电极电势处，单位电极表面上的阳极反应和阴极反应速度 v_a^0，v_c^0 及相应的阳、阴极电流密度（二者均为正值）分别为

$$v_a^0 = k_a c_R \exp\left(-\frac{E_a^0}{RT}\right) = K_a^0 c_R \quad (5\text{-}34a)$$

条件：$\varphi = \varphi_{\text{平}}$

k_a，k_c：指前因子

c_R，c_O：还原态与氧化态的浓度

$$v_c^0 = k_c c_O \exp\left(-\frac{E_c^0}{RT}\right) = K_c^0 c_O \quad (5\text{-}34b)$$

E_a^0 和 E_c^0：阳极和阴极反应的活化能

K_a^0，K_c^0：反应速度常数

$$[K^0 = k\exp(-E^0/RT)]$$

$$i_a = zFK_a^0 c_R \quad (5\text{-}35a)$$

$$i_c = zFK_c^0 c_O \quad (5\text{-}35b)$$

当 $\varphi = \varphi_{\text{平}}$ 时，即电极处于平衡状态时（可逆），$i_a^0 = i_c^0 = i^0$。

考虑到电位变化对反应活化能的影响（式 5-33），即将电极电势改变至 $\varphi = \varphi$（即 $\Delta\varphi = \varphi - \varphi_{\text{平}}$ ——超电势 η），则氧化和还原反应电流密度可表达如下。

$$i_a = zFk_a c_R \exp\left(-\frac{E_a^0 - \beta zF\Delta\varphi}{RT}\right) = zFK_a^0 c_R \exp\left(\frac{\beta zF\Delta\varphi}{RT}\right) = i^0 \exp\left(\frac{\beta zF}{RT}\Delta\varphi\right)$$

$$(5\text{-}36a)$$

$$i_c = zFk_c c_O \exp\left(-\frac{E_c^0 + \alpha zF\Delta\varphi}{RT}\right) = zFK_c^0 c_O \exp\left(-\frac{\alpha zF\Delta\varphi}{RT}\right) = i^0 \exp\left(-\frac{\alpha zF}{RT}\Delta\varphi\right)$$

$$(5\text{-}36b)$$

改写成对数形式并整理后得到

阳极反应 $\eta_a = \varphi - \varphi_{\text{平}}$　$\Delta\varphi = -\dfrac{RT}{\beta zF}\ln i^0 + \dfrac{RT}{\beta zF}\ln i_a = \dfrac{RT}{\beta zF}\ln\dfrac{i_a}{i_0}$　(5-37a)

阴极反应 $\eta_c = \varphi_{\text{平}} - \varphi$　$-\Delta\varphi = -\dfrac{RT}{\alpha zF}\ln i^0 + \dfrac{RT}{\alpha zF}\ln i_c = \dfrac{RT}{\alpha zF}\ln\dfrac{i_c}{i_0}$　(5-37b)

式（5-37a）和式（5-37b）表示 φ、η 与 $\ln i_a$ 及 $\ln i_c$ 之间均存在线性关系，或称 φ、η 为与 i_a，i_c 之间存在"半对数关系"。在半对数坐标中，式（5-37a）和式（5-37b）是两条直线（图 5-26）。

若将式（5-37a）与式（5-37b）改写成指数形式，则有

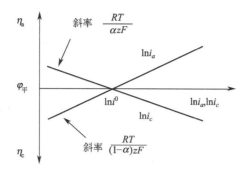

图 5-26 超电势对 i_a、i_c 的影响

$$i_a = i^0 \exp\left(\frac{\beta z F}{RT}\eta_a\right) \tag{5-38a}$$

$$i_c = i^0 \exp\left(\frac{\alpha z F}{RT}\eta_c\right) \tag{5-38b}$$

由式(5-38)可知，由传递系数 α 和平衡电势（φ_Ψ）下的"交换电流密度"（i^0）可求任一电势下的绝对电流密度。

5.4.3 电化学极化对净反应速率的影响

当电极上无净电流通过时，$\eta=0$，$i_a=i_c=i^0$。当电极上有净电流通过时，$i_a \neq i_c$。与 i_a，i_c 不同，净电流是可以用串接在外电路中的测量仪表直接测量的。因此净电流也可称为"外电流"。流过电极表面的净电流密度为 $i=i_c-i_a$。

$$\begin{cases} 阴极上，i>0（即\ i_c>i_a） \\ 阳极上，i<0（即\ i_c<i_a） \end{cases}$$

由式(5-36a) 和(5-36b) 可以得到净阴极电流和净阳极电流密度分别为

$$i = i^0\left[\exp\left(\frac{\alpha z F}{RT}\eta_c\right) - \exp\left(-\frac{\beta z F}{RT}\eta_c\right)\right] \tag{5-39a}$$

$$-i = i^0\left[\exp\left(\frac{\beta z F}{RT}\eta_a\right) - \exp\left(-\frac{\alpha z F}{RT}\eta_a\right)\right] \tag{5-39b}$$

Butler-Volmer 方程
电流-超电势方程

图 5-27 与图 5-28 分别给出了电荷传递系数及交换电流密度对 i-η 曲线的影响。由于不同电极的 α 相近（≈ 0.5），但 i^0 可能大不相同。由式(5-39) 可见，η 相同的条件下，$i \propto i^0$，就是说，在同样的超电势下，电极材料的性质及表面状态对电极反应速率有很大影响。

决定电化学极化大小的主要因素是 i/i^0 的大小。下面分 3 种情况来进行分析。

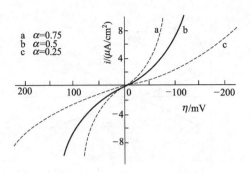

图 5-27　电荷传递系数对 i-η 曲线的影响

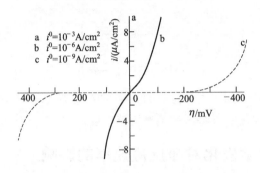

图 5-28　交换电流密度对 i-η 曲线的影响

(1) $|i| \ll i^0$

此时净电流 i 很小，极化也很小，意味着通过电流时仍然保持 $\varphi = \varphi_\text{平}$ 和 $i_c \approx i_a$，习惯上称此时的电极反应处于"近乎可逆"或"弱极化"状态。净电流密度是两个数值几乎相等的大数（i_c，i_a）之间的差，只要电极电势稍稍偏离平衡数值，以致 i_c 和 i_a 的数值略有不同，即足以引起这种比 i^0 小得多的净电流（图 5-29）。以阴极为例，当 $\eta_c \ll \dfrac{RT}{\alpha zF}$ 和 $\dfrac{RT}{\beta zF}$ 时，也即大约相当于 $\eta_c \leqslant \dfrac{25}{z}$ mV 时，$\because \begin{cases} e^x \approx 1+x \\ e^{-x} \approx 1-x \end{cases}$（$x$ 很小时），$\therefore$ 指数项展开式(5-39a) 得

$$i = i^0 \left\{ 1 + \frac{\alpha zF\eta_c}{RT} - \left[1 - \frac{\beta zF\eta_c}{RT} \right] \right\} = i^0 \times \frac{zF}{RT} \times \eta_c = \frac{\eta_c}{R^*} \qquad (5\text{-}40)$$

立即可得　　$\eta_c = \dfrac{RT}{zF} \times \dfrac{i}{i_0}$（$\eta \propto i$）　　　　　　　　(5-41a)

同理，阳极极化可得　　$\eta_a = \dfrac{RT}{zF} \times \dfrac{-i}{i^0}$　　　　　　　　(5-41b)

电化学反应极化电阻 $R^* = \dfrac{RT}{i^0 zF}$ (5-42)

利用平衡电势附近的线性极化曲线的坡度根据式（5-42）求 i^0，但无法求 α 或 β。

浓差极化曾得：$\eta_{浓差} = \dfrac{RT}{zFi_{极限}}i$，可知低电流密度（极化小）下，$\eta$ 与 i 成直线关系。

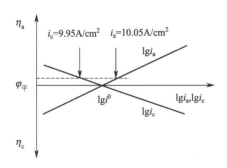

图 5-29 当 $i \ll i^0$ 时出现的超电势
（$i^0 = 10\mathrm{A/cm^2}$；$i = -0.1\mathrm{A/cm^2}$）

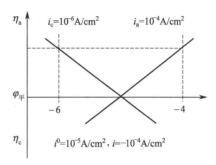

图 5-30 $i \gg i^0$ 时出现的超电势

（2）$|i| \gg i^0$

由于 i_c，i_a 中总有一项比 $|i|$ 更大，因而只有在二者之一比 i^0 大得多时才可能满足 $|i| \gg i^0$。在这种情况下，i_c，i_a 之间的差别必然是很大的（图 5-30）。例如阴极极化，$i_c - i_a = i$，由于阳极反应受阻，所以 $i_a < i^0$，$i_c = i_a + i > i \gg i^0 > i_a$。意味着由于通过净电流而使电极上的电化学平衡受到很大的破坏。因此 i_c，i_a 二项中较小的一项可以忽略。习惯上常称此时的电极反应"完全不可逆"或处于"强极化"状态。强极化状态大约相当于 η_c 或 $\eta_a \geqslant \dfrac{100}{z}\mathrm{mV}$。若阴极极化程度较大，则 $i = i_c - i_a \approx i_c$；若阳极极化较大，则 $i = i_c - i_a \approx -i_a$，因此有

$$i = i^0 \exp\left(\frac{\alpha zF}{RT}\eta_c\right) \quad (5\text{-}43) \quad \Rightarrow \quad \eta_c = \frac{RT}{\alpha zF}\ln\frac{i}{i^0} \quad (5\text{-}44)$$

$$\eta_c = -\frac{2.303RT}{\alpha zF}\lg i^0 + \frac{2.303RT}{\alpha zF}\lg i$$

简写为 $\quad \eta = a + b\lg i \quad (5\text{-}45)$

$$\boxed{\begin{aligned} a &= -\frac{2.303RT}{\alpha zF}\lg i^0 \\ b &= \frac{2.303RT}{\alpha zF} \end{aligned}}$$ **Tafel 方程**

图 5-31 给出了超电势对净阴极电流（i）和净阳极电流（$-i$）的影响。

从 5-31(b) 可以看出，与式(5-38a) 和式(5-38b) 一样，φ、η 为与 i（或 $-i$）之间存在"半对数关系"。

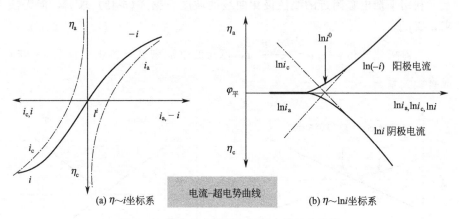

电流-超电势曲线

(a) $\eta \sim i$坐标系　　　　　(b) $\eta \sim \ln i$坐标系

图 5-31　活化极化控制电极反应的极化曲线

设某电极反应处于强阴极极化状态时，其 $i_c = i^0 \left\{ \exp\left[\dfrac{\alpha z F \eta_c}{RT}\right] \right\}$（$\alpha = \dfrac{1}{2}$，$z=1$），则当 φ 分别为 1V、2V 时，可知电极电位改变 1V → 改变 $\Delta G^\ominus$ 50kJ/mol，对于 1nm 的电化学界面，电场强度改变为 $10^9\,\text{V/m}$，另还可计算出 η 对反应速率的影响：

$$\frac{i(2\text{V})}{i(1\text{V})} = \exp\left\{ \frac{\dfrac{1}{2} \times (1\text{V}) \times (96500\text{C/mol})}{[8.314\text{J/(mol·K)}] \times 298\text{K}} \right\} = 3 \times 10^8$$

（3）i 与 i^0 接近

介于以上 2 种极端情况之间的是 i_c，i_a 两项均不能忽略，即使其中有一项占主导位置，但另一项的影响仍然不可忽视，这大致相当于过电位为 $\left(\dfrac{25}{z} - \dfrac{100}{z}\right)$mV 之间的情况。此时极化曲线具有比较复杂的形式。习惯上常称为此时电极反应为"部分可逆"或"中等极化"。

5.4.4　电化学极化与 i/i^0 的关系

根据 5.4.3 所述，电化学极化的大小与 i 和 i^0 的相对大小（即，i/i^0）相关：①若 i^0 很大，则即使 i 较大，η 仍较小，说明电极难极化，也称为"极化容量大"，或者说电极反应的"可逆性大"（通过外电流 i 时，正、反向电流的数值仍然几乎相等）。用于测量电极电势的参比电极应是"难极化电极"（i^0 显著大于测量仪表耗用的输入电流）。若 $i^0 \to \infty$，则无论净电流 i

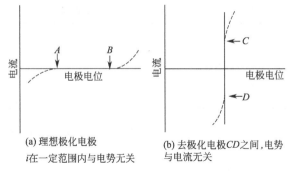

(a) 理想极化电极

i 在一定范围内与电势无关

(b) 去极化电极 CD 之间, 电势
与电流无关

图 5-32 理想极化电极与理想不极化电极

多大也不会引起电化学极化。这种电极称为"理想不极化电极"或"理想可逆电极"[图 5-32(b)]。②当 i^0 很小时, 即使通过不大的净电流也满足 $i \gg i^0$, 此时, η 很大。这种电极称为"极化容量小"或"易极化电极", 有时也称为电极反应的"可逆性小"。若 $i^0 = 0$, 则不需要通过电解电流 (即没有电极反应) 也能改变电极电势, 因而称为"理想极化电极"[图 5-32 (a)]。研究双电层构造时所用电极体系最好应有近似于"理想极化电极"的性质。图 5-33 示意地说明了, i^0 越大, 净电流对反应的扰动也越小。

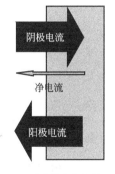

低交换电流密度   高交换电流密度

图 5-33 i^0 与电极动力学性质的关系

由于在绝大多数的实际电化学体系中净电流密度 i 的变化幅度一般不超过 $10^{-6} \sim 1 \mathrm{A/cm^2}$, 因此若电化学步骤是电极反应的控制步骤, 仅根据 i^0 的数值也可以大致推知极化曲线的形式。若 $i^0 \geqslant 10 \sim 100 \mathrm{A/cm^2}$, 则电化学步骤基本上处于平衡状态; 若 $i^0 \leqslant 10^{-8} \mathrm{A/cm^2}$, 则测得的极化曲线就几乎总是符合 Tafel 规律。如果在反应历程中除这一步骤外还存在其它的慢步骤, 则在 $|i| \ll i^0$ 时仍然可能出现较大的极化。

由于 i^0 反映了电极的可逆性 (或极化) 大小, 并可用 $|i|$ 与 i^0 的比值来判别电极反应的可逆性是否受到严重破坏, 所以根据 i^0 的数值可将各种电极体系分为下列几类 (表 5-4)。

当 $i \ll i^0$ 时, 电极偏离平衡小, 极化小, 因而 η 很小, 故得到线性极化曲线 [式(5-40)], η 正比于 i/i^0 [式(5-41)]; 在 $i \gg i^0$ 时, 电化学步骤的平

表 5-4　i^0 的大小与电极的极化大小的关系

i^0 的数值	$i^0 \to 0$	i^0 小	i^0 大	$i^0 \to \infty$
电极的极化性能	理想极化电极	易极化电极	难极化电极	理想不极化电极
电极反应的可逆程度	完全不可逆	可逆程度小	可逆程度大	完全可逆
i-η 关系	电极电势可 以任意改变	一般为半对数关系	一般为直线关系	电极电势不可能 因通过外电流而改变

衡受到严重的破坏，因而 η 很大，在这种情况下出现半对数极化曲线 [式 (5-44)，η 正比于 $\ln(|i|/i^0)$]。

当电极反应的 ΔG 相当时，i^0 与中间态活化能的大小有关，如图 5-34 所示，当山峰两侧的高度差一定，峰越高，两侧翻越山峰的难度也越大。

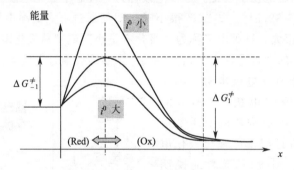

图 5-34　i^0 与活化能大小的关系

5.4.5　平衡电势

设在电极表面上只有一个电极反应 $O + ze^- = R$，当 $\varphi = \varphi_平$ 时，$i_c = i_a$。根据式(5-36a) 和式(5-36b) 应有

$$k_c c_O \exp\left(-\frac{E_c^0 + \alpha zF\Delta\varphi}{RT}\right) = k_a c_R \exp\left(-\frac{E_a^0 - \beta zF\Delta\varphi}{RT}\right)$$

以 $\varphi = 0$ 为电势起点，则 $\Delta\varphi = \varphi_平$，将上式写成对数形式并整理后得到

$$\varphi_平 = \frac{E_a^0 - E_c^0}{zF} + \frac{RT}{zF}\ln\frac{k_c}{k_a} + \frac{RT}{zF}\ln\frac{c_O}{c_R} = \varphi_平^\ominus + \frac{RT}{zF}\ln\frac{c_O}{c_R} \quad \text{Nernst 公式}$$

$$(5-46)$$

$$\varphi_平^\ominus = \frac{E_a^0 - E_c^0}{zF} + \frac{RT}{zF}\ln\frac{k_c}{k_a} \qquad (5-47)$$

由此可见，用动力学方法也可以导出电极电势的 Nernst 公式。

在一切实际电化学体系中，都存在杂质组分的影响，因此平衡电极电势并不是总能建立的。也就是说，不通过外电流时测出的电极电势并不一定是热力学平衡电势。根据文献[1] 之"如何建立平衡电极电势"的叙述，若同时存在不止一对氧化还原体系，则不通过外电流时的电极电势主要由交换电流值较大的那一体系所决定。

若不对水溶液进行净化处理，由于杂质组分所引起的电解电流往往可达 $10^{-6} \sim 10^{-7} A/cm^2$。这说明只有某一氧化还原体系的 $i^0 \geqslant 10^{-4} A/cm^2$，才能建立该体系的平衡电极电势。因此常用来建立平衡氢电极电势的材料总不外是 Pt 或 Pd（二者表面上氢电极反应的 i^0 见表 5-5），而在"高超电势"金属电极上根本不可能建立氢的平衡电势了。例如在汞电极上电极反应的 i^0 约为 $10^{-11} \sim 10^{-13} A/cm^2$。因而只有将杂质所引起的电流降低到 10^{-15} A/cm^2 左右，并采用高输入阻抗（$>10^{15} \Omega$）的测量仪器，才有可能在汞电极上测得平衡氢电极电势。这些显然都是很难做到的。

仅知道 φ_{Ψ} 的数值，还不足以说明处于平衡电势下的电极体系的动力学性质。同一电极反应在不同的电极表面上的 i^0 值可以有很大差异（表 5-5）。以 $1.0 mol/L$ H_2SO_4 溶液中氢的析出（$H^+ + e = 1/2 H_2$）为例，该反应在 Hg 电极和 Pt 电极上进行时的 i^0 分别为 $\approx 5.0 \times 10^{-13} A/cm^2$ 和 $\approx 7.9 \times 10^{-4} A/cm^2$，二者相差超过 10^9 倍！根据计算，Hg 的 $1 cm^2$ 表面产生 $1 cm^3$ H_2 需要电解 50 万年！图 5-35 给出了以 Hg 电极和 Pt 电极为阴极的电解池的分解电压曲线，从图中也可以看出两种阴极在析氢效率方面的巨大差异，以 Hg 电极为阴极的电解池的电压效率 $= \dfrac{1.23V}{3.5V} \approx 35\%$。

表 5-5　H_2 析出反应的交换电流密度

（$1mol/dm^3$ H_2SO_4 溶液中）

金属	$i^0/(A/cm^2)$
Pd	1.0×10^{-3}
Pt	7.9×10^{-4}
Ni	6.3×10^{-6}
Ti	6.0×10^{-9}
Hg	5.0×10^{-13}

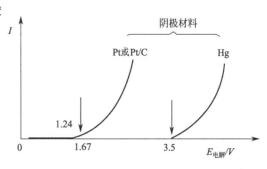

图 5-35　阴极 Hg→Pt，析氢速度加快 10 亿倍

5.4.6　浓度极化对电化学步骤反应速度和极化曲线的影响

前几节的讨论都没有考虑浓差极化，即设定通过电极体系的净电流密度 i 比极限扩散电流密度 i_d 小得多，因此电极表面上没有发生浓度极化。但是

当超电势 η 增大时，由图 5-31(b) 可见，除了在包含弱极化区和中等极化区的较短区间外，i 随 η 呈指数增长，当其数值接近 i_d 的数值时就不能不考虑浓度极化的影响了。若出现浓度极化，则式 5.34 中应该采用反应粒子的表面浓度，而不是整体浓度。设正、逆向反应的速率分别为 v_a、v_c；正、逆向反应的速率常数分别为 K_a^0、K_c^0；c_O^s，c_R^s 分别为电极表面氧化态和还原态物质的浓度；c_O^0，c_R^0 分别为氧化态和还原态物质的整体浓度。

$$\because \begin{cases} v_a=K_a^0 c_R^s=\dfrac{c_R^s}{c_R^0}K_a^0 c_R^0 \\ v_c=K_c^0 c_O^s=\dfrac{c_O^s}{c_O^0}K_c^0 c_O^0 \end{cases} \quad 易得$$

$$i_a=\frac{c_R^s}{c_R^0}i^0\exp\left(\frac{\beta zF\Delta\varphi}{RT}\right) \tag{5-48a}$$

$$i_c=\frac{c_O^s}{c_O^0}i^0\exp\left(-\frac{\alpha zF\Delta\varphi}{RT}\right) \tag{5-48b}$$

由此可得考虑了浓差极化后的电流-超电势方程

$$i=i^0\left[\frac{c_O^s}{c_O^0}\exp\left(-\frac{\alpha zF\Delta\varphi}{RT}\right)-\frac{c_R^s}{c_R^0}\exp\left(\frac{\beta zF\Delta\varphi}{RT}\right)\right] \tag{5-49}$$

如果通过搅拌消除了浓差极化，$c_O^s=c_O^0$，$c_R^s=c_R^0$，则上式还原为 Butler-Volmer 方程。

若 $i_c\gg i^0$，则极化曲线公式(5-49) 可写为

$$i=\frac{c_O^s}{c_O^0}i^0\exp\left(\frac{\alpha zF}{RT}\eta_c\right) \tag{5-50}$$

将式(5-28a) 代入式(5-50) 并改写成对数形式后有

$$\eta_c=\frac{RT}{\alpha zF}\ln\frac{i}{i^0}+\frac{RT}{\alpha zF}\ln\left(\frac{i_d}{i_d-i}\right)=\eta_{电化学}+\eta_{浓差} \tag{5-51}$$
$$\underbrace{\qquad}_{电化学极化}\quad\underbrace{\qquad}_{浓度极化}$$

式(5-51) 表明，此时出现的超电势由电化学极化和浓度极化两项组成。$\eta_{电化学}$ 的数值决定于 i/i^0。$\eta_{浓差}$ 的数值决定于 i/i_d 的大小。根据 i^0 和 i_d 的相对大小可分成 3 种情况来分析导致出现超电势的主要原因。

(1) 若 $i_d\gg i^0$，在 i 较小时，电化学极化的影响往往较大；而当 $i\to i_d$ 时，则浓度极化变为决定超电势的主要因素，此时若也有 $i\gg i^0$，则又可细分成 3 种情况：a. 当 $i^0\ll i<0.1i_d$ 时，测得的极化曲线为半对数型，式(5-51) 右方第二项可以忽略不计。此时式(5-51) 与式(5-44) 完全重合。表示超电势完全是电化学极化所引起的。因此利用这一段曲线来测量电化学步骤

的动力学参数是比较方便的。b. 当 $0.1i_d \leqslant i \leqslant 0.9i_d$ 时，反应处在"混合控制区"，即逐渐由电化学控制转变为扩散控制。这时若利用式(5-51) 在总的超电势中较正浓度极化的影响而得到纯粹由电化学极化引起的超电势，仍然可用来计算电化学步骤的动力学参数。c. 若 $i > 0.9i_d$，则电流渐具有极限电流的性质，即反应几乎完全为扩散控制了。此时无法精确校正浓度极化的影响来计算电化学极化的净值了。在 b 和 c 两种情况时，则式(5-51) 右方二项中的任一项均不能忽略。

(2) 若 $i_d \ll i^0$，则超电势主要是浓度极化所引起的。此时应按照式 (5-30) 计算扩散超电势。

(3) 若 $i \ll i^0$ 和 i_d，则 η 不超过几个 mV，这时电极上基本保持不通过电流时的平衡状态。

当 $i_d \gg i^0$ 时，由式(5-51) 所表示的极化曲线的具体形式如图 5-36。值得注意的是，若 $i_d \gg i^0$，当 i 达到极限扩散电流后，虽然电极反应速度已完全受扩散速度控制，但这时电化学步骤仍是不可逆的。这种情况与在 5.2.4 节中曾经提到的非控制步骤的基本处于平衡态是有出入的。这是由于电化学步骤的活化自由能随电极电势而变化，当电极电势远离平衡电势时，降低了某一方向的反应活化能，却升高了相反方向的反应活化能，因而只是大大增大了单向反应速度，却大大减小了相反方向的反应速度。

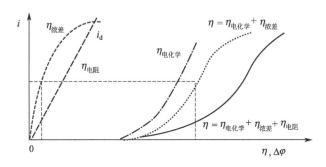

图 5-36　包含了电化学极化、浓差极化和电阻极化的极化曲线

5.4.7　影响电极反应速率的因素

(1) 电极电势

上面关于电极极化规律的讨论，表明电极电位无疑是影响电极反应速率最主要的因素。

▲$\eta \uparrow$, $i \uparrow$：η 较小时，η-i 呈直线关系；η 较大时，η-lg$i$ 呈直线关系。

（2）电极因素

对于由电子转移控制的电极反应，电极材料对反应速率有很大的影响。例如在金属电极上，氢离子还原成氢气的反应，在不同的电极上反应速率相差很大（见表 5-5）。不同金属上氢离子还原成氢气的速率不同的原因，在于各种金属对析氢反应的催化性能不同。铂、钯等贵金属对析氢反应是很有效的催化剂，而汞、铅等金属对该反应几乎没有催化性能。

电化学催化（electrocatalysis，或简称"电催化"）作用可定义为：在电场作用下，存在于电极表面或溶液中的少量物质（电活性或非电活性的），以及由于电极材料本身或电极表面，能够显著加速在电极上发生的电子转移反应，而"少量物质"或电极本身并不发生变化的一类化学作用。电极反应的催化作用根据电催化的性质可以分为氧化-还原电催化和非氧化-还原电催化两大类。氧化-还原电催化是指固定在电极表面或存在于溶液相中的催化剂本身发生了氧化-还原反应，或为反应底物的电荷传递的媒介体，加速了反应底物的电子传递，因此也称为媒介体电催化。其反应如图 5-37(a) 所示。式中，OK 及 K 分别为催化剂的氧化态和还原态。第一步为在电场作用下，催化剂的氧化态从电极上获得电子生成催化剂的还原态 K，而催化剂的还原态 K 与溶液相中的反应底物 A 发生反应，形成产物 Y，同时催化剂又氧化成氧化态，进一步参与循环而完成电催化过程。氧化-还原电催化反应的催化剂既可以是电极材料本身或固定在电极表面修饰物，也可以是溶解在液相中。非氧化-还原催化是指起催化作用的电极材料本身或固定在电极表面上的修饰物并不发生氧化还原反应，而仅仅是在电化学反应的前、后或其中所产生的纯化学作用，例如 H^+ 还原后的 H 原子复合成 H_2 的反应过程中的一些贵金属、金属氧化物的催化作用，其电催化过程如图 5-37(b) 所示。这种催化作用又称外壳层催化。

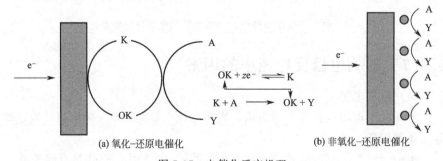

$$OK + ze^- \rightleftharpoons K$$
$$K + A \longrightarrow OK + Y$$

(a) 氧化-还原电催化　　　　　　　　　　(b) 非氧化-还原电催化

图 5-37　电催化反应机理

阅读材料：制伏电化学工业中的电老虎困难重重

电化学工业耗电多，是令人生畏的电老虎。制服电老虎的关键在于敲掉它的牙齿。电老虎的牙齿是什么？就是过电位。怎样才能有效地降低过电位？以析氢反应为例，在 Pt、Pd 等活性高的金属电极上进行的速度远大于在 Hg、Pb 等金属电极上的速度。在这两类电极上，氢析出反应的交换电流密度的数值相差竟然高达 10 个数量级。由此可见，选择电催化活性高的材料作为电极，对于电化学工业的节能该会有多大的经济意义。这也就是为什么在氯碱工业中，如此重视尺寸稳定阳极（DSA）的原因。因为在 DSA 上，氯析出反应的过电位只有传统的石墨阳极的十分之一，而且寿命长，省电耐用。遗憾的是这类突破太少了。对于电解工业中最常见的析氢、放氧反应，仍然找不到更有效的电极材料，去代替那些价格十分昂贵而过电位也不低的贵金属铂、钯、铑等。疑难在哪里？在于人们对电催化的认识很肤浅，电催化的本质是什么？哪些因素决定电催化活性？提出一种寻找电催化活性高的材料的理论迫在眉睫。

电极影响电极反应速率的另一个原因是电极的面积。由于电极反应是在电极/溶液界面上进行的，反应速率正比于电极面积。

$$I 一定，面积 A\uparrow, i\downarrow, \eta\downarrow$$

在化学电源中，增加电极真实面积的一种办法，就是把电极做成海绵状的多孔电极，这种电极的极限电流密度比平面电极大得多。关于多孔电极的电化学理论是较为复杂的。由于孔中电阻、传质等因素的影响，多孔电极的表面在电化学性质上是不均匀的。但一般认为，在多孔电极中扩散控制是重要的。

（3）溶液因素

能在电极上发生电极反应的物质，在电化学中称为电活性物质。溶液因素中影响电极反应速率的主要因素是电活性物质的浓度。在扩散控制下，极限电流正比于电活性物质的本体浓度；在电子转移控制时，电极反应的速率和电活性物质的表面浓度成正比。此外，溶液的其它因素，例如 pH 值、溶液中溶解的氧量、支持电解质浓度、溶剂种类（非水溶剂）等，也都对电极反应有影响。

阅读材料：相间电势的分布对电化学步骤反应的影响

在本章以前各节中，均假定改变电极电势（$\Delta\varphi$）时只有紧密双电层中的电势差发生了改变，即认为分散层中的电势变化 $\Delta\psi_1 \approx 0$，而紧密层中的电势变化 $\Delta(\varphi - \psi_1) \approx \Delta\varphi$（图 5-25）。这一假定即使在浓溶液中及电极电势远离零电荷电势时也只能近似地被满足，在稀溶液中，特别是当电极电势接近零电荷电势时，ψ_1 随电势的变化就比较显著。由图 5-38 可见，在稀溶液中，φ_1 电势对电化学步骤反应的影响很大。

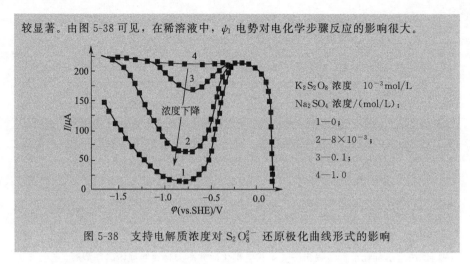

图 5-38　支持电解质浓度对 $S_2O_8^{2-}$ 还原极化曲线形式的影响

（4）传质因素

包括传质形式及其强度等。采用对流传质（如搅拌等）可明显地增加传质速率，从而增大极限电流密度。

（5）外部因素

包括温度、压力等。温度除了影响平衡电极电位值之外，主要影响反应速率常数。和一般化学反应相似，温度每增加 10℃，反应速率常数增加 2～4 倍。对于一些有气体参与的电极反应，压力影响气体在溶液中的溶解度，也影响产物气体在电极上的释放。

5.5　氢与氧的电极过程

目前电化学生产主要在水溶液中进行，因此水的电解过程——$2H_2O \rightleftharpoons 2H_2 + O_2$，亦即氢的阴极析出和氧的阳极析出可能叠加在任何阴极或阳极反应上。如水的电解是许多电解工业与二次电池充电时常见的伴随反应。析氢反应和吸氧反应还常构成金属在酸性溶液中以及中性和碱性溶液中溶解的共轭反应。此外，氢析出反应是电解水（例如再生式氢氧燃料电池与太阳能电解水）与电解食盐的基本反应。

分子氢的阳极氧化是氢氧燃料电池中的重要反应。氧化还原反应是金属-空气电池和燃料电池中的正极反应。

5.5.1　氢析出反应

氢气在几种电极上的超电势如图 5-39 所示。可见在石墨和汞等材料上，超电势很大，而在金属 Pt，特别是镀了铂黑的铂电极上，超电势很小，所以标准氢电极中的铂电极要镀上铂黑。

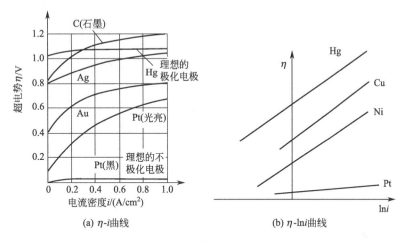

(a) η-i曲线   (b) η-ln$i$曲线

图 5-39　氢在几种电极上的超电势

1905 年塔菲尔得出超电势 η 与电流密度 i 在一定电流密度范围内的经验关系式，称之为塔菲尔公式（Tafel's equation）。

$$\eta = a + b\lg i \tag{5-45}$$

当 $i\to0$ 时，由 Tafel 公式得 $\eta\to-\infty$，塔菲尔公式失效！事实上，$i\to0$ 时，$\eta\to0$。

式中，a、b 为常数，单位均为 V。a 的物理意义是在电流密度 i 为 1A/cm^2 时的超电势。a 的大小与电极材料、电极的表面状态、电流密度、溶液组成和温度有关，氢超电势的大小基本上决定于 a 的数值，因此 a 值越大，在给定电流密度下氢的超电势也越大。b 为超电势与电流密度对数的线性方程式中的斜率。b 的数值相差不多，对于大多数金属的纯净表面来说，值相近，在常温下接近于 0.050V，这说明表面电场对氢析出反应的活化效应大致相同。根据 5.4.3 节的解释，a 与 T、物性（i^0，α，z）有关；b 也与 T、物性（α，z）有关，如用以 10 为底的对数，$b\approx0.116$V（293K，$\alpha=0.5$，$z=1$，$b=0.116$）。意味着，i 增加 10 倍，η 约增加 0.116V。有时也有较高的 b 值（>140mV），原因之一可能是电极表面状态发生了变化，如氧化。式中常数 a 对不同材料的电极，其值是很不相同的，表示不同电极表面对氢析出过程有着很不相同的催化能力。按 a 值的大小，可将常用的电极材料大致分为三类，见表 5-6。

179

表 5-6　电极材料对氢析出过程的催化能力的分类

类　　型	a/V	代　表　材　料
高超电势金属	$1.0\sim1.5$	Pb,Cd,Hg,Tl,Zn,Ga,Bi,Sn 等
中超电势金属	$0.5\sim0.7$	Fe,Co,Ni,Cu,W,Au 等
低超电势金属	$0.1\sim0.3$	Pt,Pd,Ru 等铂族金属

氢超电势的存在对工业生产既有不利的一面，也有有利的一面。例如在电解水制氢和氧时，由于超电势的存在，增加了电能的消耗。但正是利用氢在铅上有较高的超电势，才实现了铅蓄电池的充电。又如在电镀工业中利用氢在电极上的超电势，控制溶液的 pH，可以使比氢活泼的金属先在阴极析出，才使得镀 Zn，Sn，Ni，Cr 等工艺成为现实。金属在电极上析出时超电势很小，通常可忽略不计。而气体，特别是氢气和氧气，超电势值较大。

高超电势金属在电解工业中常用作阴极材料，借以降低作为副反应的氢析出反应速度和提高电流效率。在化学电池中则常用这类材料构成负极，使电极的自放电速度不至于太快。例如，若将锌粉表面汞齐化，或向其中加入少量的 Pb，Bi(In) 等合金元素，都可以减小锌的自溶解速度。低超电势金属则宜用来制备平衡氢电极，或在电解水工业中用来制造阴极和在氢-氧燃料电池中用作负极材料等。

氢析出反应的总包反应（阴极反应）为

在酸性溶液中　　$2H_3O^+ + 2e^- \longrightarrow H_2\uparrow + 2H_2O$

在碱性溶液中　　$2H_2O + 2e^- \longrightarrow H_2\uparrow + 2OH^-$

不管是酸性溶液中或是碱性溶液中，其反应并不是一步完成的，而是分成如下几步。

在溶液本体中的 $H_3O^+ + H_2O$
向电极迁移 ↓（Ⅰ）
在电极表面上的 $H_3O^+ + H_2O$
放电 ↓（Ⅱ）
被吸附在阴极表面的 H 原子
催化解吸 ↓（Ⅲa）　电化学解吸 ↓（Ⅲb）
在"电极/电解质"表面的 H_2
扩散到溶液内或迁移到气相中 ↓（Ⅳ）
气体分子 H_2

（Ⅱ）$H_3O^+ + e^- + M === MH + H_2O$
（酸性溶液中）

或 $H_2O + e^- + M === MH + OH^-$（中性或碱性溶液中）

（Ⅲa）$MH + MH \longrightarrow 2M + H_2$

（Ⅲb）$MH + H_3O^+ + e^- \longrightarrow M + H_2 + H_2O$（酸性溶液中）

$MH + H_2O + e^- \longrightarrow H_2 + M + OH^-$（中性或碱性溶液中）

理论上的争端焦点是究竟哪一步成为速率控制步骤，从而成为产生超电势的主要根源。其中Ⅰ、Ⅳ两步已证明不能影响反应速率。氢离子在水溶液中迁移速度较快，因而扩散过程不会影响电极的反应速度。两个水化质子在电极表面的同一处同时放电的机会显然非常小，因此电化学反应的初始产物应该是氢原子而不是氢分子。在任何一种反应历程中必须包括质子放电步骤和至少一种脱附步骤。该反应主要由如下基元步骤组成。

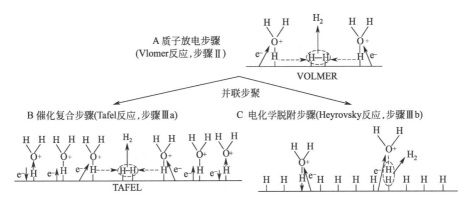

A 质子放电步骤
(Vlomer反应,步骤Ⅱ)

并联步聚

B 催化复合步骤(Tafel反应,步骤Ⅲa)   C 电化学脱附步骤(Heyrovsky反应,步骤Ⅲb)

氢析出反应过程首先进行 Volmer 反应，然后进行 Tafel 反应或 Heyrovsky 反应。考虑到每一种步骤都有可能成为整个电极反应速度的控制步骤，并设 A，B 和 C 三个步骤的交换电流分别为 i_A^0，i_B^0，i_C^0（注意：i_B^0 为化学反应而不是电化学反应）则氢析出过程的反应机理可以有下面四种基本方案（表 5-7、表 5-8）。

表 5-7　氢析出过程的反应机理

方　案　特　征	机理名称	实现条件
质子放电步骤(快)＋复合脱附(慢)	复合机理	$i_A^0 \geqslant i_B^0 \gg i_C^0$
质子放电步骤(快)＋电化学脱附(慢)	电化学脱附机理	$i_A^0 \gg i_C^0 \gg i_B^0$
质子放电步骤(慢)＋复合脱附(快)	缓慢放电机理	$i_B^0 \gg i_A^0, i_C^0$
质子放电步骤(慢)＋电化学脱附(快)		$i_C^0 \gg i_A^0, i_B^0$

表 5-8　不同氢超势电极的氢析出反应的控制步骤（$\alpha = 0.5$）

控制步骤	a/V	b/V	氢超电势	金　属
复合	0.1～0.3	0.0295	低	Pt、Pd、Ru…
电化学脱附	0.5～0.7	0.039	中	Ag、Ni(碱性)
质子放电	1.0～1.5	0.118	高	Zn、Cd、Hg、Pb、Ti

一般来说，对氢超电势较高的金属如 Hg 、 Zn 、 Pb 、 Cd 等，迟缓放电理论基本上能概括全部的实验事实。对氢超电势低的金属如 Pt 、 Pd 等则复合理论能解释实验事实。而对于氢超电势居中的金属如 Fe 、 Co 、 Cu 等，则情况要复杂得多。由于在所有这些方案中，电化学步骤或是控制步骤或是随后步骤，因此无论采用何种机理，最后在强极化区都应能得到 Tafel

关系式。例如，假定复合步骤是控制步骤，则通过电流时吸附氢的表面覆盖度 $[H_{ad}]_{\text{不可逆}}$ 大于平衡电势下的数值 $[H_{ad}]_{\text{可逆}}$。

$$\left.\begin{array}{l}\varphi_{\text{平}}=\varphi^{\ominus}-\dfrac{RT}{F}\ln\dfrac{[H_{ad}]_{\text{可逆}}}{[H^+]}\\[3mm]\varphi_{\text{不可逆}}=\varphi^{\ominus}-\dfrac{RT}{F}\ln\dfrac{[H_{ad}]_{\text{不可逆}}}{[H^+]}\end{array}\right\}\Rightarrow \eta_c=\varphi_{\text{可逆}}-\varphi_{\text{不可逆}}=\dfrac{RT}{F}\ln\dfrac{[H_{ad}]_{\text{不可逆}}}{[H_{ad}]_{\text{可逆}}}$$

$$\tag{5-52}$$

$$[H_{ad}]_{\text{不可逆}}=[H_{ad}]_{\text{可逆}}\exp\left\{\dfrac{\eta_c F}{RT}\right\}\tag{5-53}$$

由
$$i=2Fk[H_{ad}]^2_{\text{不可逆}}\quad(\text{忽略逆过程})\tag{5-54}$$

可得
$$i=2Fk[H_{ad}]^2_{\text{可逆}}\exp\left\{\dfrac{2F\eta_c}{RT}\right\}=i^0\exp\left\{\dfrac{2F\eta_c}{RT}\right\}\tag{5-55}$$

$$\eta_c=-\dfrac{2.303RT}{2F}\lg i^0+\dfrac{2.303RT}{2F}\lg i=\text{常数}+\dfrac{2.303RT}{2F}\lg i\tag{5-56}$$

式中，$b=29.5mV$（25℃），相当于缓慢放电机理的 $1/4$。

5.5.2　分子氢的氧化

分子氢的阳极氧化一般包括 H_2 的解离吸附和电子传递步骤，但过程受 H_2 的扩散所控制。如 H_2 在未氧化 Pt 表面上的离子化过程，其机理为

$$H_2+2Pt\longrightarrow 2Pt-H$$
$$Pt-H\longrightarrow Pt+H^++e^-$$

5.5.3　氧的电还原

氧的电化学还原反应可逆性很低，即使在一些常用的催化活性较高的电催化剂（如 Pt、Pd、Ag）上面，氧化还原反应的交换电流密度 i^0 也仅为 $10^{-10}\sim10^{-9}A/cm^2$，而氢的则达到 $10^{-4}\sim10^{-1}A/cm^2$。因此氧的还原反应总是伴随着很高的过电位，高达几百毫伏，如此高的过电位对电池带来多方面的不良影响。尤其是在酸性电解质中，氧化还原反应的标准电极电位为 1.23V（相对氢标），在如此高的过电位下，大多数金属在水溶液中不稳定，在电极表面易出现氧和多种含氧离子的吸附，或生成氧化膜，使电极表面状态改变，导致反应历程更为复杂，而且还导致电池电势下降，降低了电池的工作性能。所以探索氧还原机理，研究新型阴极催化剂以降低阴极过电位，提高阴极催化剂还原活性一直是个热点。在水溶液中，氧还原可按两种途径进行，如表 5-9 所示。

表 5-9 氧还原的机理

类　别	直接的 4 电子途径		2 电子途径（或称"过氧化物途径"）	
	反应式	$\varphi^{\ominus}/V$	反　应　式	$\varphi^{\ominus}/V$
碱性溶液	$O_2+2H_2O+4e^-\longrightarrow 4OH^-$	0.401	$O_2+2H_2O+2e^-\longrightarrow HO_2^-+OH^-$ $HO_2^-+H_2O+2e^-\longrightarrow 3OH^-$ 或 $2HO_2^-\longrightarrow 2OH^-+O_2$	-0.065 -0.867
酸性溶液	$O_2+4H^++4e^-\longrightarrow 2H_2O$	1.229	$O_2+2H^++2e^-\longrightarrow H_2O_2$ $H_2O_2+2H^++2e^-\longrightarrow 2H_2O$ 或 $2H_2O_2\longrightarrow 2H_2O+O_2$	0.67V 1.77

　　直接的 4 电子途径经过许多步骤，其间可能形成吸附的过氧化物中间物，但总结果不会导致溶液中过氧化物的生成；而过氧化物途径在溶液中生成过氧化物，后者一旦生成就立即分解转变为氧气和水。现有资料表明，直接 4 电子途径主要发生在贵金属的金属氧化物以及某些过渡金属大环配合物等催化剂上。过氧化物途径主要发生在过渡金属氧化物和覆盖有氧化物的金属以及某些过渡金属大环配合物等电催化剂上。

5.5.4　氧析出反应

　　金属电极上的氧析出反应是在较正的电位区进行，此时金属电极上常伴有氧化物的生长过程。有关氧析出反应的机理目前尚无一致看法。通常认为氧析出的机理如表 5-10 所示。

表 5-10　氧析出的机理

类　别	碱　性　溶　液	酸　性　溶　液
总包反应	$4OH^-\Longrightarrow O_2+2H_2O+4e^-$	$2H_2O\Longrightarrow O_2+4H^++4e^-$
分步反应	（ⅰ）$M+OH^-\longrightarrow M\text{—}OH^-$ （ⅱ）$M\text{—}OH^-\longrightarrow M\text{—}OH+e^-$ （ⅲ）$M\text{—}OH^-+M\text{—}OH\longrightarrow M\text{—}O+H_2O+e^-$ （ⅳ）$2M\text{—}O\longrightarrow O_2+2M$	(i)$M+H_2O\longrightarrow M\text{—}OH+H^++e^-$ (ii) $M\text{—}OH\longrightarrow M\text{—}O+H^++e^-$ (iii)$2M\text{—}O\longrightarrow O_2+2M$

　　碱性介质中最好的电极材料为覆盖了钙钛矿型和尖晶型氧化物的镍电极和 Ni-Fe 合金。大量的实验数据指出，在中等电流密度范围内（约 $10^{-7}A/cm^2$），氧从碱性溶液中析出超电势与金属材料性质的关系，依下列次序增大。

　　Co、Fe、Ni、Cd、Pb、Pd，Au、Pt

5.6　金属电极过程

在金属的腐蚀及防护、电镀、电铸、电解加工、冶金、化学电源和电分析等方面都涉及了金属的电极过程，因此了解金属的电极过程是十分必要的。

5.6.1　金属的还原过程

5.6.1.1　金属电结晶的基本历程

完成电沉积过程必须经过以下三个步骤（图 5-40）。

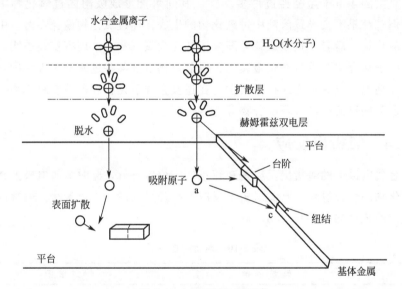

图 5-40　电沉积过程示意

① 液相传质（物质迁移）　镀液中的水化金属离子或配离子从溶液内部向电极界面迁移，到达阴极的双电层溶液一侧。

② 电化学反应（电荷迁移）　水化金属离子或配离子通过双电层，并去掉它周围的水化分子或配位体层，从阴极上得电子生成金属原子。

③ 电结晶　金属原子经金属表面扩散到结晶生长点［金属表面（电极）的缺陷、扭折、位错的有利部位］，以金属原子态排列在晶格内，形成镀层。

以二价金属离子为例，简单金属离子的还原过程主要有如表 5-11 所示四种可能。

表 5-11　简单金属离子的还原机理

一步还原	分步还原	中间价离子歧化	中间价离子还原
$M^{2+}+2e^- \longrightarrow M$	$M^{2+}+e^- \longrightarrow M^+$	$M^{2+}+e^- \longrightarrow M^+$	$M^{2+}+M \longrightarrow 2M^+$
	$M^++e^- \longrightarrow M$	$2M^+ \longrightarrow M^{2+}+M$	$M^++e^- \longrightarrow M$

除了少数离子可能一步还原外，二价离子同时得到两个电子直接还原为金属的可能性是较小的。多价离子分步还原时往往是第一个电子的转移 $\left[M^{z+}+e^- \longrightarrow M^{(z-1)+} \right]$ 比较困难。引起这种情况的原因可能是高价离子 M^{z+} 与次高价离子 $M^{(z-1)+}$ 之间的溶剂化程度差别往往较大，因此电子转移时涉及较高的重组能与较高的活化能。

因为一般的电镀液并不只是简单盐的电解液，而是含有配合物的电解液，在阴极上的还原反应并不只是简单金属离子的放电，而是配离子化学还原。这需要一系列步骤才能达到。首先电解液中主要的配离子在电极表面上转化成能在电极上直接放电的表面配合物，即金属离子周围的配位体改组或配位数减少（因为配位数较高的离子有较高的活化能，所以在阴极上还原需克服较高的势垒，而配位数较低的配离子或水化离子有适中的活化能和浓度，所以容易发生放电还原反应），然后表面配合物在电极上直接放电。如在碱性氰化物镀锌的电极体系中，Zn 的还原过程如下。

$$Zn(CN)_4^{2-}+4OH^- \Longrightarrow Zn(OH)_4^{2-}+4CN^- （配位体交换）$$

$$Zn(OH)_4^{2-} \Longrightarrow Zn(OH)_2+2OH^- （配位数减小）$$

$$Zn(OH)_2+2e^- \Longrightarrow Zn(OH)_2^{2-}（吸附）——电子与中心离子之间电$$
子传递

$$Zn(OH)_2^{2-} \Longrightarrow Zn(晶格)+2OH^- （脱去配位体）$$

在形成金属晶体时有同时进行的两个过程：晶核的生成与晶核的成长。这两个过程的速度决定着金属结晶的粗细程度。如果晶核的生成速度较快，而晶核生成后的成长速度较慢，则生成的晶核数目较多，晶粒较细。反之晶粒就较粗。提高金属电结晶的阴极极化，可以提高晶核的生成速度，有利于获得结晶细致的镀层。

当金属在阴极上析出时，有时会形成一些自电极表面向液相中迅速延伸的诸如枝晶和晶须等沉积物——"突出生长"。利用这种现象可以电解制备金属纤维或粉末，但在化学电池中却常由于枝晶生长而引起正负极间的内部短路。

还常观察到，在异种金属表面上，可在比 $\varphi_平^0$ 更正的电势沉积出原子层或不足单原子层的金属，称为"欠电势沉积"。

5.6.1.2　影响镀层质量的因素

电结晶过程是一个比较复杂的过程。即使电积层只是原有晶体的继续生长，这一过程也至少包括金属离子"放电"和"长入晶格"两个步骤；实际的电沉积过程还涉及新晶粒的形成。能影响晶面和晶核生长的因素很多，如温度、电流密度、电极电势、电解液组成（主盐、配合剂、阴离子、有机添加剂等）等。这些因素对沉积层的致密程度、反光性质、分布的均匀性、镀层和基体金属的结合强度以及力学性能等各种性质有直接影响。

（1）工艺因素

① 析出电位、过电位　不是所有的金属离子都能从水溶液中沉积出来，如果在阴极上 H^+ 还原为氢的副反应占主要地位，则金属离子难以在阴极上析出。例如在近乎中性的水溶液中，由于氢析出超电位有一定限度，即使在高氢超电势金属表面上，氢强烈析出的电位也不会比 $-1.8 \sim 2.0V$ 更负，则实际上不可能实现 $\varphi_{析出}$ 比这个数值更负的金属离子的还原过程，如镁、铝等。综合考虑了热力学因素和动力学因素之后，金属离子自水溶液中电沉积的可能性，可从元素周期表中得出一定的规律，如表 5-12 所列。由表5-12 可知，能够从水溶液中电沉积的金属主要分布在铬分族以右的第 4、5、6 周期中，大约有 30 种。铬分族的 Mo 及 W 虽可能沉积但比较困难。若金属元素在周期表中的位置愈靠左边，它们在电极上还原及电沉积的可能性也愈小；反之，金属在周期表中的位置愈靠右边，则这些过程愈容易实现。水溶液中 Ti^{2+}，V^{2+} 等离子的电沉积过程在热力学上可行，但其 i^0 过小，实际不能沉积。在非水溶剂中，金属的活泼性顺序可能与水溶液中颇不相同。此外各种溶剂的分解电势也各不相同。因此水溶液中不能电沉积的某些金属元素可以在适当的有机溶剂中电沉积，例如 Li，Mg，Al。

表 5-12　金属离子自水溶液中电沉积的可能性

周期																		
第三	Na	Mg												Al	Si	P	S	Cl	Ar
第四	K	Ca	Sc	Ti	V	Cr	Mn	Fe	Co	Ni	Cu	Zn	Ga	Ge	As	Se	Br	Kr
第五	Rb	Sr	Y	Zr	Nb	Mo	Tc	Ru	Rh	Pd	Ag	Cd	In	Sn	Sb	Te	I	Xe
第六	Cs	Ba	稀土金属	Hf	Ta	W	Re	Os	Ir	Pt	Au	Hg	Tl	Pb	Bi	Po	At	Rn

→水溶液中有可能电积　→氰化物溶液中可以电积　→非金属

如 5.1.4 节所述，析出电位较正的金属能优先在阴极上被析出。如 Zn 的析出电位较 Cu，Pb 析出电位低，在镀 Zn 时，如镀液中含有 Cu，Pb 等金属离子杂质，则它们常常会比 Zn 优先在阴极上析出，从而破坏了镀 Zn 层有规则的沉积，导致镀 Zn 层变粗，发黑。但有时也可以利用这一规律，用电解法将含有较正析出电位的金属离子杂质除去。

超电势是影响金属电结晶的主要动力学因素。在极化很小的电镀液中镀出的镀层是十分粗糙的，甚至会出现海绵状；阴极极化程度大，相对而言，电沉积的晶核形成速度要比晶核生成速度快，镀层晶粒就细。同时往往通过提高阴极极化，还可提高镀液的分散能力与深镀能力。在图

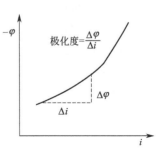

图 5-41　阴极极化曲线与极化度

5-41 所示的阴极极化曲线中，若阴极电流密度改变 Δi，电极电位的变化为 $\Delta\varphi$，通常把 $\Delta\varphi$ 与 Δi 的比值称为阴极极化度，曲线愈陡，阴极极化度愈大。

② 电流参数的影响　电流密度：每种镀液有它最佳的电流密度范围，其大小的确定应与电解液的组成，主盐浓度，pH 值，温度及搅拌等条件相适应。加大主盐浓度，升温，搅拌等措施都可提高电流密度上限。电流密度低，阴极极化作用小，镀层结晶粗大，甚至没有镀层；随着电流密度提高，阴极极化作用增大，镀层变得细密；但是电流密度过高，将使结晶沿电力线方向向电解液内部迅速增长，造成镀层产生结瘤和枝状结晶，甚至烧焦；电流密度极大时，阴极表面强烈析氢，pH 变大，金属的碱盐就会夹杂在镀层之中，使镀层发黑；此外电流密度增大，有时会使阳极钝化，导致镀液中金属离子缺乏。

电流波形对镀层质量的影响较小，但在某些镀液中非常明显。

③ 温度的影响　温度升高，扩散加速，浓差极化下降，同时温度升高，使离子的脱水过程加快，离子和阴极表面活性增强，也降低了电化学极化，所以温度升高，阴极极化作用降低，镀层结晶粗大。但在实际生产中常采用加温措施，这主要是为了增加盐类的溶解度，从而增加导电能力和分散能力，允许提高电流密度上限，并使阴极效率提高，减少镀层吸氢量。

④ 搅拌的影响　搅拌可降低阴极极化，使晶粒变粗，但可提高电流密度，从而提高生产效率，此外搅拌还可增强整平剂的效果。

⑤ 前处理的影响　若镀件表面过于粗糙、多孔、有裂纹，镀层亦粗糙。在气孔、裂纹区会产生黑色斑点，或鼓泡、剥落现象。铸铁表面的石墨有降

低氢过电位的作用，氢易于在石墨位置析出，阻碍金属沉积。因此镀件电镀前，需对镀件表面作精整和清理，去除毛刺、夹砂、残渣、油脂、氧化皮、钝化膜，使基体金属露出洁净、活性的晶体表面。这样才能得到完整、致密、结合良好的镀层。前处理不当，将会导致镀层起皮、剥落、鼓泡、毛刺、发花等缺陷。

(2) 镀液的影响

① 主盐浓度　主盐溶度越高，则浓差极化越小，导致结晶形核速率降低，所得组织较粗大。这种作用在电化学极化不显著的单盐镀液中更为明显。稀溶液的分散能力比浓溶液好。

② pH 值　镀液的 pH 值影响氢的放电电位，碱性夹杂物的沉淀，还可以影响配合物或水化物的组成以及添加剂的吸附程度。

③ 配合剂（complexing agent or chelating agent）　根据金属离子的交换电流密度 i^0 的大小可将金属分为三类。

第一类　i^0 很大，$10 \sim 10^{-3}\,A/dm^2$，过电位很小，如 Pb^{2+}、Cd^{2+}、Sn^{2+}、In^{3+} 等。

第二类　i^0 中等，为 $10^{-3} \sim 10^{-8}\,A/dm^2$，过电位中等，如 Cu^{2+}、Zn^{2+}、Au^{3+}、Bi^{3+} 等。

第三类　i^0 很小，为 $10^{-8} \sim 10^{-15}\,A/dm^2$，过电位高，如 Co^{2+}、Ni^{2+}、Pt^{2+} 等。

只有第三类金属才能从其简单盐中电镀出致密的金属镀层。第一、二类金属由于交换电流过大，过电位低，得到的是疏松镀层。为了提高过电位，必须加入适当配合剂。配合剂往往使得金属析出变得更困难。a. 从热力学角度看，加入配合剂的作用是使金属离子形成比简单水化离子更稳定的配合物，从而使金属离子还原的活化能更高，因此体系的平衡电势 φ_{Ψ} 变得更负。b. 从动力学角度看，在一般情况下金属从配离子体系中析出比从简单水溶液体系析出更困难，交换电流密度变小，过电位增加，从而形成致密的镀层。

若在氰化物溶液中，只有周期表中铜分族及其右方的金属元素才能在电极上析出，即分界线的位置向右方移动了。在含有不同配合剂的溶液中，分界线的位置不同，而且金属的活泼性顺序也不全相同。影响配合效果的因素有配合剂种类，配位体和金属离子浓度，pH 值等。电镀中常见金属的配合剂如下。

Zn^{2+}　OH^-，$P_2O_7^{4+}$，CN^-，HEPP（羟基亚乙基二磷酸）

Cu^{2+}　CN^-，$P_2O_7^{4+}$，HEDP，Cit^{3-}，乙二胺等

Sn^{2+}　BF^-，H_2NSO_3OH，Cit^{3-}

Au　CN^-，SO_3^{2-}，Cit^{3-}

Ag　CN^-，$S_2O_3^{2-}$

④ 卤素离子　卤素离子对大多数金属电极体系的阴极过程与阳极过程均有显著的活化作用。例如海水腐蚀和盐水腐蚀的严酷性就与 Cl^- 的活化作用分不开；在氯化物溶液中电沉积镍、铁时出现的极化比硫酸盐溶液中的小得多，不利于生成平滑紧密的镀层。不过在电解液中加入氯化物可以加大金属电极反应的可逆性。例如在锌锰电池中采用 NH_4Cl、在用 Mg 和 Al 等金属作为负极的化学电池中采用氯化物或溴化物作电解质、在电镀时采用氯化物溶液可以促使阳极正常溶解。例如在酸性镀镍溶液中加入氯化物，可起到消除或降低阳极极化的作用。

⑤ 表面活性剂　表面活性剂（surfactant）具有润湿（降低表面张力）、乳化和增溶、整平、光亮、消除内应力等作用，从而改善镀层组织、表面形态、物理化学和力学性能。在电镀添加剂中通常作为光亮剂、防针孔剂、润湿剂、分散剂、增溶剂、抑雾剂等。

大多数有机物都或多或少地具有电极表面活性。一般情况下，表面活性物质的用量很少（加入浓度一般为 $10^{-6}\sim10^{-2}$ mol/L），不足以将反应粒子大量转化为配合物。它们对电极过程的影响显然与它们在"电极/溶液"界面上的吸附有关。大部分有机添加剂的作用机理是增大金属离子还原过程的电化学极化和促进新晶核的形成速度，使镀层细致、均匀。

大多数表面活性物质不直接参加所研究的电化学反应，但它们可能在电极上氧化或还原或在溶液中分解，不过引起活性物质消耗的主要原因是它们常夹杂在镀层中。

与加入配合剂相比，加入表面活性物质有不少优点，如加入浓度小因而成本较低、对溶液中金属离子的化学性质没有影响致使废水较易处理，以及一般不具有毒性等。然而也不应忽视这种方法的缺点，如容易引起夹杂并使镀层的纯度和力学性能下降、不宜在高温下使用、容易产生泡沫并由此引起新的废水处理问题，以及浓度的测定和控制较为困难等。

（3）还原产物的活度

若金属电极过程的还原产物不是纯金属而是合金，则反应产物中金属的纯度比纯金属小，使 $\varphi_{平}$ 正移，因而有利于还原反应的实现。

5.6.2　金属的阳极溶解与钝化现象

金属电极的阳极过程要比其阴极过程更复杂一些，大体包括以下两类情况。

①"正常的"阳极溶解过程，生成溶液中的金属离子。

② 阳极反应中生成不溶性的反应产物并常出现与此有关的钝化现象。

5.6.2.1　正常的金属阳极溶解

实际晶体的溶解过程往往是首先在晶面上的缺陷处发生的。这些位置上的金属原子与晶格结合较弱而与溶液中的溶剂分子及阴离子等有较强的相互作用。不同晶面的阳极溶解速度也有差别。

溶液的组成，如溶液中含有的阴离子、配合剂和表面活性物质等均对体系的 i^0 有显著影响；因此它们对平衡电势附近的阴、阳极过程均有一定影响。但是阴离子的种类及浓度对阳极极化曲线的影响往往比对阴极极化曲线更大。金属中的少量杂质对金属的阳极溶解也往往产生很大的影响。如电镀镍中使用含硫 0.02% 镍阳极时阳极极化比采用电解镍阳极时降低超过 400mV，而酸性镀铜中使用含磷 0.05% 的铜阳极比纯铜阳极极化增大了许多。在金属腐蚀过程中，也观察到大量有关微量组分对金属自溶解速度有重大影响的事例。

5.6.2.2　金属的表面钝化

金属的钝化（passivation）现象可以分为化学钝化与电化学钝化两类。

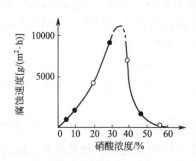

图 5-42　铁在硝酸中的钝化

由钝化剂引起的金属钝化，通常称为"化学钝化"。例如铁在稀硝酸中很快就溶解（图5-42），但在浓硝酸中溶解现象就几乎完全停止了；铝在稀硝酸中很不稳定，但却可以用铝制容器来贮存浓硝酸。除了硝酸外，其它一些试剂（通常是强氧化剂）如 $AgNO_3$、$HClO_3$、$K_2Cr_2O_7$、$KMnO_4$ 和浓硫酸等都可使金属钝化。另一种钝化现象是由于阳极极化引起的，叫做电化学钝化。可以证明，大部分化学钝化现象也是按照电化学机理进行的。金属变成钝态后，其电极电势剧烈地向正方向移动，甚至可以高到接近于贵金属（如 Pt、Ag）的电极电势。

利用控制电位法（恒电位法）可测得具有活化-钝化行为的完整的阳极极化曲线 ［图 5-43(a)］。若用控制电流法（恒电流法）则不能测定出完整的阳极钝化曲线，如图 5-43(b) 所示，正程测定得 $ABCD$ 曲线，反程则得 DFA 曲线，都无法得到如图 5-43(a) 所示的曲线。

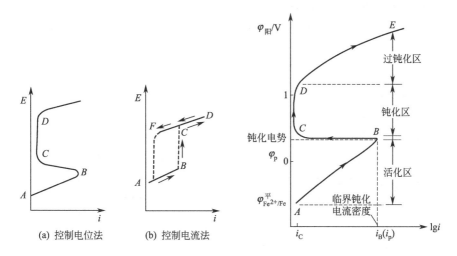

图 5-43 不同方法测得的
阳极钝化曲线

图 5-44 典型阳极钝化曲线

i_p—致钝电流密度；φ_p—致钝电位；AB 段—活性溶解区；
BC 段—活化钝化过渡区；CD 段—钝化区；DE 段—过钝化区

控制电位技术测得的阳极极化曲线（图 5-44）通常分为四个区域。

① 活性溶解区（AB 段）　极化电流随着电极电位的增大而增大，逐渐增加，此时金属进行正常的阳极溶解。

② 过渡区（BC 段）　随着电极电势增加到 B 点，极化电流密度达到最大值 i_p。若电极电位继续增加，金属开始发生钝化现象，即电流密度随着电势的变正反而急剧下降。通常 B 点所对应的电流密度 i_p 和电极电位 φ_p 分别称为致钝电流密度（或称"临界钝化电流密度"）和致钝电位。在极化电流急剧下降到最小值的转折点（C 点）电位称为 Flade 电位。

③ 稳定钝化区（CD 段）　升高 φ，i 变化不明显，此时处于比较稳定的钝态，随着电位的改变极化电流基本不变。此时的电流密度称为钝态金属的稳定溶解电流密度或钝态电流密度或维钝电流密度，这段电位区称钝化电位区。

④ 过钝化区（DE 段）　D 点以后，阳极极化电流又随着电极电势的正移而迅速上升。其原因可能是由于金属以高价形式溶解，例如不锈钢中，铬以六价的形式溶解。

$$Cr_2O_3 + 5H_2O \longrightarrow 2CrO_4^{2-} + 10H^+ + 6e^-$$

影响金属钝化过程及钝态性质的因素可归纳为以下几点。

① 溶液的组成　溶液中存在的 H^+，卤素离子以及某些具有氧化性的

191

阴离子对金属的钝化现象起着颇为显著的影响。在中性溶液中，金属一般是比较容易钝化的，而在酸性溶液或某些碱性溶液中要困难得多。这是与阳极反应产物的溶解度有关的。卤素离子，特别是氯离子的存在则明显地阻止金属的钝化过程，已经钝化了的金属也容易被它破坏（活化），而使金属的阳极溶解速率重新增加。溶液中存在某些具有氧化性的阴离子（如 CrO_4^{2-}）则可以促进金属的钝化。

② 金属的化学组成和结构　各种纯金属的钝化能力很不相同，以铁、镍、铬三种金属为例，铬最容易钝化，镍次之，铁较差些。因此在铁中加入某些易钝化的金属组分（如铬、镍、钼、钛等）可以冶炼成各种不锈钢。一般来说，在合金中添加易钝化的金属时可以大大提高合金的钝化能力及钝态的稳定性。

③ 外界因素（如温度、搅拌等）　一般来说温度升高以及搅拌加剧是可以推迟或防止钝化过程的发生，这明显与离子的扩散有关。

金属钝化是一种界面现象，它没有改变金属本体的性能，只是使金属表面在介质中的稳定性发生了变化。产生钝化的原因较为复杂，目前对其机理还存在着不同的看法，目前主要有两种学说，即成相膜理论和吸附理论。

成相膜理论认为，当金属溶解时，处在钝化条件下，可在表面上生成致密的覆盖性良好的固态保护薄膜（厚度为几个至一百多埃）。这种保护膜形成独立相，称为钝化膜或称成相膜，此膜将金属表面和溶液机械地隔离开，使金属的溶解速度大大降低，也即使金属转为钝态。大多数的钝化膜系由金属的氧化物组成，例如铁的钝化膜为 $\gamma\text{-}Fe_2O_3$，如图 5-45 所示；铝的钝化膜为无孔的 $\gamma\text{-}Al_2O_3$，覆盖在它上面的为多孔的 $\beta\text{-}Al_2O_3$ 等，在一定条件下，铬酸盐、磷酸盐、硝酸盐及难溶的硫酸盐和氯化物也可构成钝化膜。

吸附理论认为，金属表面并不需要形成固态产物膜才钝化，而只要表面

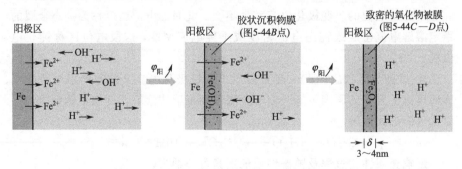

图 5-45　成相膜理论示意

或部分表面形成一层氧或含氧粒子（如 O^{2-} 或 OH^-）的吸附层也就足以引起钝化了。这吸附层虽只有单分子层厚，但由于改变了"金属/溶液"的界面结构，使阳极反应的活化能显著升高，导致金属表面反应能力下降而钝化。金属表面的单分子吸附层甚至可以是不连续的，不一定需要将表面完全覆盖。只要在最活泼的，最先溶解的金属表面区域上，例如金属晶格顶角及边缘处吸附了单分子层，便能抑制阳极的溶解过程并使金属钝化。如图 5-46 所示。

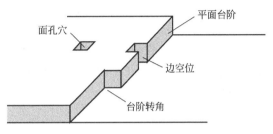

图 5-46　吸附理论示意

　　这两种钝化理论都能较好地解释大部分实验事实，然而无论哪一种理论都不能全面、完整地解释各种钝化现象。这两种理论的相同之处是都认为由于在金属表面生成一层极薄的钝化膜阻碍了金属的溶解，至于对成膜的解释，却各不相同。吸附理论认为，只要形成单分子层的二维膜就能导致金属产生钝化，而成相膜理论认为，要使金属得到保护、不溶解，至少要形成几个分子层厚的三维膜，而最初形成的单分子吸附膜只能轻微降低金属的溶解，增厚的成相膜才能达到完全钝化。此外两个理论的差异，还有吸附键和化学键之争。事实上金属在钝化过程中，在不同的条件下，吸附膜和成相膜可分别起主要作用。有人企图将这两种理论结合起来解释所有的金属钝化现象，认为含氧粒子的吸附是形成良好钝化膜的前提，可能先生成吸附膜，然后发展成成相膜。认为钝化的难易主要取决于吸附膜，而钝化状态的维持主要取决于成相膜。膜的生长也服从对数规律，吸附膜的控制因素是电子隧道效应，而成相膜的控制因素则是离子通过势垒的运动。

　　金属处于稳定的钝态时，其溶解速度大大降低。有人认为因为钝化膜有微孔，所以钝化后金属的溶解速度是由微孔内金属的溶解速度决定的。但也有人认为金属溶解是透过完整的膜而进行的，由于膜的溶解是一个纯粹的化学过程，其速度与电极电位无关。因此钝态金属的稳定溶解速度也应和电极电位无关。这一结论在大多数情况下和实验结果是相符合的。

习　题

1. 为什么电池放电时，其输出电压要比理论电压或开路电池低？

2. 为什么浓差极化使阳极电位增大，阴极电位减小？

3. 极化现象是怎样产生的？什么是超电势？如何降低超电势的数值？

4. 试比较电化学极化和浓差极化的基本特征。

5. 298K 下用光亮铂极电解 1mol/dm³ NaOH 溶液，得 H_2 和 O_2。分别写出两极的电极反应。并计算理论分解电压。实测分解电压为 1.69V，实测分解电压大于理论分解电压的原因是什么？

6. 如何理解交换电流 i^0 的物理意义？并说明其数值的大小和极化的关系。

7. 电极的平衡电势与析出电势有何不同？由于超电势的存在使阴阳极的析出电势如何变化？超电势的存在有何不利和有利之处？

8. 什么叫氢超电势？氢超电势与哪些因素有关？如何计算？对电解过程有何利弊？

9. 通过研究发现氢超电势与下列哪一因素关系不大（　　）。

A. 电流密度　　　B. 电极材料　　　C. 溶液组成与温度　　　D. 外界压力

10. 极谱分析中加入大量惰性电解质的目的是（　　）。

A. 增加溶液电导　　　B. 固定离子强度　　　C. 消除迁移电流　　　D. 上述几种都是

11. 通过阳极极化曲线的测定，对极化过程和极化曲线的应用有何进一步理解？如要对某种系统进行阳极保护，首先必须明确哪些参数？

12. 当电极表面正电荷增多（即电极电位正移），对电极所发生的过程而言（　　）。

A. 氧化过程的活化能 E_a 降低　　　B. 还原过程的 E_a 降低　　　C. 两过程的 E_a 都降低　　　D. 两过程的 E_a 都增加

13. 下列两图的四条极化曲线中分别代表原电池的阴极极化曲线和电解池的阳极极化曲线的是（　　）。

A. 1、4　　B. 1、3　　C. 2、3　　D. 2、4

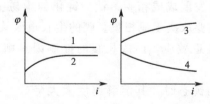

14. 某些非电化学专业的学者认为，当用电器以一定的功率工作时，电流降低，那么电池电压升高，若达到几百伏，则对电池和人都不利。你有什么看法？

15. 电极反应步骤一般有哪些？

16. 阴极电流密度 j 与浓差超电势 η 的关系是（　　）。

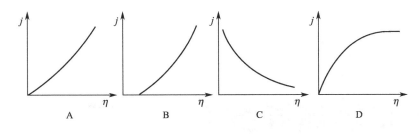

参 考 文 献

[1]　查全性 . 电极过程动力学 . 第 3 版 . 北京：科学出版社，2002：127-170.

[2]　小久见善八 . 电化学 . 郭成言译 . 北京：科学出版社，2002：43-54.

[3]　朱志昂 . 近代物理化学：下册 . 第 3 版 . 北京：科学出版社，2004：282-298.

[4]　小泽昭弥 . 现代电化学 . 北京：化学工业出版社，1995：61-75 .

[5]　田中群 . 电化学 . 厦门大学教学讲义，2005.

[6]　郭保章，段少文 .20 世纪化学史 . 江西：江西教育出版社，1998 .

[7]　王金玉 . 电化学 . 哈尔滨工业大学教学讲义，1992.

第*6*章
电化学测试技术

在电化学测量中，通常采取施加各种形式的电场于研究电极，通过测量电极上各种电参数如电位、电流、电阻、电量、电容及交流阻抗等的变化，分析、判断和表述电极、电极界面及其周围液层中可能发生的化学、物理和电化学变化的历程和规律。在上述各种参数中，电位、电流是最重要的，因此正确测量电极电位和通过电极的电流是电化学测量的基础。

常见的电化学测量技术，各有优缺点，适用条件也不同，在实用中往往是多种电化学测试技术同时使用以获得更为可靠的信息。

6.1　三电极体系

一般电化学体系分为二电极体系和三电极体系，用得较多的是三电极体系（图 6-1、图 6-2）。相应的三个电极为工作电极、参比电极和辅助电极。其中被研究电极过程的电极被称为"研究电极"或"工作电极"。"参比电极"被用来测量研究电极的电势，至于"辅助极化电极"的作用，则只是用来与工作电极构成电流回路，以形成对研究电极的极化。用三电极体系测得的研究电极上电流密度随电极电势的变化即单个电极的极化曲线。对于化学电源和电解装置，辅助电极和参比电极通常合二为一，即二电极体系（图 6-3）。如 5.1 中提到的分解电压和放电曲线就是用二电极法测量通过电池的电流随槽压的变化。虽然在研究电极过程时，单个电极的极化曲线比分解电压或放电曲线有用得多。但是经常可以遇到这样一类情况：某一电极上的活性物质或反应产物能迁移到另一电极上去，并显著影响后一电极上发生的过程。例如在直接甲醇燃料电池中，甲醇往往扩散到空气电极一侧并使后者的性能显著变劣，而这种情况在单独研究空气电极时是观察不到的。孤立地研究单个电极可能会忽视了两个电极之间的相互作用，因此处理任何电化学问

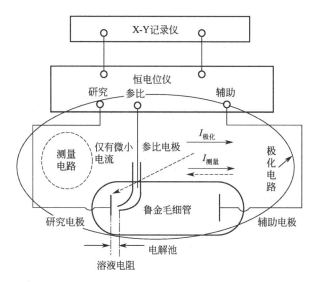

图 6-1 三电极体系的基本构成

极化回路—测量电流；测量回路—测量电位

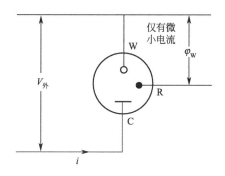

图 6-2 三电极体系的简化示意

W—研究电极；C—辅助电极；R—参比电极

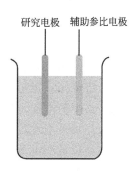

图 6-3 二电极体系示意

题时都不可以脱离电化学装置整体。在腐蚀测量中，为了同时测得阴阳极电位，往往采用四电极体系（图6-4）。

施加于研究电极的电场由恒电位（电流）仪和讯号发生器调制给出，电流-电位或电流（电位）-时间曲线由 X-Y 函数记录仪、示波仪或计算机进行记录或显示。电化学电池一般包括电流表、电压表、直流电源、三个电极、测试溶液以及工作槽。

在图 6-1 所示的测量回路中，我们是通过测量由研究电极和参比电极组

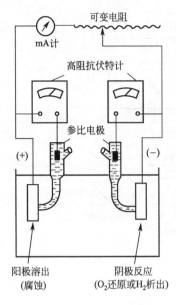

图 6-4　四电极体系测定
腐蚀极化曲线装置

成的电池的路端电压来获得研究电极的电位。设定，$E_{理论} - I_{测量} = 0$ 时的电压，$I_{测量}$ 为测量回路流过的电流，$R_{测量}$ 为测量回路的欧姆电阻，$\Delta E_{极化}$ 为由 $I_{测量}$ 引起的研究电极和参比电极的极化之和。$E_{实际}$ 可以表示为：

$$E_{实际} = |\varphi_{研} - \varphi_{参}| - I_{测量}R_{测量}$$
$$= E_{理论} - I_{测量}R_{测量} - |\Delta E_{极化}| \quad (6\text{-}1)$$

显然，只有满足 $I_{测量}R_{测量} = 0$，$\Delta E_{极化} = 0$，才会使得 $E_{实际} = E_{理论}$。$E_{实际}$ 绝对等于 $E_{理论}$ 是不可能的，在一般的电化学测量中，允许这种差别小于 1mV。引起式（6-1）右侧第二、三项的原因是通过的电流 $I_{测量}$，由于

$$I_{测量} = \frac{|E_{理论}|}{R_{内} + R_{测量}} \quad (6\text{-}2)$$

式中，$R_{内}$ 是测量电动势仪器的内阻，$R_{内}$ 越大，$I_{测量}$ 越小，只有 $R_{内}$ 足够大时，$I_{测量}$ 才足够小，$R_{内} : R_{测量} > 1000$ 才可保证

测量的误差小于 1mV，此时 $I_{测量} \approx \dfrac{|E_{理论}|}{R_{内}}$。在一般电化学测量要求的精度中，$R_{内} > 10^6 \sim 10^7 \Omega$，但是当待测体系内阻很大时，要求 $R_{内}$ 也要更大。

从以上分析可知，足够高的输入阻抗实质上是保证测量回路中的电流足够小，使得电池的开路电压绝大部分都分配在仪器上。同时，测量回路中的电流小导致被测电池的极化小到不足以影响研究电极的电极电势和参比电极的稳定性。

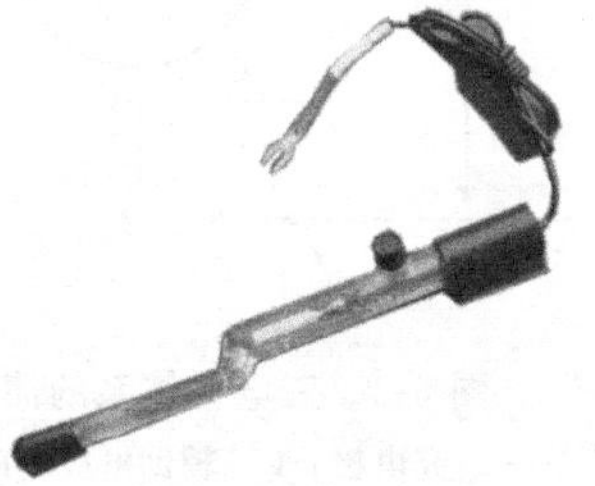

有必要重点指出，使用前应取下参比电极下端口及上侧加液口的小胶帽（见图 6-5），不用时应及时戴上。若不取下电极下端口的橡胶套，极化回路将在绝缘的橡胶套处断开，导致测量回路的离子通道中断，相当于 $R_{测量} \to \infty$。

图 6-5　232 型饱和甘汞电极

6.1.1　工作电极

所研究的反应发生在工作电极（working electrode，WE）上。一般来讲，对工作电极的基本要求是：所研究的电化学反应不会因电极自身所发生

的反应而受到影响，并且能够在较大的电位区域中进行测定；电极必须不与溶剂或电解液组分发生反应；电极面积不宜太大，电极表面最好应是均一平滑的，且能够通过简单的方法进行表面净化等等。各式各样的能导电的材料均能用作电极，工作电极可以是固体，也可以是液体。最普通的"惰性"固体电极材料是玻碳、铂、金、银、铅和导电玻璃等。在液体电极中，汞和汞齐是最常用的工作电极，它们都是液体，都有可重现的均相表面，制备和保持清洁都较容易。采用固体电极时，为了保证实验的重现性，必须注意建立合适的电极预处理步骤，以保证电极表面氧化还原、表面形貌和不存在吸附杂质的可重现状态。

化学电源中电极材料可以参加成流反应，本身可溶解或化学组成发生改变。对于电解过程，电极一般不参加化学的或电化学的反应，仅是将电能传递至发生电化学反应的"电极/溶液"界面。制备在电解过程中能长时间保持本身性能的不溶性电极一直是电化学工业中最复杂也是最困难的问题之一。不溶性电极除应具有高的化学稳定性外，对催化性能、机械强度等亦有要求。

6.1.2 辅助电极

辅助电极也叫对电极。辅助电极（counter electrode，CE）的作用比较简单，它和工作电极组成一个串联回路，使得工作电极上电流畅通。在电化学研究中经常选用性质比较稳定的材料作辅助电极，比如铂或者炭电极。为了减少辅助电极极化对工作电极的影响，辅助电极本身电阻要小，并且不容易极化，同时对其面积、形状和位置也有要求，其面积通常要较研究电极大。当研究电极的面积非常小时，$I_{极化}$引起的辅助电极的极化可以忽略不计，即辅助电极的电势在测量中始终保持一稳定值，此时辅助电极可以作为测量回路中的电势基准，即参比电极。例如，当研究电极为（超）微电极时，用两电极体系就可以完成极化曲线的测量。为了减少辅助电极上的反应对工作电极的干扰可用烧结玻璃、多孔陶瓷或离子交换膜等来隔离两电极区的溶液。有时为了使电解液组分不变，辅助电极上可以安排为工作电极反应的逆反应。

6.1.3 参比电极

6.1.3.1 参比电极的定义与作用

参比电极（reference electrode，RE）是与被测物质无关、电位已知且稳定，提供测量电位参考的电极。参比电极上基本没有电流通过，用于测定研究电极（相对于参比电极）的电极电势。在控制电位实验中，因为参比半电池保持固定的电势，因而加到电化学电池上的电势的任何变化值直接表现在"工作电极/电解质溶液"的界面上。与标准氢电极一致的是：当研究电极相对于参比电极为正极时，则 $\varphi = \varphi_{研} - \varphi_{参}$，$\varphi_{研} = \varphi_{参} + \varphi$，当研究电极为负极时，则 $\varphi = \varphi_{参} - \varphi_{研}$，$\varphi_{研} = \varphi_{参} - \varphi$。对参比电极的要求是：a. 电极电势已知且稳定（图 6-6）、重现性好的可逆电极。也即电极过程的交换电流密度 i^0 相当高，是不极化或难极化的电极体系（图 6-7），因此能迅速建立热力学平衡电位，其电极电势符合 Nernst 方程。流过微小电流（$i \ll i^0$）时的极化也较小，且电极电势能迅速恢复。由于现在恒电位仪的性能已有明显的提高，电流测量的下限也扩展到 pA 级，$i \ll i^0$ 已变得很容易做到。b. 工作介质与参比电极内的电解液之间互相不能污染，基本上不产生液接电位，或通过计算易于修正。c. 电极电位的温度系数小。d. 电极结构坚固，材料稳定，抗介质腐蚀也不污染试验介质。参比电极插入介质不会扰乱待测体系。在电化学测试时，需要注意的是，温度、光线、电解质浓度和沾污、电解质中的气泡等因素都可能影响到参比电极的电位。电解质中的气泡甚至可能导致参比电极断路。

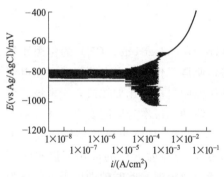

图 6-6　参比电极电位不稳定
引起的电位振荡现象

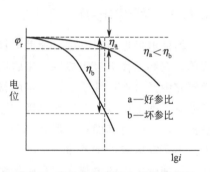

图 6-7　难极化的参比电极性能较好

6.1.3.2　常见参比电极

水溶液体系中常见的参比电极有：饱和甘汞电极（SCE）、Ag/AgCl 电极、标准氢电极（SHE 或 NHE）等。常用的非水参比体系为 Ag/Ag$^+$（乙腈）。工业上常应用简易参比电极，或用辅助电极兼做参比电极。下面介绍两种常用的参比电极。

（1）甘汞电极（calomel electrode）

定　义　甘汞电极是由汞、甘汞（Hg_2Cl_2）和一定浓度的氯化钾溶液所构成的微溶盐电极。

电极组成　$Hg \,|\, Hg_2Cl_2, KCl(x\text{mol/L}) \,\|$

电极反应 $\qquad Hg_2Cl_2(s)+2e^- \Longrightarrow 2Hg(l)+2Cl^-(aq)$

电极电位 $\qquad \varphi_{甘汞}=\varphi_{甘汞}^\ominus -\dfrac{RT}{F}\ln a_{Cl^-} \qquad 298.15K,\ \varphi^\ominus =0.2676V$

从上式可见，电极电位与 Cl^- 的活度或浓度有关。常用的有三种浓度：0.1mol/L、1.0mol/L 和饱和。其中以饱和式最容易配置，因而最常用（使用时溶液内应保留少许 KCl 晶体，以保证饱和），但温度系数较大。0.1mol/L KCl 溶液的甘汞电极温度系数最小，适用于精密测量。它们的电极电势及其与温度的关系见表 6-1。

表 6-1　常用甘汞电极数据

c_{KCl}	$\varphi(298.15K)/V$	$\varphi(T)/V$	$\left(\dfrac{\partial \varphi}{\partial T}\right)_p /(V/K)$
0.1mol/L	0.3338	$\varphi=0.3338-7.0\times10^{-5}(T-298.15)$	-0.00007
1mol/L	0.2810	$\varphi=0.2801-2.4\times10^{-4}(T-298.15)$	-0.00024
饱和溶液	0.2415	$\varphi=0.2415-7.6\times10^{-4}(T-298.15)$	-0.00076

特　点 $\quad$ a. 可逆性好，制作简单、使用方便，常用作外参比电极。b. 使用温度较低（<70℃，一般<40℃）且受温度影响较大（温度较高时，甘汞的歧化反应为：$Hg_2Cl_2 \Longrightarrow Hg+HgCl_2$）；当 T 从 20℃ 变到 25℃ 时，饱和甘汞电极电位从 0.2479V 变到 0.2444V，$\Delta\varphi=3.5mV$。c. 当温度改变时，电极电位平衡时间较长。d. $Hg(II)$ 可与一些离子发生反应。

甘汞电极制备容易，只需在纯汞表面上加一层氯化亚汞和汞的糊体，充入一定浓度的氯化钾溶液即可制成，放置数日后，电势趋于稳定即可使用。

市售的甘汞电极中的一种如图 6-8 所示。在电极的内部有一根小玻璃管，管内上部放置汞，它通过封在玻管内的铂丝与外部的导线相通；汞的下部放汞和甘汞糊状物。使用时打开上部橡皮塞，这样可使电极内的 KCl 溶

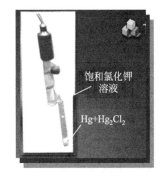
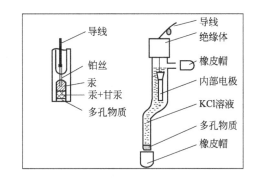

图 6-8　甘汞电极的外形及结构

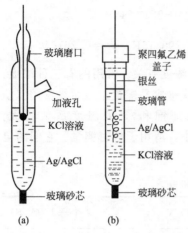

- 玻璃磨口
- 加液孔
- KCl 溶液
- Ag/AgCl
- 玻璃砂芯

(a)

- 聚四氟乙烯盖子
- 银丝
- 玻璃管
- Ag/AgCl
- KCl 溶液
- 玻璃砂芯

(b)

图 6-9　两种常见的银-氯化银电极

液（在静压强作用下）很缓慢从素瓷渗出，以阻抑外界溶液渗进电极管内。使用完毕后应将甘汞电极的下端浸泡在饱和 KCl 溶液中。

在中性和酸性溶液中常使用硫酸亚汞电极——$Pt|Hg|Hg_2SO_4，H_2SO_4(a)$，在碱性溶液中常使用氧化汞电极——$Pt|Hg|HgO，OH^-(a)$。

（2）Ag/AgCl 电极（silver chloride electrode）

定　义　它是将氯化银涂在银的表面上再浸入含有 Cl^- 的溶液中构成（如图 6-9 所示）。

电池组成　$Ag|AgCl，KCl(x mol/L)\|$

电极反应　$AgCl(s)+e^- \Longrightarrow Ag(s)+Cl^-(aq)$

注意与银电极不同。

银电极　$Ag(s)|Ag^+(a)$

$$Ag^+(a)+e^- \longrightarrow Ag(s)$$

电极电位　$\varphi=\varphi_{Ag^+/Ag}-\dfrac{RT}{F}\ln a_{Cl^-}$　　$\varphi^{\ominus}_{AgCl/Ag}=0.2224V$

也与 KCl 溶液中 Cl^- 浓度有关。25℃时常用 Ag-AgCl 电极的电极电势如表 6-2 所示。

表 6-2　常用银-氯化银电极数据（298.15K）

$c_{KCl}/(mol/L)$	0.1	1	饱和溶液
φ/V	0.2223	0.2880	0.1981

构　成　同甘汞电极，只是将甘汞电极内管中的（Hg，Hg_2Cl_2+饱和 KCl）换成涂有 AgCl 的银丝即可。

特　点　a. 可在高于 60℃（甚至可达 275℃）的温度下使用。b. 较少与其它离子反应（可与蛋白质作用）并导致与待测物界面的堵塞。c. 常用作为内参比电极。

银-氯化银电极与甘汞电极相似，都是属于对 Cl^- 可逆的金属难溶盐电极。该电极的电极电势在高温下较甘汞电极稳定。但 AgCl（s）易遇光分解，而且如果失水干燥，AgCl 涂层也会脱落，故 AgCl 电极不易保存。

制备 Ag-AgCl 电极的方法很多。较简便的方法是取一根洁净的银丝与一根铂丝，均插入 $0.1mol/dm^3$ 的 HCl 溶液中，外接直流电源和可调电阻进行电解。控制电流密度为 $5mA/cm^2$，通过约 5min，在阳极的银丝表面即镀上一层 AgCl。用去离子水洗净后，浸入指定浓度的 KCl 溶液中保存待用。

6.1.3.3　参比电极使用注意事项

① 电极内部溶液的液面应始终高于试样溶液液面（防止试样对内部溶液的污染或因外部溶液与 Ag^+、Hg^{2+} 发生反应而造成液接面的堵塞，尤其是后者，可能是测量误差的主要来源）。

② 上述试液污染有时是不可避免的，但通常对测定影响较小。但如果用此类参比测量 K^+、Cl^-、Ag^+、Hg^{2+} 时，其测量误差可能会较大。这时可用盐桥（不含干扰离子的 KNO_3 或 Na_2SO_4）来克服。

6.1.4　电解质

电解质可以是固体、液体，偶尔也用气体，一般分为五种：a. 电解质作为电极反应的起始物质，与溶剂相比，其离子能优先参加电化学氧化-还原反应，在电化学体系中起导电和反应物双重作用。b. 电解质只起导电作用，在所研究的电位范围内不参与电化学氧化-还原反应，这类电解质称为支持电解质。c. 固体电解质为具有离子导电性的晶态或非晶态物质，如聚环氧乙烷和全氟磺酸膜 Nafion 膜及 β-铝氧土（$Na_2O \cdot β-Al_2O_3$）等。d. 熔盐电解质兼顾 a、b 的性质，多用于电化学方法制备碱金属和碱土金属及其合金体系中。e. 较新的离子液体。

电解质溶液是最常见的电极间电子传递的媒介，通常是由溶剂和高浓度的电解质盐（作为支持电解质）以及电活性物种等组成，也可能含有其它物质（如配合剂、缓冲剂）。一般电解质只有溶解在一定溶剂中才具有导电能力，因此溶剂的选择也十分重要，介电常数很低的溶剂就不太适合作为电化学体系的介质。由于电极反应可能对溶液中存在的杂质非常敏感，如即使在 $10^{-4}mol/L$ 浓度下，有机物种也常常能被从水溶液中强烈地吸附到电极表面，因此溶剂必须仔细纯化。如果以水作为溶剂，在电化学实验前通常要将离子交换水进行二次或三次蒸馏后使用。蒸馏最好采用石英容器，第一次蒸馏时常通过 $KMnO_4$ 溶液以除去可能存在的有机杂质。尽管在绝大部分的电化学研究中都使用水作为溶剂，但进行水溶液电解时必须考虑到氢气和氧气的产生。

最近一些年，有机电化学研究日益受到人们的关注，有机溶剂的使用日益增多。对有机溶剂的要求为：a. 可溶解足够量的支持电解质；b. 具有足够支持电解质离解的介电常数；c. 常温下为液体，并且其蒸气压不大；d. 黏性不能太大，毒性要小；e. 可以测定的电位范围（电位窗口）大等。有机溶剂使用前也必须进行纯化，一般在对溶剂进行化学处理后采用常压或减压蒸馏提纯。在非水溶剂中，一种普遍存在的杂质是水，降低或消除水的方法一般是先通过分子筛交换，然后通过 CaH_2 吸水，再蒸馏而除去。

6.1.5　隔膜

隔膜（diaphragm）在电化学研究的大部分场合是电池必要的结构单元，隔膜将电池分隔为阳极区和阴极区，以保证阴极、阳极上发生氧化-还原反应的反应物和产物不互相接触和干扰。特别是在化学电源的研究中，隔膜常常是影响电池性能的重要因素。隔膜可以采用玻璃滤板隔膜、盐桥和离子交换膜等，起传导电流作用的离子可以透过隔膜。电化学工业上使用的隔膜一般可分为多孔膜和离子交换膜两种，而离子交换膜又分为阳离子交换膜和阴离子交换膜。

6.1.6　盐桥

盐桥（图 6-10）的作用在于减小电池的液体接界电位。常用盐桥（质量分数为 3％琼脂-饱和 KCl 盐桥）的制备方法如下：将盛有 3g 琼脂和97mL 蒸馏水的烧瓶放在水浴上加热（切忌直接加热），直到完全溶解。然后加 30g KCl，充分搅拌。KCl 完全溶解后，立即用滴管或虹吸管将此溶液装入已制作好的 U 形玻璃管（注意 U 形管中不可夹有气泡）中，静止，待琼脂冷却凝成冻胶后，制备即完成。多余的琼脂-KCl 用磨口瓶塞盖好，用时可重新在水浴上加热。将此盐桥浸于饱和 KCl 溶液中，保存待用。所用 KCl 和琼脂的质量要好，以避免玷污溶液。应选择凝固时呈洁白色的琼脂。高浓度的酸、氨都会与琼脂作用，从而破坏盐桥，污染溶液。若遇到这种情况，不能采用琼脂盐桥。

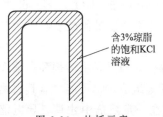

含3%琼脂的饱和KCl溶液

图 6-10　盐桥示意

6.1.7　鲁金毛细管

由图 6-1 中可见，在三电极体系中同属于两回路的公共部分除研究电极外，还有参比电极（如果使用盐桥，则是盐桥端口）至研究电极表面的溶液，这部分溶液的电阻用 R_s（resistance of solution）表示。在测量回路中，由于 $I_{测量}$ 很小（$<10^{-6}$ A），由 $I_{测量}$ 引起的压降 $I_{测量}R_s$ 极小，完全可以忽略不计。在极化回路中，$I_{极化}$ 引起的压降 $I_{极化}R_s$ 附加在研究电极的电势上，造成被测电势的主要误差。例如，在中等极化电流密度下，$i=10$ mA/cm^2，参比电极离电极表面距离 $l=0.5$ cm，比电导 $k=0.05$ S/cm，即溶液电阻率为 20 Ω·cm，则溶液电阻压降 $I_{极化}R_s=10\times0.5/0.05=100$ mV。当极化电流增大时，溶液电阻压降也增大。可见由此引起的误差是相当大的。

为减少溶液电位降 $I_{极化}R_s$，可使参比电极尽量靠近研究电极表面。为此，将参比电极与鲁金毛细管连通，如图 6-1 所示。鲁金毛细管中没有电流，尖端与电极之间有电流，所以欧姆损失很小。鲁金毛细管尖嘴应尽量但也不能无限制靠近研究电极表面，以防对研究电极表面的电力线分布造成屏蔽效应。为了既降低溶液的欧姆压降，又不产生明显的屏蔽作用，一般情况下可将鲁金毛细管尖端的外径拉到 0.5～0.1mm，使其尖嘴离研究电极表面的距离不小于鲁金毛细管尖端的外径。为了进一步精确地测定电极电势，欧姆损失也应校正。欧姆损失引起的电势变化极快，在 1ms 以内能够区别于其它过程引起的电势变化。即由电流快速归零时的初期（1ms）电势急剧变化计算电阻，然后用电阻值对测量结果进行校正。这种方法叫做电流中断（current interrupter）法。或者在测量系统中引入 IR 降补偿电路（图 6-11）。电流通过时需克服的电化学池的内阻所造成的 IR 降包括两部分，即

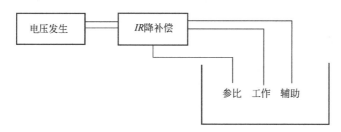

图 6-11 有 IR 降补偿的三电极测试系统

$$R=R_s \quad + \quad R_e \tag{6-3}$$
$$\underset{溶液}{\uparrow} \quad\quad \underset{电极表面氧化物}{}$$

采用鲁金（Luggin）毛细管，则有 $E_{测量}=\varphi_W-\varphi_C+IR \xrightarrow{忽略\ IR} E_{测量}=\varphi_W-\varphi_C$

6.1.8 电解池

电化学电池（electrochemical cell）主要包括电极和电解液，以及连

通的一个容器。视使用目的不同可采用不同材料，如在 HF 液和浓碱液中可采用聚四氟乙烯（PTFE）、聚乙烯和有机玻璃等作槽体，也有采用不锈钢容器作为槽体。一些在实验室进行电化学测量的小型电解池的材

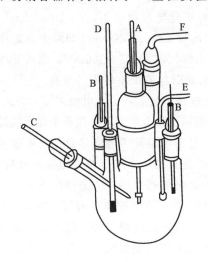

图 6-12　一种用于腐蚀研究的单室电解池
A—研究电极；B—辅助电极；C—盐桥；
D—温度计；E—进气管；F—出气管

料一般采用玻璃。电解池设计时需注意以下几点：a. 电解池的体积不宜太大，尤其是所研究的物质较昂贵时（如对于生物体系的电化学研究），因为体积大，耗液量多。b. 工作电极和辅助电极最好分腔放置。分腔放置可以避免两个电极上的反应物和产物之间相互影响，分腔放置的方法是隔膜的使用；同时工作电极和对电极的放置应使整个工作电极上的电流分布均匀。c. 参比室应有一个液体密封帽，以在不同溶液间造成接界，同时应选择合适的盐桥和 Luggin 毛细管位置，以降低液接电势和 IR 降。此外辅助电极的位置也必须放置得当。d. 进行电化学测量时常常需要通高纯氮气或氢气，以除去溶液中存在的氧气，因此电化学电解池设计时还要注意留有气体的进出口。e. 如要温度保持恒定，必须考虑恒温装置。f. 搅拌设计。

　　按电解槽中研究电极和辅助电极是否隔开，可将电解槽分为单室电解槽（图 6-12）和双室电解槽（图 6-13）。

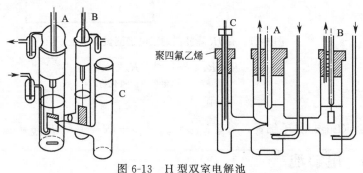

图 6-13　H 型双室电解池
A—研究电极；B—辅助电极；C—参比电极

6.2 电化学测试仪器

电压表、电流表、恒电位仪、极谱仪、pH 计、电导率仪、自动电位滴定仪、电池充放电测试系统等电化学分析测试系统是进行电化学分析、测试、研究的基本工具。

恒电位仪是电化学测试中最重要的仪器，其性能直接影响电化学测试结果的准确度。20 世纪 80 年代初，国内的电化学研究中已基本普及了恒电位仪，但其电位控制多为 ±3V，电流测量一般在 μA 级。由恒电位仪、信号发生器、X-Y 函数记录仪等组成的循环伏安仪是当时的主要研究工具之一。为了满足不同测量体系的需要和更加方便地控制实验，人们对恒电位仪进行改进与微机化，现在恒电位仪的性能已有明显提高，电位控制已提高到 ±5V 以上，电流测量的下限也扩展到 pA、nA 级。目前国内生产恒电位仪、信号发生器、循环伏安仪的厂家比较多，品种也多样化：如双参比四电极恒电位仪、超微电流恒电位仪、双恒电位仪、微机联用四电极恒电位系统等。

交流阻抗测定是电化学综合分析测试目前的重要组成部分。国外的交流阻抗测试仪相对成熟，但价格较高。国内的电化学分析测试系统中也逐渐融入交流阻抗测试技术，但应进一步提高频率测量范围和准确度、缩短在低频区的测量时间和改进仪器设备。

国内电化学分析测试仪器的硬件尚有待于进一步改进，以提高其测量的准确度、精度和稳定性。

6.3 电极动力学过程的研究方法

6.3.1 暂态与稳态

电极过程的研究方法有稳态法和暂态法两类。在指定的时间范围内，电化学系统的参量（如电极电位、电流、反应物及产物的浓度分布、电极表面状态等）变化甚微，基本上不随时间变化，这种状态称为电化学稳态。电化学稳态不是电化学平衡态。在稳态极化曲线的测试中，由于要达到稳态需要很长的时间，而且不同的测试者对稳态的认定标准也不相同，因此人们通常人为规定电极电势的恒定时间或扫描速度，使测试过程接近稳态，测取准稳态极化曲线。一般来说，电极表面建立稳态的速度愈慢，则电位扫描速度也应愈慢。为测得稳态极化曲线，人们通常依次减小扫描速度测定若干条极化曲线，当测至极化曲线不再明显变化时，可确定此扫描速度下测得的极化曲线即为稳态极化曲线。同样为节省时间，对于那些只是为了比较不同因素对电极过程影响的极化曲线，则选取适当的扫描速度绘制准稳态极化曲线就可以了。

到达稳态之前的状态被称为暂态。稳态和暂态是相对而言的。在从一个稳态到另一个稳态的过渡时间内，电极及其周围液层双电层充电、溶液的扩散传质、浓度分布、电化学反应及其电极界面的吸附覆盖都处于变化之中。最常用的暂态测量方法有电流阶跃法、电势阶跃法、循环伏安法和交流阻抗法等。

暂态时，流过电极表面的电流一部分用于双层充电（I_c），一部分用于进行电化学反应（I_R），总的电流 $I = I_c + I_R$。在过渡过程初期，极化很小，因此用于电化学反应的法拉第电流很小（$I_R \approx 0$），流过电池的电流主要用于双电层充电（$I = I_c$）。因此暂态过程可以用来研究双电层结构。此外由于暂态过程过渡时间短，浓差极化影响大大削弱，故可研究电化学动力学参数。若能将测量时间缩短到 10^{-5} s 以下，则瞬间扩散电流密度可达每平方厘米几十安。暂态方法的优点为：a. 运用现代电子技术将测量时间缩短到几个微秒要比制造每分钟旋转几万转的机械装置简便得多；b. 稳态法不适用于研究那些反应产物能在电极表面上累积或电极表面在反应时不断受到破坏的电极过程，而暂态测量方法就没有这些缺点。

6.3.2　控制电流法和控制电位法

测量极化曲线有两种方法：控制电流法与控制电势法（也称恒电流法与恒电势法）。图 6-14 给出了简易的恒电位和恒电流测量装置。

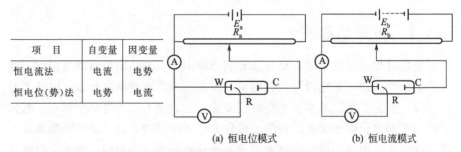

项　目	自变量	因变量
恒电流法	电流	电势
恒电位（势）法	电势	电流

(a) 恒电位模式　　　　(b) 恒电流模式

图 6-14　简易恒电位和恒电流测量原理图

E_a—低压稳压电源；E_b—高压稳压电源；R_a—低阻变阻器；

R_b—高阻变阻器；A—直流电流表；V—直流电压表

恒电位法 将电极电位维持在某一数值上,然后测量对应于该电位下的电流。

恒电流法 将研究电极的电流恒定在某定值下,测量其对应的电极电位。

通常恒电流法和恒电势法都可用于测量单调函数(即一个电流密度只对应一个电势或一个电势只对应一个电流密度)的极化曲线。但某些电极过程中的电极极化达到一定程度后,电流密度会随着电极极化的增加,达到极限值,因而不能采用恒电流法。因为在这种电极过程中,一个电流值可能对应几个电极电势值,此时必须采用恒电势法才能测得真实的极化曲线。又如阳极钝化曲线大都具有图 6-15 所示的形式。从恒电位法测定的极化曲线可以看出,它有一个"负坡度"区域的特点。具有这种特点的极化曲线是无法用控制电流的方法测定的。因为同一个电流 I 可能相应于几个不同的电极电势,因而在控制电流极化时,体系的电极电势可能发生振荡现象,即电极电势将处于一种不稳定状态。

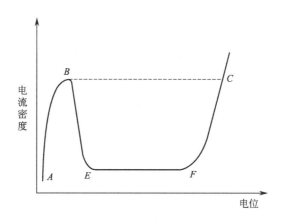

图 6-15 阳极钝化曲线

6.4 常见电化学测量技术

6.4.1 旋转圆盘电极

旋转圆盘电极(rotaing disc electrode,RDE,其基本结构见图 6-16),简称转盘电极。实际使用的电极系圆盘的底部表面,中置金属电极,周围是绝缘体。圆盘中心相当于搅拌起点,圆盘转动时带动附近的电解液一起旋转并向周围甩出，从而将电解液不断抽向电极。可以证明，如果溶液体积较大，且搅动在电极表面附近不引起湍流，整个旋转圆盘电极表面各点上的扩散层厚度均相同，因而扩散电流密度也是均一的。

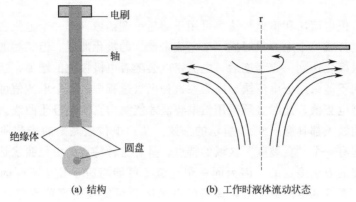

(a) 结构　　　　　　　(b) 工作时液体流动状态

图 6-16　旋转圆盘电极

$$i_{扩散} = \frac{zF}{v_i}\gamma_i\omega^{1/2}(c_i^0 - c_i^s) \tag{6-4}$$

$$i_{极限} = \frac{zF}{v_i}\gamma_i\omega^{1/2}c_i^0 \tag{6-5}$$

γ_i 是与扩散系数、动力黏度相关的常数。由液相传质速度控制的电流与 $\omega^{1/2}$ 成正比（图 6-17）。常利用这一性质来判别电极反应的控制步骤，还可利用 I-$\omega^{1/2}$ 关系的斜率来估计反应电子数。电极的转速最高可达约每分钟 10 万转。运用了这种装置，可将稳态扩散传质速度提高到 $10\sim100\mathrm{A/cm^2}$，比不加搅拌时提高了约 3 个数量级。若将目前已达到的最大电流密度再提高一个数量级，就必须使得旋转电极装置再将搅拌速度提高两个数量级——转速高达约为每分钟 1000 万转。显然这是目前还难以做到的。

在圆盘电极的同一平面上装有与其同心的环电极，盘与环之间用薄层绝缘材料隔离，称为旋转环盘电极（图 6-18）。环电极用于可溶性反应产物的检测，一般用贵金属制成。当电极反应按 $O \xrightarrow{z_1 e^-} X \xrightarrow{z_2 e^-} R$ 进行时，生成的中间价态粒子 X 除在盘电极上进一步还原外，还有几种可能的去向：a. 达到环电

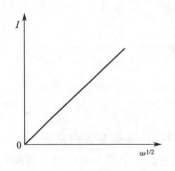

图 6-17　电流与旋转速度的关系

极表面上并在环上氧化（或还原）；b. 进入溶液本体；c. 通过歧化反应或其它反应生成不能被环检测的粒子。因此在圆盘电极上生成的 X 只有一部分能被环检测。这一分数称为环电极的捕集系数（N）。

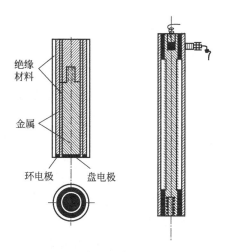

图 6-18　带环的旋转圆盘电极

6.4.2　循环伏安法

（1）基本概念

如以三角波的脉冲电压（图 6-19，电压扫描速度可从每秒钟数毫伏到 1V）加在工作电极上，得到的电流电压曲线包括两个分支，如果前半部分电位向阴极方向扫描，电活性物质在电极上还原，产生还原波，那么后半部分电位向阳极方向扫描时，还原产物又会重新在电极上氧化，产生氧化波。因此在一次三角波扫描后，电极完成一个还原和氧化过程的循环，也因此扫

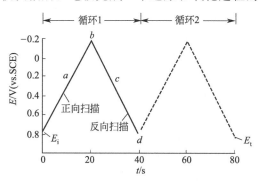

图 6-19　循环伏安图的典型激发信号图

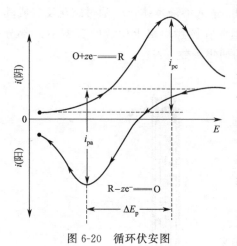

图 6-20　循环伏安图

描电势范围须使电极上能交替发生不同的还原和氧化反应，故该法称为循环伏安法（cyclic voltammetry），其电流-电压曲线称为"循环伏安图"（图 6-20）。采用单向一次扫描讯号（不折回）得到的曲线称为"单程扫描曲线"；多次反复循环扫描得到的结果称为"循环伏安曲线族"。

（2）出现电流峰的简单解释

若电极反应为 $O+ze^- \Longrightarrow R$

初始溶液中只含 O 而不含有 R，且扫描的起始电势比 O/R 体系的标准平衡电势更正，则开始扫描一段时间内电极上只有不大充电电流通过。当电极电势接近 $\varphi_{\text{平}}$ 时，O 开始在电极上还原，并随着电势变负出现愈来愈大的阴极电流；而当阴极电势显著超越 $\varphi_{\text{平}}$ 后，又因表面层中反应粒子的消耗使电流下降；因而得到具有峰值的曲线。当扫描电势达到三角波的顶点后，又改为反向扫描。随着电极电势的逐渐变正，首先是 O 的还原电流进一步下降（浓度极化的发展），然后电极附近生成的 R 又重新在电极上氧化，引起愈来愈大的阳极电流，随后又由于 R 的耗用而引起阳极电流的衰减和出现阳极电极电流峰值。

（3）循环伏安法的应用

循环伏安法是一种很有用的电化学研究方法，可用于电极反应的性质、机理和电极过程动力学参数的研究。但该法很少用于定量分析。对于一个新的电化学体系，首选的研究方法往往就是循环伏安法，可称之为"电化学的谱图"。

① 电极可逆性的判断　从循环伏安图的阴极与阳极两个方向所得的氧化波和还原波的峰高和对称性中可判断电活性物质在电极表面反应的可逆程度。若反应是可逆的，则曲线上下对称；若反应不可

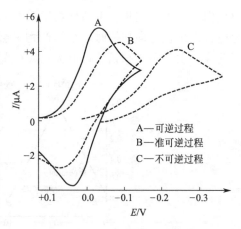

A—可逆过程
B—准可逆过程
C—不可逆过程

图 6-21　可逆与不可逆电极过程的循环伏安法曲线

逆，则氧化波与还原波的高度就不同，曲线的对称性也较差（图 6-21）。

对可逆过程 $\qquad i_{p,a}=i_{p,c}$ (6-6)

峰电流密度 i_p 对应的为峰电位 E_p。

$$\Delta E_p = E_{pa} - E_{pc} = \frac{2.303RT}{zF} = \frac{59}{z} mV(25℃)$$ (6-7)

E_p 与扫描速率 ν 无关，而 i_p 与扫描速率 ν' 的平方根成正比（图 6-22），即

$$i_p = 2.69 \times 10^2 z^{3/2} D^{1/2} \nu^{1/2} c$$ (6-8)

式中，D 为扩散系数；c 为浓度；z 为交换电子数；ν 为扫描速率。

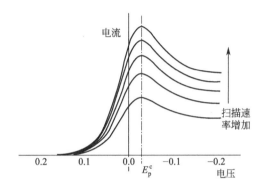

图 6-22 i_p 与扫描速率的关系

② 电极反应机理的判断 循环伏安法还可研究电极吸附现象、电化学反应产物或中间体、电化学-化学偶联反应等，这对于有机物、金属有机化合物及生物物质的氧化还原机理研究很有用。

6.5 电化学研究方法的发展趋势

20 世纪 60 年代以前对"固/液"界面的研究，主要以电信号作为激励和检测手段，得到"电极/溶液"界面和电极表面的各种平均信息，从而可宏观和唯象地描述各种电化学过程。

6.5.1 传统电化学研究技术

传统电化学研究技术将朝着更加定量、微区、快速响应、高信噪比及高灵敏度等方向发展。当前开展的研究主要有：电极边界层模型及传输理论；电化学中的计算机模拟技术和曲线拟合技术的通用软件包；微电极和超微电极技术及其理论；电化学噪声技术和电化学振荡技术及其理论；扫描电化学

显微技术；电化学中微弱信号检测及处理技术。

（1）微电极

近年来，一些微区测试技术被应用于电化学研究中，如扫描电化学显微镜、扫描参比电极技术（SRET）、扫描震动探针（SVP 或 SVET）、扫描开尔文探针（SKP）、微区电化学阻抗谱（LEIS）、微区离子浓度技术（LICT）等。微电极是相关测试仪器的重要部件。微电极是指有一维尺寸为纳米级或微米级的一类电极。减小电极的尺寸对电极反应不仅有量的影响，而且有着质的改变。在常规电极体系中，电化学反应中的物质扩散一般接近于半无限的平面扩散，而微电极因为其特殊的尺寸，除了存在轴向扩散之外还有平行于电极表面的径向扩散，因此它的电化学理论是建立在多维扩散基础上的，具有许多常规电极所不能比拟的电化学特性，如：传质快（微电极上的扩散传质速率与其几何尺寸成反比，尺寸越小，扩散传质速率越快），能迅速达到稳态电流，电流密度大，具有低的欧姆降，时间常数小等。同时微电极的体积小，用它制作的仪器便于携带，十分灵活，可进行现场测量。然而微电极因为其面积的限制，电流强度很小，这一缺点限制了其应用，在这种情况下，人们将多个微电极组合起来，成为一个组合式微电极。这种组合式微电极由多个微电极既具有微电极的一般特性，又提高了电流强度，因此具有常规电极和微电极都不能比拟的优越性。

（2）电化学噪声

电化学噪声（electrochemical noise）是指电化学系统演化过程中，其电学状态参量（如电极电位、外测电流密度等）的随机非平衡波动现象。电化学噪声的起因很多，常见的有腐蚀电极局部阴阳极反应活性的变化、环境温度的改变、腐蚀电极表面钝化膜的破坏与修复、扩散层厚度的改变、表面膜层的剥离及电极表面气泡的产生等。电化学噪声技术的优点为：a. 它是一种原位无损的监测技术；b. 它无须预先建立被测体系的电极过程模型；c. 它无须满足阻纳的三个基本条件；d. 检测设备简单，且可以实现远距离监测。

6.5.2　谱学电化学

谱学电化学是指电化学测试仪器与其它仪器（紫外-可见光谱仪、红外光谱、拉曼光谱和表面增强拉曼光谱、电子自旋共振波谱、电子能谱等光谱及波谱仪器）的联用，用光谱等方法跟踪电极表面电化学反应过程的电化学技术。各种光谱、波谱、能谱及新发展的电化学现场扫描隧道电子显微镜等光谱电化学将电化学及电分析化学的研究从宏观深入到微观，进入分子水平的新时代。

虽然电化学家早就尝试用各种波谱方法在分子水平上研究电极过程，但以现场（in situ，又译原位）光谱和非现场（ex situ）电子能谱为核心内容的谱学电化学只是在各种现代科学技术飞速发展的同时才形成于 20 世纪 60～70 年代，在 20 世纪 80 年代进一步完善并渗透到电化学研究的各个领域。

● 在电化学反应发生之前和以后对反应物和产物的结构信息和界面信息进行探测，由于一些电化学产物和中间体存在不稳定性，在终止电化学反应后或电极从电解池取出的状态下，其结构和界面性质等都可能发生变化，因此该法不利于对电化学反应机理的研究。

$$\text{按测试方法分}\begin{cases}\text{非现场（ex situ）}\\ \text{现场（in situ）}\end{cases}$$

● 能够在电极反应的同时采用光谱技术研究电化学反应，这种方法能够获得分子水平的实时信息，从而得到快速和正确的结果。

6.5.3 组合电化学

传统上电化学中每个电池是单独研究的。组合电化学则是通过设计和构建大量多样性的阵列电化学系统，并对其进行高通量筛选和表征，快速、高效地实现体系的电化学研究（图 6-23）。电化学平行筛选方法的特点在于电子电路的设计。

① 一个恒电势电路　控制所有工作电极的电势同时线性变化——简单易行。

② 多个电流跟随器　同时采集数据，多通道的 A/D 转换器将电流数据输入微机。

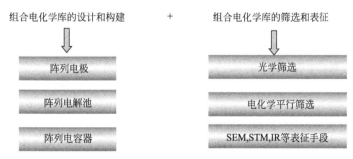

图 6-23　组合电化学的研究思路

目前组合电化学发展还不完善，难点主要在于阵列电极的制备，电极的制备条件苛刻以至于筛选的结果可能不适用于其它条件下制备的电极。设计出具有普遍意义和实际应用价值的组合电化学技术是目前组合电化学的发展方向。

图 6-24 为一个阵列电极的设计示例，不同的电极材料被溅射沉积在位于玻璃板上的 64 个圆形导电片上，构成 64-电极阵列；多孔 Celgard 2502 隔膜上面的 Li 薄片，作为对电极和参比电极；控制所有工作电极的电势线性变化，分别测量各电极上流过的极化电流，从而实现了同时测量 64 个工作电极的循环伏安曲线。

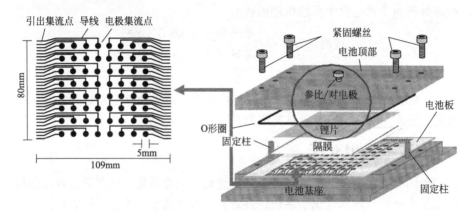

图 6-24　64 电极阵列组合电池

习　　题

1. 在电化学测量时，二电极体系和三电极体系有何不同？在测定极化曲线时，为什么要使用另一参考电极？对参考电极应该有什么要求？

2. 鲁金毛细管的作用是什么？

3. 试比较恒电势法与恒电流法、暂态和稳态。

4. 举出几种电化学测量方法，至少说出两种。

5. 循环伏安法有何应用？

6. 旋转圆盘电极有何特点？

参 考 文 献

[1]　张翠芬. 电化学测量. 哈尔滨工业大学教学讲义，1994.

[2]　任呈强，刘道新，白真权. 高温高压环境腐蚀电化学研究用参比电极的制备及性能. 材料保护，2004，37（4）：35-37.

[3]　宋诗哲. 腐蚀电化学研究方法. 北京：化学工业出版社，1994：15-24，59-99.

［4］ 陈昌国，刘渝萍，吴守国．国内电化学分析测试仪器发展现状．现代科学仪器，2004（3）：8-11.

［5］ 郑金，印仁和，钟庆东等．组合式微电极的研究进展．腐蚀与防护，2003，24（8）：327-332，339.

［6］ 贾铮．组合电化学．化学通报，2005（2）：106-110，134.

［7］ 张鉴清．电化学研究方法．浙江大学教学讲义，2000.

第7章
电化学交流阻抗

交流阻抗方法是一种暂态电化学技术，具有测量速度快，对研究对象表面状态干扰小的特点。交流阻抗技术作为一种重要的电化学测试方法不仅在电化学研究［例如电池、电镀、电解、腐蚀科学（金属的腐蚀行为和腐蚀机理、涂层防护机理、缓蚀剂、金属的阳极钝化和孔蚀行为等）］与测试领域应用，而且也在材料、电子、环境、生物等多个领域也获得了广泛的应用和发展。

传统 EIS 反映的是电极上整个测试面积的平均信息，然而很多时候需要对电极的局部进行测试，例如金属主要发生局部的劣化，运用 EIS 方法并不能很清晰地反映体系金属腐蚀的发生发展过程，因此交流阻抗方法将向以下方向发展：a. 测量电极微局部阻抗信息；b. 交流阻抗测试仪器进一步提高微弱信号的检测能力和抗环境干扰能力；c. 计算机控制测量仪器和数据处理的能力进一步增强，简化阻抗测量操作程序，提高实验效率。

7.1　阻抗之电工学基础

（1）正弦量

设正弦交流电流为 $i(T) = I_m \sin(\omega T + \varphi)$ （图 7-1）。其中 I_m 为幅值；$\omega t + \varphi$ 为相位角；初相角为 φ；角频率为 ω，即每秒内变化的弧度数，单位为弧度/秒（rad/s）或 1/s；周期 T 表示正弦量变化一周所需的时间，单位为秒（s）；频率 f 指每秒内的变化次数，单位为赫兹（Hz）；周期 T 和频率互成倒数，即 $f = \dfrac{1}{T}$，

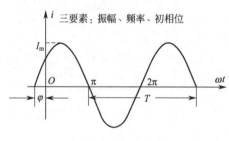

图 7-1　正弦量的波形

$$\omega = \frac{2\pi}{T} = 2\pi f。$$

正弦量可用矢量来表示。矢量用上面带点的大写字母表示，正弦量的有效值用复数的模表示，正弦量的初相用复数的幅角来表示。表示为 $\dot{I} = Ie^{j(\omega t+\varphi_i)} = I\angle\varphi_i$，正弦量与向量一一对应。一个正弦量的瞬时值可以用一个旋转的有向线段在纵轴上的投影值来表示（图7-2）。

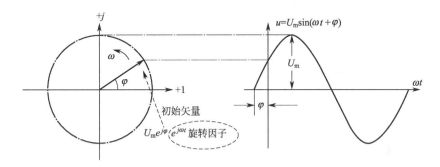

图 7-2 正弦量的旋转矢量表示

矢量长度＝振幅；矢量与横轴夹角＝初相位；矢量以角速度 ω

按逆时针方向旋转

（2）阻抗和导纳的定义

对于一个含线性电阻、电感和电容等元件，但不含有独立源的一端口网络 N，当它在角频率为 ω 的正弦电压（或正弦电流）激励下处于稳定状态时，端口的电流（或电压）将是同频率的正弦量。端口的电压矢量与电流矢量的比值定义为端口的阻抗 Z(impedance)。

$$Z \xlongequal{\text{def}} \frac{\dot{U}}{\dot{I}} = \frac{U\angle\varphi_u}{I\angle\varphi_i} = |Z|\angle\varphi_Z = |Z|e^{j\varphi} = R + jX \tag{7-1}$$

式中，$|Z|$ 为复阻抗的模；φ 为阻抗角；R 为电阻（阻抗的实部，电阻分量）；X 为电抗（阻抗的虚部，电抗分量）；Z、$|Z|$、X 的单位与电阻相同，均为欧姆。

导纳（admittance）被定义为复阻抗的倒数，即

$$Y=\frac{1}{Z}=\frac{\dot{I}}{\dot{U}}=|Y|\angle\varphi'=G+jB\ (\text{实部 }G\quad\text{电导分量;虚部 }B\quad\text{电纳分量})$$

$$\text{(7-2)}$$

复阻抗和复导纳可以等效互换，如

$$Z=R+jX=|Z|\angle\varphi\quad\Rightarrow\quad Y=G+jB=|Y|\angle\varphi'$$

$$Y=\frac{1}{Z}=\frac{1}{R+jX}=\frac{R-jX}{R^2+X^2}=G+jB$$

$$\therefore G=\frac{R}{R^2+X^2},B=\frac{-X}{R^2+X^2}\quad|Y|=\frac{1}{|Z|},\varphi'=-\varphi$$

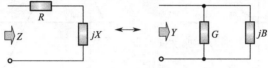

一般情况 $G\neq1/R$，$B\neq1/X$。同样，若由 Y 变为 Z，则有

$$Z=\frac{1}{Y}=\frac{1}{G+jB}=\frac{G-jB}{G^2+B^2}=R+jX$$

$$\therefore R=\frac{G}{G^2+B^2},\ X=\frac{-B}{G^2+B^2}\quad|Z|=\frac{1}{|Y|},\ \varphi=-\varphi'$$

（3）阻抗的串联和并联

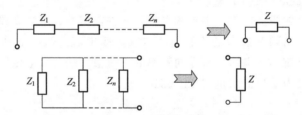

串联阻抗的等效阻抗为各阻抗之和，当 n 个阻抗串联时，其等效阻抗为

$$Z=\sum_{k=1}^{n}Z_k\quad\text{一般 }|Z|\neq|Z_1|+|Z_2|+|Z_3|+\cdots+|Z_n|$$

若 $Z_1,\cdots,Z_n$ 为并联，则其等效阻抗为

$$\frac{1}{Z}=\sum_{k=1}^{n}\frac{1}{Z_k}\ \text{或 }Y=\sum_{k=1}^{n}Y_k\ (\text{可视为 }n\text{ 个导纳并联时的等效导纳})$$

（4）R、L、C 元件的阻抗和导纳

① 纯电阻 R　设 $u=U\sin(\omega t+\varphi)$，由欧姆定律 $i=(u/R)\sin(\omega t+\varphi)$ 易知 $Z_R=R$，所以 Z_R 在复数平面的正 X 轴。$\dot{U}_R=\dot{I}_RR$，可见电阻上电压与电流的相位相同（图 7-3）。

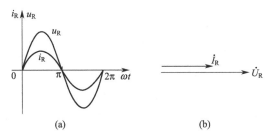

图 7-3 电阻上电压与电流的关系

② 纯电容 C 设 $u=U\sin(\omega T+\varphi)$，则

$$i=C\frac{\mathrm{d}u}{\mathrm{d}t}=\omega CU\sin\left(\omega T+\varphi+\frac{\pi}{2}\right)$$

$$=I\sin\left(\omega T+\varphi+\frac{\pi}{2}\right)$$

$\dot{I}=I\angle\varphi+\dfrac{\pi}{2}=\omega CU\angle\varphi+\dfrac{\pi}{2}=j\omega C\dot{U}$，由此可知，电流和电压之间的相位关系为正交，且电流超前电压（图 7-4），同时易得 $Z_{\mathrm{C}}=-j/\omega C$，$X_{\mathrm{C}}=-\dfrac{1}{\omega C}$（容抗$<0$）$\rightarrow Z_{\mathrm{C}}$ 在复数平面的负 Y 轴。

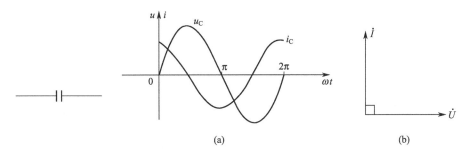

图 7-4 电容上电压与电流的关系

③ 纯电感 L 设 $i=I\sin(\omega T+\varphi)$，则 $u=L\dfrac{\mathrm{d}i}{\mathrm{d}t}=\omega LI\cos(\omega T+\varphi)=$ $\omega LI\sin\left(\omega T+\varphi+\dfrac{\pi}{2}\right)$，电压超前电流 $\dfrac{\pi}{2}$，且有 $\dot{U}_{\mathrm{L}}=j\omega L\dot{I}$，$\therefore Z_{\mathrm{L}}=j\omega L\Rightarrow Z_{\mathrm{L}}$ 在复数平面的正 Y 轴，且有 $X_{\mathrm{L}}=\omega L$（感抗>0）。

可见容抗和感抗的大小与电路中信号的频率有关，电容有"通高频，阻低频"的性能，而电感则"通低频，阻高频"。

单一元件 R、L、C 的导纳分别为

221

$$\begin{cases} Y_R = \dfrac{1}{R} = G = G\angle 0° \\[2mm] Y_L = \dfrac{1}{j\omega L} = -j\dfrac{1}{\omega L} = \dfrac{1}{\omega L}\angle-90° = -jB_L,\ B_L = -\dfrac{1}{\omega L}\ (感纳<0) \\[2mm] Y_C = j\omega C = \omega C\angle 90° = jB_C,\ B_C = \omega C\ (容纳>0) \end{cases}$$

④ RC 电路　不论 R 与 C 是串联或并联，其等效阻抗的虚数部分恒为负值；以复数平面而言，这是说 RC 电路的等效阻抗恒出现在复数平面的第四象限。

RC 串联　$Z = R + \dfrac{1}{j\omega C} = R - \dfrac{j}{\omega C}$

RC 并联　$Z = \left[\dfrac{1}{R} + j\omega C\right]^{-1} = \dfrac{R - j\omega CR^2}{1 + (\omega CR)^2}$　$\Big\}$ 虚数部分恒为负

⑤ RL 电路　不论 R 与 L 是串联或并联，其等效阻抗的虚数部分恒为正；以复数平面而言，这是说 RL 电路的等效阻抗恒出现在复数平面的第一象限。

RL 串联　$Z = R + j\omega L \Rightarrow \varphi = \tan^{-1}(R/\omega L) \geqslant 0$

RL 并联　$Z = [(1/R) + (1/j\omega L)]^{-1} \Rightarrow \varphi = -\tan^{-1}(-\omega L/R) \geqslant 0$

7.2　电极过程的等效电路

7.2.1　研究电极的等效电路

用某些电工元件组成的电路来模拟发生在"电极/溶液"界面上的电化学现象，称为电化学等效电路。电极过程的等效电路由以下各部分组成。

① R_s 表示参比电极与研究电极之间的溶液电阻，相当于溶液中离子电迁移过程的阻力。由于离子电迁移发生在电极界面以外，因此在等效电路中，应与界面的等效电路相串联（图 7-5）。R_s 基本上是服从欧姆定律的纯电阻，

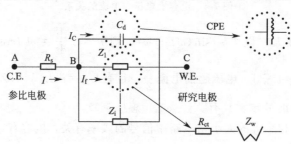

图 7-5　电极过程等效电路

（BC 之间表示"电极/溶液"的界面）

其阻值可由溶液电阻率以及电极间的距离等参数计算或估计，也可以由实验测定。

② C_d（或 C_{dl}）表示"电极/溶液"界面的双电层电容。双电层是电极与溶液两相界面正负电荷集聚造成的。界面上电位差的改变会引起双电层上积累电荷的变化，这与电容的充放电过程相似。因此在等效电路中，电极界面上的双电层用一个跨接于界面的电容 C_d 来表示。通常，由于电极表面粗糙、选择吸附和电流分布不均等因素，造成 C_d 阻抗图的圆心下降，这种现象被称为频率弥散现象。这种情况，可以将电容 C_d 用常相位元件（CPE）来代替。具

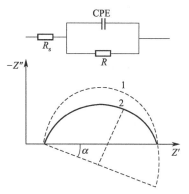

图 7-6 含溶液电阻的 RC
并联电路的阻抗谱曲线
1—电容无弥散效应；
2—电容有弥散效应

有弥散效应的单容抗弧阻抗谱如图 7-6 所示，其阻抗的表达式为

$$Z = Z_{Re} - jZ_{Im} = R_s + R/[1 + (j\omega RC)^\beta] \tag{7-3}$$

式中，β 为弥散系数，数值在 $0 \sim 1$ 之间。β 值愈大，弥散效应愈小，当 $\beta = 1$ 时，CPE 还原为 C_d。

③ Z_F 表示电极上进行某个独立的电化学反应的法拉第阻抗，由于它通常不是纯电阻或电容，因此用阻抗 Z_F 来表示。每一个 Z_F 可分为活化极化电阻 R_{ct} 和浓差极化阻抗 Z_w，两者相互串联，如图 7-5 所示。活化极化电阻 R_{ct} 用来等效化学反应过程，故也称电化学反应电阻。对于单一电化学反应，R_{ct} 表示法拉第电流对活化极化过电位 η 的关系。浓差极化阻抗 Z_w 是与物质传递过程，即扩散过程相对应的，浓差极化阻抗也称 Warburg 阻抗（1899 年由 Warburg 提出）。Z_w 是不同组合的 RC 网络，它反映了扩散对电化学反应的影响，包括产物、反应物的扩散阻力。不同过程的 Z_w 不同，稳态扩散与非稳态扩散也不相同。电化学测试中常通过实验条件的控制等方法来消除或减小浓差极化，以简化等效电路。

> ∵①电化学反应电流＝扩散电流
> ②界面总的过电位 $\eta_{总}$＝电化学极化电位＋浓差极化过电位
> ∴电化学反应阻抗 R_{ct} 与浓差极化阻抗 Z_w 串联

流向"电极/溶液"界面的电流可以分成两部分：a. 在界面参加电化学反应。这部分电流服从法拉第定律，称为法拉第电流 I_f；b. 用来改变"电极/溶液"的界面构造，也就是改变双电层的电荷。这部分电流不符合法拉

第定律，称为非法拉第电流，是双电层的充电电流 I_c。总电流是两部分电流之和，即

$$I = I_f + I_c \tag{7-4}$$

在电路中，只有两部分电学元件并联时，通过它们的电流才满足上述要求。所以法拉第阻抗 Z_F 是与 C_d 并联的（注意不是指空间位置的并联，见图7-7）。

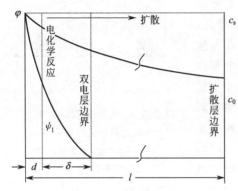

图 7-7　各电极过程的位置

φ—界面电势差；ψ_1—分散层中的电势差；

c_s—反应粒子表面层浓度；c_0—反应粒子

初始浓度；d—紧密层厚度约 10^{-10}m；

δ—分散层厚度 $10^{-10}\sim10^{-8}$m（浓度越大，δ 越小）；

l—扩散层厚度（不搅拌：$1\sim5\times10^{-4}$m；

剧烈搅拌：约 10^{-6}m）

上述 R_{ct}、Z_w、C_d、R_s 四者正好代表四种基本的电极过程。其中，R_{ct} 为电化学反应过程；Z_w 为反应物和产物的传质过程；C_{dl} 为电极界面双电层的充放电过程；R_s 为表示溶液中离子的电迁移过程。此外电极过程还可能包括吸脱附过程、结晶生长过程以及伴随电化学反应发生的一般化学反应等。

除了三种所熟悉的元件 R，C 和 L 外，电化学等效电路还包括四种与扩散有关的元件（表7-1）。一种熟知的扩散元件为沃伯格（Warburg）阻抗（W），它也称为半无限传输线，其频率关系遵从一维半无限远扩散问题的 Fick 第二定律，一般形式为

$$Y^*(\omega) = Y_0(j\omega)^{1/2} = Y_0\left[(\omega/2)^{1/2} + j(\omega/2)^{1/2}\right] \tag{7-5}$$

上式 Y_0 是含扩散系数的可调参数，其它参数依赖于电化学体系的特征，ω 为角频率，$\omega = 2\pi f$。

一个非常普遍的扩散元件为常相位元件（CPE），符号为 Q，它在固态电化学研究中常常碰到。但至今为止，物理意义还不清楚。一个界面的 CPE 行为归因于界面的 ω^n 不平整性（比表面积），对于体相效应，公式的直接推导尚未做出。CPE 元件的导纳表示式为

$$Y^*(\omega) = Y_0(j\omega)^n = Y_0\omega^n\cos(n\pi/2) + jY_0\omega^n\sin(n\pi/2) \tag{7-6}$$

事实上，这是一个很通用的频率关系式。当 $n=0$，它代表电阻，即 $R=Y_0^{-1}$；当 $n=1$，它表示电容，即 $C=Y_0$；当 $n=0.5$，它表示沃伯格阻

抗；当 $n=-1$ 时，则表示电感，$L=Y_0^{-1}$。

还有两种与有限扩散有关的元件，第一种出现在对扩散物种来说，介质的边界之一被堵塞的情形，这种情形的频率关系式具有双曲正切的函数形式（符号为 T）。

$$Y^*(\omega)=Y_0(j\omega)^{1/2}\tanh[B(j\omega)^{1/2}] \tag{7-7}$$

第二种有限扩散元件出现在扩散物种在边界之一具有固定浓度（或活度），因而扩散物种可穿过这一边界。这种频率关系通过出现在氧离子导电电极以及与腐蚀有关的扩散过程，以导纳表示的频率关系式包含双曲余切函数（符号为 O）。

$$Y^*(\omega)=Y_0(j\omega)^{1/2}\coth[B(j\omega)^{1/2}] \tag{7-8}$$

对于这两种有限扩散元件，Y_0 包含扩散系数，而 B 还包含样品的几何尺寸。

表 7-1 元件、符号及其相应的频率关系式

元件	CDC 符号	频率关系式		参数
		导纳	阻抗	
电阻	R	$1/R$	R	R
电容	C	$j\omega C$	$-j/\omega C$	C
电感	L	$-j/\omega L$	$j\omega L$	L
沃伯格阻抗	W	$Y_0(j\omega)^{1/2}$	$1/[Y_0(j\omega)^{1/2}]$	Y_0
CPE	Q	$Y_0(j\omega)^n$	$(j\omega)^{-n}/Y_0$	Y_0,n
双曲正切	T	$Y_0(j\omega)^{1/2}\tanh[B(j\omega)^{1/2}]$	$\cosh[B(j\omega)^{1/2}]/[Y_0(j\omega)^{1/2}]$	Y_0,B
双曲余切	O	$Y_0(j\omega)^{1/2}\coth[B(j\omega)^{1/2}]$	$\tanh[B(j\omega)^{1/2}]/[Y_0(j\omega)^{1/2}]$	Y_0,B

注：电阻 R 和电感 L 分别以 Ω、H 为单位，即两者均以阻抗表示；其余元件在程序中都必须用导纳表示（单位为 Ω^{-1} 或西门子）。

7.2.2 电解槽的等效电路

视实验条件的不同，电解槽的等效阻抗（图 7-8）可以按下面几种情况分别简化。a. 如果采用两个大面积电极，例如镀了铂黑的电极，则两个电极上的 $C_{双层}$ 都很大。因而不论界面有无电化学反应发生，界面阻抗的数值都很小 $[\approx 1/(\omega C_{双层})]$。在这种情况下，整个电解池的阻抗近似地相当于一个纯电阻（$R_{溶液}$）。这些也就是测量溶液电导时应满足的条件。b. 如果用大的辅助极化电极与小的研究电极组成电解池，则按同理可以忽视辅助极化电极上的界面阻抗。这时电解池的等效电路可简化为如图 7-9 所示的电路。

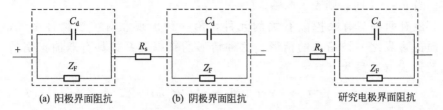

| | (a) 阳极界面阻抗 | (b) 阴极界面阻抗 | 研究电极界面阻抗 |

图 7-8　电解池阻抗等效电路的组成部分　　图 7-9　用大面积惰性电极为辅助电极时电解池的交流阻抗等效电路

7.3　电化学阻抗的基本条件及其解析

7.3.1　电化学阻抗的定义及其四个基本条件

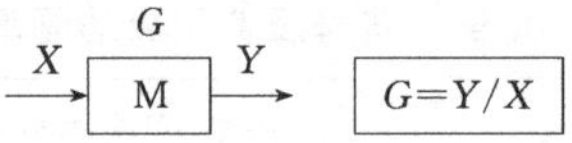

$$X \xrightarrow{\quad} \boxed{\dfrac{G}{M}} \xrightarrow{\quad Y \quad} \boxed{G = Y/X} \qquad (7\text{-}9)$$

图 7-10　黑箱动态系统研究方法

对于一个稳定的线性系统 M，如将一个角频率为 ω 的正弦波电信号 X（电压或电流）输入该系统，相应地从该系统输出一个角频率为 ω 的正弦波电信号 Y（电流或电压），此时电极系统的频响函数 G 就是电化学导纳或阻抗（图 7-10）。若在频响函数中只讨论阻抗与导纳，则 G 总称为阻纳，G 的一般表达式为

$$G(\omega) = G'(\omega) + G''(\omega)j \qquad (7\text{-}10)$$

在一系列不同角频率下测得的一组这种频响函数值就是电极系统的电化学阻抗谱（electrochemical impedance spectroscopy，EIS）。测量电化学阻抗谱必须满足以下四点前提条件。

（1）因果性条件

测定的响应信号是由输入的扰动信号引起的。交流电技术易于因测量回路中的谬误效应而产生歪曲。在高频时恒电位仪易发生相位移，接线之间出现杂散电容，接线和电池内部结构产生自感应。设计良好的电池可以在一定程度上减轻这些问题。由于交流阻抗激励信号较弱，杂散电噪声或市电电源都会对实验产生干扰，通常需要将电池和检测回路屏蔽起来，以减少这种影响。

（2）线性条件

对体系的扰动与体系的响应成线性关系。电化学过程在本质上是非线性的，这意味着要使激励信号幅值（例如在腐蚀测量中，正弦波电位的幅值一般为 $5\sim10\,\mathrm{mV}$）保持足够小，以使体系近似于线性（图 7-11）。另外也可避免对体系产生大的影响。

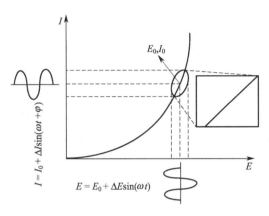

图 7-11　激励信号幅值小时，体系近似于线性

（3）稳定性条件

电极体系在测量过程中是稳定的，当扰动停止后，体系将回复到原先的状态（图 7-12）。

（4）有限性条件

在整个频率范围内所测定的阻抗或导纳值是有限的，这一点通常可以满足。

7.3.2　EIS 谱图的解析

EIS 数据处理的目的主要有两点。a. 根据测量得到的 EIS 谱图，确定 EIS 的等效电路或数学模型；b. 根据已建立

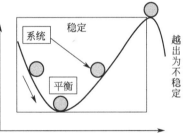

图 7-12　稳定性条件

的合理的数学模型或等效电路，确定数学模型中有关参数或等效电路中有关元件的参数值。需要指出的是，由于无法为非法拉第阻纳建立普适性的数学模型，EIS 法大多采用等效电路的方法，但该方法遇到以下困难：a. 一个 EIS 谱可能对应多个等效电路；b. 等效电路上阻抗元件的物理意义往往不能够彻底弄清。

EIS 以测量得到的频率范围很宽的阻抗谱来研究电极系统，速度快的子过程出现在高频区，速度慢的子过程出现在低频区，可判断出含几个子过

程，讨论动力学特征。交流阻抗测量可以在超过 7 个数量级的频率范围内进行，常用的频率范围是 1MHz～10mHz。对于腐蚀体系来说，常需要低频信息，而低频阻抗的测量通常难度较大。高频的上限主要受恒电位仪相位移的限制。

在现有的交流阻抗等效电路建模软件中，Boukamp 的 EQUIVCRT 软件以及英国 Solartron 公司的 Zview 软件（图 7-13）使用面最广。EQUIV-CRT 软件将阻抗用电路描述码表示，采用解迭法的思想，用减法将整个电路的阻抗分解成一些支路阻抗的结合，然后对各个支路的阻抗或导纳分别进行拟合。然而 EQUIVCRT 软件要求其使用者具有丰富的电化学知识和研究经验，并且只能建立一些相对简单的电路模型。

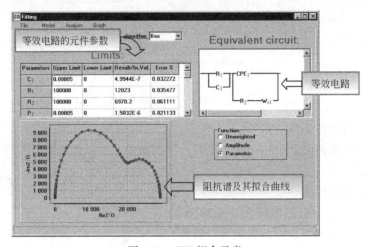

图 7-13　EIS 拟合示意

由于复数非线性最小二乘法具有快速和拟合精度高等优点，已成为人们进行交流阻抗数据分析的主要方法。然而在使用最小二乘法时存在三个问题。a. 初始值敏感问题。由于电化学体系等效电路的复数形式都相当复杂，通常在曲线拟合时只有选择合适的初始值才能使拟合过程收敛，并且电路所包含的元件参数越多，对参数初始值设置的要求就越高。b. 需先求出各参数的一阶导数表达式。当等效电路的结构变得比较复杂时，这一任务就愈显困难。c. 容易陷入局部最优。

交流阻抗谱中涉及许多参数，如 Z'、Z''、φ、$|Z|$ 等，因而有多种表示形式，其中常用的是 Nyquist 图和 Bode 图。

7.3.2.1　Nyquist 图

由于在大多数实际电化学体系的阻抗谱主体部分一般都处于第四象

限，因此 Nyquist 图是以阻抗负虚部（$-Z''$）对阻抗实部（Z'）作的图，即，$Z = Z' - jZ''$ 是最常用的阻抗数据的表示形式。这种图在文献中也被称为 Cole-Cole 图、复阻抗平面图、复数阻抗图或 Argand 平面图（Argand space plot）。Nyquist 图把不同频率下测得的实验结果表示在一张复数平面上，图中不直接反映频率的大小。Nyquist 图特别适用于表示体系的阻抗大小，纯电阻在 Nyquist

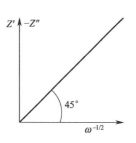

图 7-14 Warburg 图

图上表现为 Z' 轴上的一点，该点到原点的距离为电阻值的大小；而对纯电容则表现为与 Z'' 轴重合的一条直线；对 Warburg 阻抗则为斜率为 45°的直线（图 7-14）。

Warburg 阻抗的表达式如下。

$$Z_w = \sigma\omega^{-1/2} - j\sigma\omega^{-1/2} \qquad (7\text{-}11)$$
（σ 为 Warburg 系数）

高频：$Z_w \to 0$

低频：$Z_w \to \infty$

当电极反应可逆及 a_{red} 为常数时（例如金属与其离子之间的电极反应）$M^{z+} + ze^- \rightleftharpoons M$，有

$$\sigma = \frac{RT}{z^2 F^2 \sqrt{2}} \left(\frac{1}{C_{ox}^0 (D_{ox})^{1/2}} \right) \qquad (7\text{-}12a)$$

如果 O、R 两态均可溶，则有

$$\sigma = \frac{RT}{z^2 F^2 \sqrt{2}} \left[\frac{1}{C_{ox}^0 (D_{ox})^{1/2}} + \frac{1}{C_{red}^0 (D_{red})^{1/2}} \right] \qquad (7\text{-}12b)$$

由 Warburg 图（指实部阻抗 Z'-$\omega^{-1/2}$ 或虚部阻抗 $-Z''$-$\omega^{-1/2}$ 的图）可见，Z' 与 $-Z''$ 均与 $\omega^{-1/2}$ 成线性关系，根据这一特性可以识别在通过交流电时电极反应速度单纯受扩散步骤控制的电极过程。由直线的斜率可以得到 Warburg 系数 σ，进一步可得到扩散系数（氧化态 D_{ox}，还原态 D_{red}）。

7.3.2.2 Bode 图

Bode 图是阻抗模值的对数 $\lg|Z|$ 和相角 φ 对相同的横坐标频率的对数 $\lg f$ 的图，在 Nyquist 图中，频率值是隐含的，严格地讲必须在图中标出各测量点的频率值才是完整的图。但在高频区，由于测量点过于集中，要标出每一点的频率就较为困难（图 7-15），而 Bode 图则提供了一种描述电化学体系特征与频率相关行为的方式，是表示阻抗谱数据更清晰的方法（图 7-16）。在 Bode 图中，纯电阻的 $\lg|Z|$-$\lg f$ 图为一条水平直线，相角 φ 为 0°，且不随测量频率变化。纯电容的 $\lg|Z|$-$\lg f$ 图是斜率为 -1 的直线，φ 为 $-90°$。

Warburg 阻抗的 Bode 图表现为斜率为 $-1/2$ 和 φ 为 $-45°$ 的直线。在有些体系中，往往不止一个电化学过程，即存在着多个时间常数，Nyquist 图应用的是线性轴，区分这些时间常数就变得较为困难，这种情况下，Bode 图就非常适用，可以清晰地分辨每一步骤。

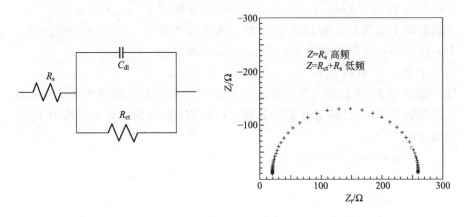

图 7-15　电阻与电容的并联电路（Randle's circuit）及其 Nyquist 图

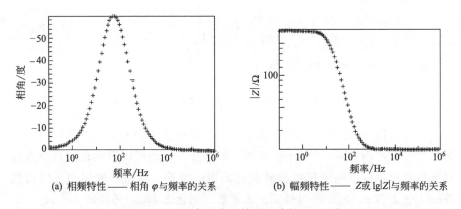

(a) 相频特性 —— 相角 φ 与频率的关系　　(b) 幅频特性 —— Z 或 $\lg|Z|$ 与频率的关系

图 7-16　电阻与电容的并联电路的 Bode 图

7.4　简单电化学系统的 EIS 谱图

对于一个最简单的电化学系统，其等效电路（见图 7-17）由溶液电阻 R_s、双层电容 C_d、电荷传递电阻 R_{ct} 扩散阻抗 Z_w 组成。R_{ct} 反映了活化过程的特征，Z_w 又称为 Warburg 阻抗，反映了传质过程的特征。包括活化过程和传质过程的阻抗称为法拉第阻抗 Z_F，它由 R_{ct} 和 Z_w 串联而成。因此总阻抗为

$$Z = R_s + \cfrac{1}{\cfrac{1}{Z_F} + j\omega C_d} = R_s + \frac{Z_F}{1 + j\omega C_d Z_F} \tag{7-13}$$

$$Z_F = Z_w + R_{ct} \tag{7-14}$$

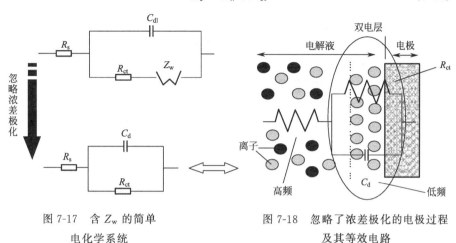

图 7-17　含 Z_w 的简单
电化学系统

图 7-18　忽略了浓差极化的电极过程
及其等效电路

　　阻抗方法采用对称的交变电信号来极化电极。如果信号频率足够高，以致每一半周延续的时间足够短，就不会引起严重的浓度变化及表面浓度变化（图 7-18）。从数学解析式看，高频时，$\sigma\omega^{-1/2}$ 很小，$R_{ct} \gg \sigma\omega^{-1/2}$，则阻抗可简化为

$$Z = R_s + \frac{R_{ct}}{1 + j\omega C_d R_{ct}} = R_s + \frac{R_{ct} - j\omega C_d R_{ct}^2}{1 + (\omega C_d R_{ct})^2} \tag{7-15}$$

$$\Longrightarrow \begin{cases} Z_{re} = R_s + \dfrac{R_{ct}}{1 + (\omega C_d R_{ct})^2} & \text{(7-16a)} \\[3mm] Z_{im} = \dfrac{\omega C_d R_{ct}^2}{1 + (\omega C_d R_{ct})^2} & \text{(7-16b)} \end{cases}$$

　　从方程中消去 ω，可得 $\left[Z_{re} - \left(R_s + \dfrac{R_{ct}}{2} \right)^2 \right] + Z_{im}^2 = \left(\dfrac{R_{ct}}{2} \right)^2 \tag{7-17}$

　　该方程式表示等效电路在 Nyquist 图的高频段阻抗曲线上为一半圆，圆心在实轴上 $R_s + \dfrac{R_{ct}}{2}$ 处，半圆的直径为 R_{ct}，半圆与实轴在 $Z' = R_s$ 和 $Z' = R_s + R_{ct}$ 点相交（见图 7-19）。将高频段的 Z'' 对 ω 微分并根据 $\dfrac{\mathrm{d}Z''}{\mathrm{d}\omega} = 0$ 得到相应于半圆顶点的圆频率值的表达式 $\omega^* = \dfrac{1}{C_d R_{ct}}$，可以利用这一关系从图上求得 $C_{双层}$ 的数值。

231

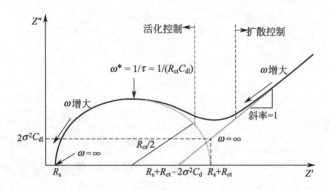

图 7-19　含 Z_w 的简单电化学系统的阻抗图

式(7-13) 可整理为

$$Z_\mathrm{re}=R_\mathrm{s}+\frac{R_\mathrm{ct}+\sigma\omega^{-1/2}}{(C_\mathrm{d}\sigma\omega^{1/2}+1)^2+C_\mathrm{d}^2\omega^2(R_\mathrm{ct}+\sigma\omega^{-1/2})^2}$$

$$-j\frac{C_\mathrm{d}\omega(R_\mathrm{ct}+\sigma\omega^{-1/2})^2+\sigma\omega^{-1/2}(C_\mathrm{d}\sigma\omega^{1/2}+1)}{(C_\mathrm{d}\sigma\omega^{1/2}+1)^2+C_\mathrm{d}^2\omega^2(R_\mathrm{ct}+\sigma\omega^{-1/2})^2} \tag{7-18a}$$

$$Z_\mathrm{im}=\frac{\omega C_\mathrm{d}R_\mathrm{ct}^2}{1+(\omega C_\mathrm{d}R_\mathrm{ct})^2} \tag{7-18b}$$

若频率足够低，$\omega\to0$，则可只保留不含 ω 及只含 $\omega^{-1/2}$ 的项，阻抗的实、虚部可简化

$$Z'=R_\mathrm{s}+R_\mathrm{ct}+\sigma\omega^{-1/2} \tag{7-19a}$$

$$Z''=\sigma\omega^{-1/2}+2\sigma^2C_\mathrm{d} \tag{7-19b}$$

在两式中消去 ω 后得到，$Z''=Z'-R_\mathrm{s}-R_\mathrm{ct}+2\sigma^2C_\mathrm{d}$ （7-20）

根据式(7-20)，在 Nyquist 图上低频段是一条斜率为 1 的直线（见图 7-19），外推直线与实轴相交于 $R_\mathrm{s}+R_\mathrm{ct}-2\sigma^2C_\mathrm{d}$。阻抗线不可能触及横坐标轴，因为即使 $\omega\to\infty$，仍有 $Z_{实}=R_{溶液}+R_{电}$ 和 $Z_{虚}=2\sigma^2C_{双层}>0$。

将高频区与低频区合并，就可以得到覆盖全部频率范围的阻抗图，根据图的特征可以求出 R_s、R_ct、C_d 和 σ。R_ct 为高频半圆的直径，半圆与实轴相交于 R_s 处，C_d 由高频半圆的最高点求得。低频段是一条倾斜角为 45° 的直线，即 Warburg 阻抗，由低频时阻抗值对 $\omega^{-1/2}$ 作图所得直线的斜率可求得 σ，进一步可求得离子的扩散系数 D。

7.5　电化学阻抗谱方法研究评价有机涂层

有机涂层是工业及日常生活中最常用、最经济简便的金属防护手段之一。用于评价涂层的电化学方法主要有时间/电位法、直流电阻法、极化曲线法、极化电阻法、电化学阻抗谱法、电化学噪声法等。其中 EIS 已成为涂层性能评价的主要电化学技术。需要指出的是，涂层的种类很多，每种涂层的防护机制也不完全相同。因此在用 EIS 研究涂层与涂层的破坏过程时，需要建立不同的模型来分别处理各种不同的涂层体系。

7.5.1 涂层性能的 EIS 测试方法

在用 EIS 方法研究涂层性能时，一般将涂层覆盖的金属电极试样浸泡于 3.5%（质量分数）的 NaCl 溶液中。阻抗测试采用由有机玻璃圆桶特制的电解池，如图 7-20 所示。阻抗测量可在室温敞开条件下进行。测量的频率范围为 $10^7 \sim 10^{-3}$ Hz，通常为 $10^6 \sim 10^{-2}$ Hz。测量信号为幅值 $20 \sim 50$ mV 的正弦波。这个幅值比一般 EIS 测量所用的幅值要高，这是因为所加电压大部分分配到有机覆盖层上，而分配到金属电极上的电压很小。幅值高一些可避免或减小因测量时腐蚀电位漂移所带来的误差，也可以提高测量的信噪比。由于涂层覆盖电极往往是一个高阻抗体系，测量时高频部分的阻抗与低频部分的阻抗可以相差好几个数量级，因此阻抗测量中流经电解池及输入仪器的电流也会有几个数量级的差别。故对涂层体系的阻抗测量中要改变取样电阻以使量程保持一个合理的范围。在现有的阻抗测量系统中，有些可以自动调节电流量程，有些却需要手动

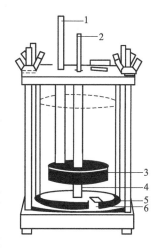

图 7-20 涂层/金属
交流阻抗测量用电解池
1—对电极引线；2—参比电极
引线；3—对电极；4—参比电极；
5—橡皮密封圈；6—工作电极

或分步设置取样电阻。另外由于溶液电阻 R_s 很小，而 EIS 测得的 R_s 通常很大，这是由于有机涂层测量中获得的 R_s 是测量误差，所以，R_s 的符号可以是负值。

为了研究涂层性能及涂层破坏过程，要对试样进行长时间、反复的测量。在浸泡初期，为了更好地了解电解质溶液渗入涂层的情况，每次测量的时间间隔要短一些，可以一天测量两次。当渗入涂层的溶液已经饱和之后，涂层结构的变化相当缓慢，每次测量的时间间隔就可以长一些，可以几天甚至十几天测量一次。长期浸泡中，由于腐蚀产物的影响及溶液中水分的挥发，会改变溶液的成分，故应经常地更换溶液。

7.5.2 金属/涂层体系在浸泡过程中的阻抗谱演化

7.5.2.1 浸泡初期涂层体系的阻抗谱特征

水分还未渗透到达涂层/基底界面的那段时间叫做浸泡初期。图 7-21 为有机涂层覆盖的金属电极 NaCl 溶液中浸泡初期的电化学阻抗谱的 Bode 图。由图 7-21 可看出，在浸泡初期测得的几个阻抗谱，其 $\lg|Z|$ 对 $\lg f$ 作图为一条斜线，对应于溶液电阻的平台出现在甚高频率区（$>10^6$ Hz），对应于涂层电阻的平台则出现于低频，相位角在很宽的范围内接近 $-90°$，说明此时的有机涂层相当于一个电阻值很大而电容值很小的隔绝层。此时阻抗谱所对应的物理模型则可由图 7-22 的等效电路给出。

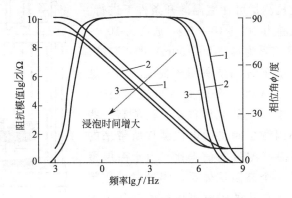

图 7-21　有机涂层覆盖的金属电极在
NaCl 溶液中浸泡初期的 Bode 图

电解质溶液渗入有机涂层的难易程度即有机涂层的耐渗水性是与有机涂

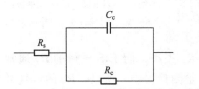

R_s 为溶液电阻，C_c 为涂层电容，R_c 为涂层电阻

图 7-22　浸泡初期有机涂层覆盖
金属电极阻抗谱的等效电路

层防护性能密切相关的一个性能指标。与组成有机涂层的那些物质及涂层中的空穴相比，电解质溶液具有较小的电阻值及较大的介电常数，它的渗入会改变涂层电阻与涂层电容。在浸泡初期，随着电解质溶液向有机涂层的渗透，涂层电容 C_c 随浸泡时间而增大，涂层电阻则随浸泡时间而减小。在 Bode 图中，表现为 $\lg|Z|$ 对 $\lg f$ 的曲线朝低频方向移动，相位角曲线下降。涂层电容与涂层电阻两者是并联关系，故由两者组成的复合元件的阻抗主要显示阻抗小的那个元件的阻抗特征。当电容值很小而电阻值很大时，涂层相当于一个纯电

容；而当电容值增大而电阻值减小时，涂层电阻的贡献就不能忽略了。相位角曲线的下降，说明了涂层电容值的增大及涂层电阻值的下降。反过来也可以从涂层电容及涂层电阻的变化来了解电解质溶液渗入有机涂层的程度。由于浸泡初期涂层体系相当于一个"纯电容"，故求解涂层电阻会有较大误差，而涂层电容却可准确估算。在文献中有一些计算溶液渗入程度的经验公式，如 D. M Brasher 和 K Kingsbury 提出的有机涂层吸水体积百分率的公式：

$$X_v = \lg[C_c(t)/C_c(0)]/\lg(80) \times 100\% \tag{7-21}$$

式中，X_v 为有机涂层吸水体积百分率；$C_c(0)$ 和 $C_c(t)$ 分别为浸泡 t 时间前后的涂层电容。在对阻抗谱数据进行解析求得 $C_c(0)$ 与 $C_c(t)$ 之后，即可利用式(7-21) 来计算有机涂层的吸水体积百分率。由于 $C_c(t)$ 是随浸泡时间而增大的，故吸水体积百分率 X_v 也随浸泡时间而增大，当涂层吸水达到饱和时，$C_c(t)$ 就不再发生显著的变化，X_v 也基本保持稳定。据文献记载，有机涂层的饱和吸水体积率可达 6%。

7.5.2.2　浸泡中期涂层体系的阻抗谱特征

一旦电解质溶液渗透到达"涂层/基底"界面，在界面区建立腐蚀微电池，阻抗谱就会显示两个时间常数的特征。阻抗谱出现两个时间常数但涂层表面尚未形成宏观小孔的那段时间叫做浸泡中期（图 7-23）。与高频端对应的时间常数来自于涂层电容 C_c 及涂层表面微孔电阻 R_{po}，与低频端对应的时间常数则来自于界面起泡部分的双电层电容 C_{dl} 及基底金属腐蚀反应的极化电阻 R_{ct}。若涂层的充放电过程与基底金属的腐蚀反应过程都不受传质过程的影响，那么这个时期的 EIS 可以由图 7-24 中的两个时间常数的等效电路来描述。

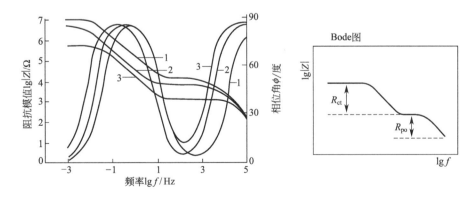

图 7-23　浸泡中期有机涂层体系的 EIS Bode 图
浸泡时间随曲线 1，2，3 依次增加

235

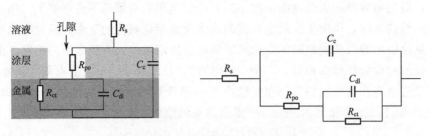

图 7-24　两个时间常数 EIS 的等效电路

图 7-23 中几个阻抗谱曲线在高频端重叠在一起。这是因为，电解质溶液对涂层的渗透在一定的时间之后达到饱和，此后涂层电容 C_c 不再因为电解质渗透造成涂层介电常数的变化而明显增大。电解质溶液到达"涂层/基底"的界面，在引起基底的腐蚀反应的同时还破坏着涂层与基底之间的结合，引起涂层的起泡或肿胀。不难看出，模型中的一些如 R_{po} 等参数与涂层表面孔隙面积及界面起泡区的面积有关。

大多数的有机涂层中都含有颜料、填料等添加物，有的有机涂层中还专门添加阻挡溶液渗入的片状物。由于大量添加物的阻挡作用，电解质溶液渗入有机涂层就很困难，参与界面腐蚀反应的反应粒子的传质过程也就可能是一个慢步骤。这样在阻抗谱中往往会出现扩散过程引起的 Warburg 阻抗的特征。与图 7-23 中的两个时间常数的阻抗谱图不同，图 7-25 中，在中间频率段，$\lg|Z|$-$\lg f$ 曲线中应出现直线平台的区域，出现了一条斜线，其斜率

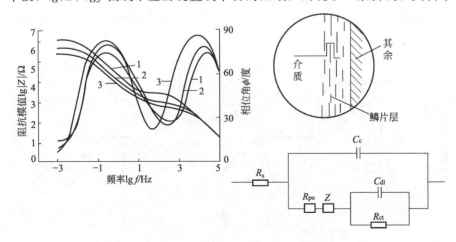

图 7-25　中间频率段呈 Warburg 阻抗特征的阻抗谱 Bode 图

及其等效电路（含两个时间常数）

浸泡时间随曲线 1，2，3 依次增加

在−0.5 至−0.2 之间。

这种在中间频率段呈 Warburg 阻抗特征的阻抗谱，一般发生在浸泡中期。由于有机涂层中添加物颗粒的阻挡作用，电解质溶液沿着颗粒之间的空隙，弯弯曲曲地向内渗入，反应粒子的传质过程的方向也并不与浓度梯度的方向平行。由于这种称之为"切向扩散"现象的存在，图 7-25 中等效电路中，Z_w 的表达式应由式(7-22) 给出。

$$Z_w = A(j\omega)^\alpha \tag{7-22}$$

式(7-22) 中的 α 的取值范围为 $-0.5 \leqslant \alpha < 0$。当 $\alpha = -0.5$ 时，Z_w 为一般意义上的 Warburg 阻抗。

7.5.2.3 浸泡后期涂层体系的阻抗谱特征

图 7-26 中的阻抗谱图，一般出现在较长的浸泡时间之后，此时有机涂层表面出现了用肉眼就能见到的锈点或宏观孔——浸泡后期。这种阻抗谱的出现，是由于随着宏观孔的形成，原本存在于有机涂层中的浓度梯度消失，另在界面区因基底的腐蚀反应速度加快而形成新扩散层。因此图 7-25 和图 7-26 所示两种阻抗谱的不同在于扩散层存在的位置。当有机涂层表面仅有肉眼看不到的微孔时，扩散层在有机涂层内；而当涂层表面形成宏观孔，反应粒子可顺利通过宏观孔到达"涂层/基底"界面的时候，扩散层就在基底电极的附近了。

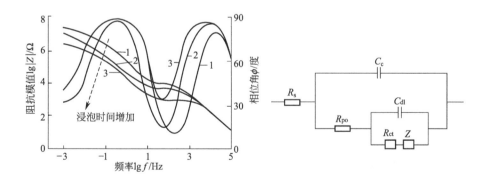

图 7-26 低频端呈 Warburg 阻抗特征的阻抗谱 Bode 图及其等效电路（含两个时间常数）

在浸泡后期，往往可得到一个时间常数且呈 Warburg 阻抗特征的阻抗谱（图 7-27）。这种阻抗谱的出现表示，在浸泡后期，有机涂层表面的孔隙率及"涂层/基底"界面的起泡区都已经很大，有机涂层失去了阻挡保护作用，故阻抗谱的特征主要由基底反应的电极过程所决定。

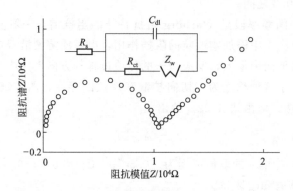

图 7-27　浸泡后期，一个时间常数且呈 Warburg 阻抗特征的阻抗谱

7.5.3　涂层防护性能的评价

根据测得的 EIS 谱图建立了金属/涂层体系的物理模型之后，就可以对 EIS 数据进行解析。这样就可以得到涂层电容 C_c、微孔电阻 R_{po}、双电层电容 C_{dl} 及基底金属腐蚀反应电阻 R_{ct} 等电化学参数。另外前面也介绍过，涂层电容 C_c 是随电解质溶液的渗入而增大的，根据涂层电容 C_c 值的变化情况，可以得到电解质溶液渗入涂层的信息。

许多学者也引入了一些 EIS 数据处理的快速方法，从而无须对电化学阻抗谱的数据进行精确分析，只要对有机涂层阻抗的某些特征值进行分析，就可以快速评估涂层的性能。低频阻抗模值 $|Z|$($0.001 \sim 0.01\,Hz$)、特征频率 f_b、最大相位角处的频率 $f_{\theta max}$、相位角最小值 Φ_{min} 及其所对应的频率 f_{min} 都能方便、快速地评估涂层的防护性能。例如通常认为低频阻抗模值在 $10^6 \sim 10^7\,\Omega \cdot cm^2$ 时，涂层的阻挡作用已经很小。

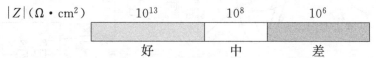

假定基体金属腐蚀的等效电路如图 7-24 所示，则存在下列关系式。

$$R_{po}=R_{po}^0/A_d,\ R_p=R_p^0/A_d,\ C_{dl}=C_{dl}^0 A_d,\ C_c=C_c^0 A$$

式中，A 为试样总面积，A_d 为缺陷面积，R_{po}^0($\Omega \cdot cm^2$)、R_p^0($\Omega \cdot cm^2$)、C_c^0($\mu F/cm^2$) 和 C_{dl}^0($\mu F/cm^2$) 分别为单位缺陷面积上各参数的单元值。

高频区相角为 45° 处的频率 f_b 与阻抗参数有关，当 $R_{po} \gg R_{sol}$ 且 $A_d \ll A$ 时，有 $f_b=1/(2\pi R_{po}C_c)=[1/(2\pi R_{po}^0 C_c^0)](A_d/A)$，其中，$R_{po}^0=\rho d$，$C_c^0=$

$\varepsilon\varepsilon_0/d$，$\varepsilon$ 是涂层的介电常数，ε_0 是真空介电常数，d 是涂层厚度，ρ 是涂层电阻率，所以

$$f_b = (2\pi\varepsilon\varepsilon_0\rho)^{-1}(A_d/A) = f_b^0(A_d/A) \tag{7-23}$$

式(7-20) 中，f_b^0 是涂层材料的特征值，当 ε 和 ρ 不变时，f_b^0 与涂层的剥离厚度无关；A_d/A 为剥离率。从式(7-20) 可以看出，通过测量特征频率就能估计出涂层的剥离程度随浸泡时间的变化，从而可以得到涂层表面生成微孔以及涂层金属界面的反应起泡等有关信息。按照式(7-23) 的定义，特征频率为 $\lg|Z|\text{-}\lg f$ 的曲线上一个拐点所对应的频率，一般情况下，f_b 即为 $-45°$ 相角处的频率，很容易得到，不需要复杂的数据处理，且在高频端，故不必进行费时的低频数据测量，因此特征频率法成了评价涂层性能的一种快速 EIS 方法。在有些情况下，如阻抗谱发生"弥散"现象，溶液电阻的影响较大等，特征频率所对应的相位角就不再是 $-45°$，这时可以通过寻找阻抗虚部的极大值所对应的频率即为 f_b。

习　题

1. 正弦量的三要素是什么？如何用旋转矢量表示正弦量？

2. 阻抗和导纳的定义是什么？

3. R、C、L 元件的阻抗和导纳是什么？R、C、L 上电压与电流的相位分别是什么关系？

4. 请画出一个包含溶液电阻 R_s、双层电容 C_d、电荷传递电阻 R_{ct}、扩散阻抗 Z_w 的简单电化学系统的等效电路图及其总阻抗的表达式。并请写出忽略浓差极化后的等效电路。

5. 若测得的阻抗数据抖动较为剧烈（连线不圆滑），那么这些数据很可能不是电化学系统的真实阻抗，为什么？

6. 测试金属的极化曲线时（例如，测试金属腐蚀速度的极化电阻法就是测试金属腐蚀电位附近的极化曲线的斜率），若电极表面有阻抗不可忽略的膜（例如氧化膜、钝化膜、有机涂层等）存在，测试中膜的电压降叠加在金属的真实电位上，影响到实验结果，虽然很多学者试图用各种方法补偿膜的电压降，但一直没有取得满意的效果。由于交流阻抗较少受到膜的电压降限制，此时用交流阻抗测试电极的电化学性质可能更合适，为什么？

参　考　文　献

[1] 曹楚南，张鉴清．电化学阻抗谱导论．北京：科学出版社，2002：1-44．

[2] 张翠芬．电化学测量．哈尔滨工业大学教学讲义，1994．

[3] 宋诗哲．腐蚀电化学研究方法．北京：化学工业出版社，1994：15-18，154-179．

[4] 查全性. 电极过程动力学. 第 3 版. 北京：科学出版社，2002：213-234.

[5] 谢德明，胡吉明，童少平. 多道环氧涂层在 NaCl 溶液中的电化学阻抗谱研究. 材料研究学报，2004，18 (1)：96-101.

[6] 谢德明，胡吉明，童少平等. 多道富锌基涂层在 NaCl 溶液中的电化学行为研究. 金属学报，2004，40 (7)：749-753.

第*8*章
金属的腐蚀与防护

金属腐蚀（corrosion）是指金属与环境之间发生化学、电化学反应，或者由于物理溶解作用而引起的损坏或变质。单纯物理腐蚀的实例不多，如合金在液态金属中的物理溶解。单纯的机械破坏，如金属被切削、研磨，不属于腐蚀范畴。非金属的破坏一般是由于化学或物理作用引起，如氧化、溶解、溶胀等。

金属腐蚀遍及经济生活、国防军事和科学技术的各个领域，危害十分严重。金属被腐蚀后，在外形、色泽以及物理、力学性能等方面都将发生变化，造成设备破坏、管道泄漏、产品污染、效率下降，酿成燃烧或爆炸等恶性事故、资源和能源的严重浪费以及环境污染。据估计，世界各发达国家每年因金属腐蚀而造成的经济损失约占其当年国民生产总值的 1.5%～4.2%，全世界每年因腐蚀造成的直接经济损失大约为每年各项天灾（火灾、风灾及地震等）损失总和的 6 倍。据报道，中国 2002 年的腐蚀损失高达 5%（石油和化学工业更高达 7.5%）！即 2002 年中国因腐蚀造成的经济损失约 5000 亿元！金属腐蚀使我国每年有 10% 产量的钢铁报废，其中 10% 变为无用的铁锈。在有些情况下，全世界由于腐蚀造成的损失，如爆炸造成的人身伤亡，不可预测的化工设备事故，飞机、火车、汽车的失事等，更是难以估量的。例如，1980 年，英国北海油田基·兰德号海上钻井平台，因海洋腐蚀疲劳开裂而迅速倒塌，造成 123 人死亡。1986 年，美国挑战者航天飞机在升空几分钟后爆炸，原因就在于燃烧管腐蚀。1988 年，英国北海油田帕尔波-阿尔法海洋平台，因管线腐蚀裂开，突然爆炸起火，死亡 166 人。2003 年 12 月 23 日，重庆市开县高桥镇罗家寨发生了国内乃至世界气井井喷史上罕见的特大井喷事故。官方报道的损失数据是：9.3 万余人受灾，6.5 万余人被迫疏散转移，累计门诊治疗 27011 人，住院治疗 2142 人，数百人遇难。这是历史上最严重的腐蚀事故（H_2S 腐蚀）。

伴随世界工业化进程的是环境污染的加重和人类生存条件的恶化。污染环境的物质大多是腐蚀性物质，所以腐蚀现象无时不在，随处可见。腐蚀具有普遍性、隐蔽性、渐进性和突发性的特点，可控但断不了根，再加上腐蚀控制效益的滞后性、间接性，使得大多数人对其视而不见。当腐蚀的损害较为显著时，才会引起人们的注意，而到破坏造成时，结果却往往非常严重。因此了解腐蚀并采取防护措施，是极其重要的。例如，在发展核电项目的同时，防止因金属腐蚀引发的恶性事故是广大民众非常关心的问题。

我们的祖先很早就重视金属的腐蚀与防护。远在5000年前我国就采用火漆作为木、竹器的防腐涂层。出土的春秋战国时期的武器，有的至今毫无锈蚀，原因是其表面有一层致密的含铬的黑色氧化物保护层，如勾践剑。在公元前3世纪，中国已采用金汞齐典金术给金属表面镀金以增加美观防止腐蚀。后汉时（公元250年），中国用石油作车辆的润滑与铁的防锈，这是人类用石油作防锈油的最早记载。

有时也可以利用腐蚀原理为生产、生活服务。例如：

① 化学蚀刻 化学蚀刻广泛应用于铜版画、印刷制版、彩电显像管、铭牌及印刷线路板等的制作方面。例如，在电子工业上，在线路印在铜箔上后，将图形以外不受感光胶保护的铜用$FeCl_3$溶液腐蚀，就可以得到线条清晰的印刷电路板。三氯化铁腐蚀铜的反应为：$2FeCl_3 + Cu = 2FeCl_2 + CuCl_2$。

② 腐蚀生热。

a. 热敷带 有一种热敷袋内装铁屑、活性炭、锯木屑、氯化钠等，铁屑腐蚀能产生$40 \sim 60℃$的热度。当热敷袋紧贴于患处时，可加速血液循环、促进局部的新陈代谢，从而达到物理治疗而止痛的目的。

b. 即热饭盒 有学者认为，微波炉加热物品对被加热的物品的化学性质造成了破坏。食物的分子吸收大量的能量，足以分解蛋白质的分子结构，导致通常情况下不会发生的分子异变。这些奇怪的新分子是人体不能接受的，有些具有毒性，还可能致癌。即热饭盒没有微波炉的缺点，可惜的是使用者很少。"即热饭盒"的原理是在饭盒底部有两层，一层存放水，另一层存放镁和铁的混合物。使用时打开隔离层，即发生以下反应：$Mg + 2H_2O = Mg(OH)_2 + H_2 \uparrow + 热$

③ 食品脱氧剂 保存食品所用的脱氧剂又称为游离氧吸收剂或游离氧驱除剂，当脱氧剂随食品密封在同一包装容器中时，能通过化学反应吸除容器内的游离氧及溶存于食品的氧，从而防止食品氧化变质。同时利用所形成的缺氧条件也能有效地防止食品的霉变和虫害。目前在食品储藏上广泛应用有三类：特制铁粉、连二亚硫酸钠和碱性糖制剂。特制铁粉由特殊处理的铸

铁粉及结晶碳酸钠、金属卤化物和填充剂混合组成。铁粉的粒径在 $300\mu m$ 以下，比表面积为 $0.5m^3/g$ 以上，呈褐色粉末状。脱氧作用机理是铁粉与水、氧等腐蚀介质发生电化学和化学反应，生成铁的氧化物和氢氧化物的同时消耗了食物中的氧气和水。

钢铁材料是主要的金属材料，因此，本章的讨论以钢铁为主。

8.1 金属腐蚀的机理

8.1.1 金属腐蚀的本质

从热力学角度看，腐蚀是金属由非稳态自发向稳态转变的过程，即金属发生腐蚀的实质是金属原子失去电子而被氧化的过程（图 8-1）。腐蚀一般总是从表面开始。金属腐蚀一般是在恒温、恒压的敞开体系条件下进行的，因此可用吉布斯自由能判据来判断反应的方向和限度。

图 8-1 金属腐蚀的实质

大多数金属腐蚀易，而冶炼难，除少数贵金属（如 Au、Pt）外，自然界中很少有单质金属存在，这说明金属腐蚀是自发普遍存在的现象。人们辛辛苦苦地从矿石中把金属提炼出来，而大自然却轻易地把金属氧化成化合物，而悄声无息地从人类手中夺走。就工程材料的来源而言，其原为矿石或是氧化物中冶炼，再度变为化合物而回归稳定也是自然的趋势，因此材料在某种适当的环境（水分、高温，或是酸、碱、NaCl 等）中，不论经由化学或是电化学的反应方式而发生腐蚀，也是自然的现象，而防治腐蚀的积极意义则是延长材料的使用寿命。金属源于自然，复归于自然，如图 8-2 所示。

8.1.2 化学腐蚀与电化学腐蚀

根据腐蚀的作用原理，金属腐蚀可分为化学腐蚀（chemical corrosion）和电化学腐蚀（electrochemical corrosion）两大类。

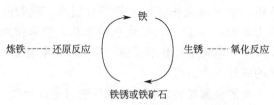

图 8-2　金属腐蚀示意（从哪里来，还回到哪里去）

化学腐蚀——单纯由化学作用引起的腐蚀叫化学腐蚀。化学腐蚀作用进行时没有电流产生。如将纯净且均一的铁块放入稀硫酸中，$Fe+H_2SO_4 \Longrightarrow FeSO_4+H_2 \uparrow$。金属在干燥空气、无导电性的有机物或非水溶液中因发生直接的化学作用而引起的腐蚀或者是金属与气态介质（如二氧化硫、硫化氢、卤素、蒸汽和二氧化碳等）在高温下的化学作用往往是化学腐蚀。

温度对化学腐蚀的影响很大。例如钢材在常温和干燥的空气里并不易腐蚀，但在高温下就容易被氧化，生成一层由 FeO、Fe_2O_3 和 Fe_3O_4 组成的氧化皮，同时还会发生脱碳现象。这主要是由于钢铁中的渗碳体（Fe_3C）与气体介质作用所产生的结果，例如

$$Fe_3C(s)+O_2(g) \longrightarrow Fe(s)+CO_2(g)$$
$$Fe_3C(s)+CO_2(g) \longrightarrow Fe(s)+CO(g)$$
$$Fe_3C(s)+H_2O(g) \longrightarrow Fe(s)+CO(g)+H_2(g)$$

反应生成的气体产物离开金属表面，而碳便从邻近的、尚未反应的金属内部逐渐扩散到这一反应区，使得金属层中的碳逐渐减少，形成了脱碳层（见图 8-3）。钢铁表面由于脱碳致使硬度减小、疲劳极限降低。

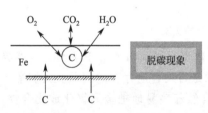

图 8-3　工件表面脱碳

化学腐蚀只是腐蚀现象中的一小部分，而绝大部分金属腐蚀是电化学原因造成的。金属在介质如潮湿空气、电解质溶液等中，因形成电池或微电池而发生电化学作用而引起的自溶解就是电化学腐蚀。在这个过程中金属被氧化，所释放的电子完全为氧化剂消耗，构成一个自发的短路电池——腐蚀电池。由此曹楚南院士在《腐蚀电化学原理》一书中定义："电化学腐蚀是腐蚀电池的电极反应的结果。"在自然条件下金属的腐蚀通常是电化学腐蚀。

电化学腐蚀与化学腐蚀（图 8-4）的基本区别是当电化学腐蚀（图 8-5）发生时，金属表面存在隔离的阴极与阳极，有微小的电流存在于两极之间，

单纯的化学腐蚀则不形成腐蚀电池。过去认为，高温气体腐蚀（如高温氧化）属于化学腐蚀，但近代研究发现在高温腐蚀中也存在隔离的阳极和阴极区，也有电子和离子的流动。据此出现了另一种分类：干腐蚀和湿腐蚀。湿腐蚀是指金属在水溶液中的腐蚀，是典型的电化学腐蚀，干腐蚀则是指在干气体（通常是在高温）或非水溶液中的腐蚀。

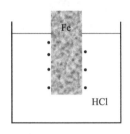

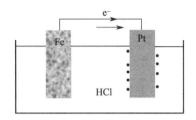

图 8-4 化学腐蚀   图 8-5 电化学腐蚀

电化学作用既可单独引起金属腐蚀，又可和机械作用、生物作用共同导致金属腐蚀。

① 当金属同时受拉伸应力和电化学作用时，可引起应力腐蚀断裂。

② 金属在交变应力和电化学共同作用下可产生腐蚀疲劳。

③ 若金属同时受到机械磨损和化学作用，则可引起磨损腐蚀。

生物腐蚀（bacterium corrosion）——微生物的新陈代谢可为电化学腐蚀创造条件，参与或促进金属的电化学腐蚀，称为微生物腐蚀，或称为细菌腐蚀。需要指出的是，并非微生物本身对金属的腐蚀，而是它们生命活动的结果直接或间接地对金属腐蚀过程产生影响。微生物对金属腐蚀过程的影响主要体现在以下几个方面：a. 代谢产物具有腐蚀作用，如硫酸、有机酸和硫化物。b. 改变环境介质条件，如 pH 值、溶解氧等。c. 影响电极极化过程。d. 破坏非金属保护覆盖层或缓蚀剂的稳定性。

细菌参与金属腐蚀，工业上最初是从地下管道中发现，后来逐渐发现矿井、油井、海港、水坝及循环冷却水系统的金属构件及设备的腐蚀过程都和细菌活动有关。下面以金属在土壤中的析氢腐蚀为例来说明细菌如何促进金属的电化学腐蚀。阴极反应生成的原子态氢和 H_2 吸附在金属表面上，不能连续地成为气泡逸出，就会发生阴极极化，使腐蚀过程明显减慢。但硫酸加上菌的存在，恰好给原子氢找到了出路，把 SO_4^{2-} 还原成 S^{2-}（$SO_4^{2-} + 8H \longrightarrow S^{2-} + 4H_2O$），再与 Fe^{2+} 化合生成黑色的 FeS 沉积物。当土壤 pH 值在 5～9，温度在 25～30℃时，最有利于细菌的繁殖。常见的细菌腐蚀有：a. 厌氧性细菌腐蚀。影响地下钢铁设备、构件腐蚀性最为重要的厌氧菌尤其是硫酸盐还原菌（SRB）。这种菌能使硫酸盐还原成硫化物，而硫化物与介质中的碳酸等物质作用生成硫化氢，进而与铁反应形成硫化铁，加速了钢铁的腐蚀。b. 好氧性细菌的腐蚀。指适于并仅能在含有游离氧的环境中繁殖生存的一类微生物引起的腐蚀，如硫氧化菌、铁细菌、硫代硫酸盐氧化菌等。以硫氧化菌为例，它可将元素硫和含硫化合物氧化成硫酸，造成腐蚀性极强的环境，导致材料的快速腐蚀。c. 厌氧与好氧联合作用下的腐蚀。在实际环境中，由于好氧菌的腐蚀往往会造成厌氧的局部环境，使厌氧菌也得到繁殖，这样两类细菌的腐蚀与繁衍相辅相成，更加速了金属的腐蚀。细菌联合作用腐蚀的情况很普遍。

8.1.3　腐蚀电池与腐蚀的次生过程

腐蚀电池（corrosion cell）的定义：只能导致金属材料破坏而不能对外界做功的短路原电池。

8.1.3.1　微电池与宏电池

腐蚀电池可分为大电池和微电池两种。大电池（宏观腐蚀电池）指阴极

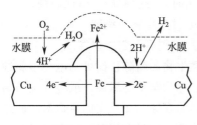

图 8-6　大电池示意

区和阳极区的尺寸较大，区分明显，肉眼可辨。不同金属在同一种电解质溶液中形成的腐蚀电池就是腐蚀大电池。例如碳钢制造的轮船与青铜的推进器在海水中构成的腐蚀电池。同样在碳钢法兰与不锈钢螺栓之间也会形成腐蚀。又如带有铁钉的铜板若暴露在空气中（图8-6），表面被潮湿空气或雨水浸湿，空气中的 CO_2、SO_2 和海边空气中的 NaCl 溶解其中，形成电解质溶液，这样组成了原电池，铜作阴极，铁做阳极，所以铁很快腐蚀形成铁锈。

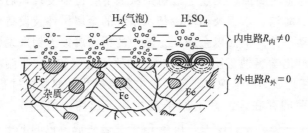

图 8-7　微电池示意

由图 8-6 及图 8-7 可见，腐蚀电池与一般的原电池一样，必须由两个电极和

电解质溶液组成，但腐蚀电池一般是外部短路的（见图8-5～图8-8）。

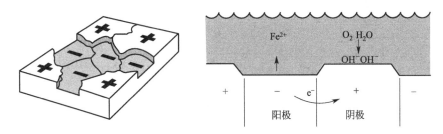

图 8-8 钢铁表面形成的微小原电池示意

微电池（微观腐蚀电池）：指阳极区和阴极区尺寸小，肉眼不可分辨。形成微电池的原因很多，常见的有金属表面化学组成（如铁中的铁素体和碳化物）与组织（如局部缺陷）不均一、金属表面上物理状态不均一（如存在内应力）、金属表面膜不完整、金属表面局部环境不同等（表8-1，图8-9之c、d、e、f）。例如极纯的金属铁在酸性溶液中腐蚀速率是很小的，但若含有少量杂质碳，则当铁与电解质溶液接触时，铁表面就形成许多微电池（见图8-7）。由于这些微电池是短路的，外电阻很小，反应速率很快，因此微电池反应加快了金属的腐蚀（溶解）速率。因此在大多数情况下腐蚀是有害的，必须防止。不过微电池腐蚀在一些情况下是有利的，例如：a. PbS矿在酸性溶液中浸出，因矿石中常含有FeS，可以构成微电池，加速了PbS的溶解，即强化了浸出过程。b. 以铁的氧化物为主的锈层在酸溶液中的溶解过程以电化学还原性溶解为主，包括化学溶解和电化学溶解以及基底金属在酸中腐蚀产生的氢气的剥离作用的综合过程。单靠化学溶解过程是无法完成对锈层的清洗任务的。锈层的电化学还原性溶解过程，不仅能够很好地解释为什么铁的氧化粉末（Fe_2O_3 或 Fe_3O_4 粉末）或被剥离下来的金属锈层（不附着在基底金属上的锈层）在酸中的溶解速度慢，而附着在基底金属上的锈层或实际锅炉结垢管样在酸中的溶解速度则快得多，而且还能够说明，在锅炉清洗时，锈层溶解到酸液中的主要是亚铁离子（Fe^{2+}），而不是三价铁离子（Fe^{3+}）。c. 实验室用 Zn 和稀 H_2SO_4 制备 H_2 时，常加入少许 $CuSO_4$。这样 H_2 的析出速度会增加很多。

表 8-1 形成腐蚀电池的原因

金属方面	成分不均匀	组织结构不均匀	表面状态不均匀	应力不均匀	热处理差异
环境方面	金属离子浓度差异	氧含量的差异	温度差异	流速差异	电解质浓度

腐蚀电池还可分为同一金属结构内形成的腐蚀电池和不同金属之间形成

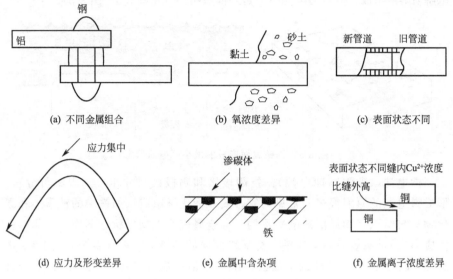

图 8-9　腐蚀电池形成原因举例

的腐蚀电池。同种金属内部不同部位的电位差是由于在冶炼、加工、安装、及使用等过程中，不可避免地造成了金属本身的内外晶间、应力、表面膜和疲劳程度等的差异，以及外界环境造成的氧浓差、温差、缝隙等现象。例如同一种材料的金属，由于新旧程度的不同，其内部的晶体结构是有明显的差异的，一般新结构的电位较负，为阳极；旧结构的电位较正，为阴极，新旧结构连接后，新结构的腐蚀速度加快。结构外界的环境差异也是形成腐蚀电池的原因，如由于结构周围土壤密度的不同而形成的氧浓差电池。

8.1.3.2　浓差电池

一种金属与同一电解质溶液接触，由于在金属的不同区域，介质的浓度、温度、流动状态和 pH 值等的不同，也会产生不同区域的电极电位不同而形成腐蚀电池，导致腐蚀的发生，此种腐蚀电池称为浓差电池。在这种电池中，与浓度较小的溶液相接触的部分电位较负，成为阳极，而与浓度较大的溶液相接触的部分电位较正成为阴极。

氧浓差电池是最常见的浓差电池。氧电极的电势与氧的分压有关。

$$\varphi(O_2/OH^-) = \varphi^{\ominus}(O_2/OH^-) + \frac{RT}{4F}\ln\frac{p_{O_2}/p^{\ominus}}{a_{OH^-}^4} \tag{8-1}$$

在溶液中氧的浓度小的地方，电极电势低，成为阳极（负极），金属被腐蚀；而氧浓度较大的地方，电极电势较高而成为阴极（正极），使金属不会受到腐蚀。这种腐蚀又称为差异充气腐蚀。其结果是金属在充气少的部位发生较严重的腐蚀。它在地下管道、石油井架、轮船水线上下等地方会有发生。例如：a. 地下管道最常见的腐蚀现象是氧浓差电池。管道通过不同性质土壤交接处时，黏土段贫氧，易发生腐蚀 [图 8-10(a)]，特别是在两种土壤的交接处或埋地管道靠近出土端的部位腐蚀最严重。对储油罐来讲，氧浓差主要表现在罐底板与砂基接触不良，还有罐周和罐中心部位的透气性差别，中心部位氧浓度低，成为阳极被腐蚀。b. 插入水中的金属设备，也常因水中溶解氧比空气中少，使紧靠水面下的部分易被腐蚀——水线腐蚀 [图 8-10(b)]。同样还有打入泥沙中的铁桩 [图 8-10(c)]。c. 水滴落在金属表面，并长期保留，由于水滴边缘有较多的氧气，而水滴中心与金属接触的部位含氧较少，所以因腐蚀而穿孔的部位应在水滴中心，而不是边缘。

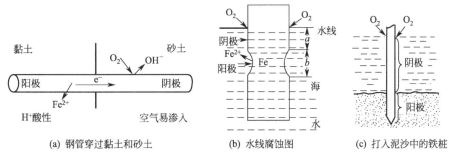

(a) 钢管穿过黏土和砂土   (b) 水线腐蚀图   (c) 打入泥沙中的铁桩

图 8-10 氧浓差电池

$$\text{缺氧电极（阳极）}\quad Fe-2e^- \longrightarrow Fe^{2+};$$
$$\text{氧足电极（阴极）}\quad O_2+2H_2O+4e^- \longrightarrow 4OH^-$$

8.1.3.3 析 H_2 腐蚀和吸 O_2 腐蚀

在水溶液中形成的腐蚀电池的阳极反应一般都是金属的溶解过程，以图 8-6、图 8-7 的微电池为例，阳极过程为 $Fe \longrightarrow Fe^{2+}+2e^-$（Fe 被腐蚀）。在阴极上则可能有下列 6 种反应，其中最主要、最常见的是析 H_2（图 8-11）和吸 O_2（图 8-12）。

① 氢离子还原反应或析氢反应。

$$2H^++2e^- \longrightarrow H_2 \uparrow \quad \varphi(H^+|H_2)=-\frac{RT}{2F}\ln\frac{a_{H_2}}{a_{H^+}}$$

设 $a_{H_2}=1$，$a_{H^+}=10^{-7}$，则 $\varphi(H^+|H_2)=-0.413V$

不腐蚀 $\longleftarrow$ • $\longrightarrow$ 腐蚀

$Fe^{2+}10^{-6}mol/L$

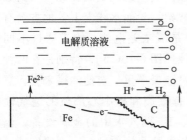

图 8-11　钢铁的析氢腐蚀

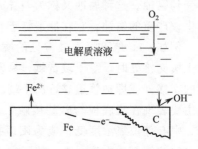

图 8-12　钢铁的吸氧腐蚀

铁阳极氧化，当 $a_{Fe^{2+}}=10^{-6}$ 时认为已发生腐蚀。

$$\varphi(Fe^{2+}|Fe)=\varphi^{\ominus}(Fe^{2+}|Fe)-\frac{RT}{2F}\ln\frac{1}{10^{-6}}=-0.617V$$

这时组成原电池的电动势为 0.204V，是自发电池。

析氢腐蚀常常发生在：a. 酸洗或酸侵蚀某种活泼金属的加工过程中；b. 潮湿的空气，特别含有较多的酸性气体（CO_2、SO_2 和 NO_2 等）的空气中。

② 溶液中溶解氧的还原反应　在中性或碱性溶液中，生成 OH^-。

$$O_2+2H_2O+4e^-=\!=\!=4OH^-$$

在酸性溶液中，生成水　$O_2+4H^++4e^-=\!=\!=2H_2O$

$$\varphi(O_2|H_2O,H^+)=\varphi^{\ominus}-\frac{RT}{4F}\ln\frac{1}{a_{O_2}a_{H^+}^4}\quad\varphi^{\ominus}=1.229V$$

设 $a_{O_2}=1$，$a_{H^+}=10^{-7}$，则 $\varphi(O_2|H_2O,H^+)=0.816V$。这时与 $\varphi(Fe^{2+}|Fe)(-0.617V)$ 阳极组成原电池的电动势为 1.433V。显然耗氧腐蚀比析氢腐蚀严重得多。日常所遇到的大量腐蚀现象都是在有氧存在，且 pH 接近中性条件下发生的吸氧腐蚀（参见表 8-2）。

表 8-2　钢铁的析氢腐蚀和吸氧腐蚀的比较

项　　目	析氢腐蚀	吸氧腐蚀
条件	酸性较强	弱酸性或中性、碱性
去极化剂性质	带电氢离子，迁移速度和扩散能力都很大	氧分子，只能靠扩散和对流传输，其溶解度通常随温度升高和盐浓度增大而减小
阴极控制原因	主要是活化极化： $\eta_{H_2}=\dfrac{RT}{\alpha zF}\ln\dfrac{i_c}{i^0}$	主要是浓差极化： $\eta_{O_2}=\dfrac{RT}{zF}\ln\left(1-\dfrac{i_c}{i_L}\right)$

项　目	析氢腐蚀	吸氧腐蚀
阴极反应产物	以氢气泡逸出,电极表面溶液得到附加搅拌	产物 OH^- 只能靠扩散或迁移离开,无气泡逸出,得不到附加搅拌
正极反应	$2H^+ + 2e^- \Longrightarrow H_2 \uparrow$	$O_2 + 2H_2O + 4e^- \Longrightarrow 4OH^-$
负极反应	$Fe - 2e^- \Longrightarrow Fe^{2+}$	
电池反应	$Fe^{2+} + 2OH^- \Longrightarrow Fe(OH)_2 \downarrow$ $4Fe(OH)_2 + O_2 + 2H_2O \Longrightarrow 4Fe(OH)_3$	

③ 溶液中高价离子的还原,例如铁锈中的三价铁离子的还原。

$$Fe^{3+} + e^- \longrightarrow Fe^{2+}$$

$$Fe_3O_4 + H_2O + 2e^- \longrightarrow 3FeO + 2OH^-$$

$$Fe(OH)_3 + e^- \longrightarrow Fe(OH)_2 + OH^-$$

④ 溶液中较惰性金属离子的还原,例如二价铜离子还原为金属铜。

$$Cu^{2+} + 2e^- \longrightarrow Cu$$

⑤ 氧化性酸(为 HNO_3)或某些阴离子的还原。

$$NO^{3-} + 2H^+ + 2e^- \longrightarrow NO^{2-} + H_2O$$

$$Cr_2O_7^{2-} + 14H^+ + 6e^- \longrightarrow 2Cr^{3+} + 7H_2O$$

⑥ 溶液中某些有机化合物的还原。

$$RO + 4H^+ + 4e^- \longrightarrow RH_2 + H_2O$$

$$R + 2H^+ + 2e^- \longrightarrow RH_2$$ (式中 R 表示有机化合物基团或分子)

8.1.3.4 电化学腐蚀的次生过程

腐蚀过程中,阳极和阴极反应的直接产物称为一次产物。由于腐蚀的不断进行,电极表面附近一次产物的浓度不断增加。阳极区产生的金属离子越来越多,阴极区由于 H^+ 离子放电或溶液中氧的还原导致 OH^- 离子浓度增加,pH 值升高。溶液中产生了浓度梯度。一次产物在浓差作用下扩散,当阴、阳极产物相遇时,可导致腐蚀次生过程的发生——即形成难溶性产物,称为二次产物或次生产物。

一般情况下,腐蚀次生产物并不直接在腐蚀着的阳极区表面上形成,而是在溶液中阴、阳极的一次产物相遇处形成。若阴、阳极直接交界,则难溶性次生产物可在直接靠近金属表面处形成较紧密的、具有一定保护性的氢氧化物保护膜,黏附在金属上,有时可覆盖较大部分的金属表面,从而对腐蚀有一定的阻滞作用。腐蚀过程的许多特点与形成的腐蚀产物膜的性质有很大关系。应指出腐蚀次生过程在金属上形成的难溶性产物膜,其保护性比氧在金属表面直接发生化学作用生成的初生膜要差得多。

　　金属腐蚀产物的体积一般大于金属的体积，因而除极少数金属（如上面提到的铝）外，通常在金属表面形成多孔疏松的堆积层。大多数情况下，这种堆积层不具有防腐作用，相反由于金属氧化物潮解等原因，反而加速金属的腐蚀。腐蚀产物的体积膨胀还会引起更严重的后果，例如造成机械运动部件的卡死，涂料和镀层等的剥落。如果腐蚀发生在缝隙中还可造成金属构件的断裂等。

　　铁在酸性介质中只能氧化成二价铁：$Fe \longrightarrow Fe^{2+} + 2e^-$。二价铁被空气中的氧气氧化成 Fe^{3+}，三价铁在水中形成 $Fe(OH)_3$ 沉淀，$Fe(OH)_3$ 又可能部分失水生成 Fe_2O_3。所以铁锈是由 Fe^{2+}、Fe^{3+}、$Fe(OH)_3$ 和 Fe_2O_3 等组成的疏松的混杂物质。

> 腐蚀过程的产物：
> 　　初生产物　阳极反应和阴极反应的生成物。
> 　　次生产物　初生产物继续反应的产物。
> 初生产物和次生产物都有可溶和不可溶性产物。
> ★只有不溶性产物才能产生保护金属的作用。

8.1.4　腐蚀极化图与腐蚀动力学

8.1.4.1　腐蚀极化图

　　将金属的两极分别作为腐蚀电池的阳极和阴极，中间串联可变电阻 R 以改变通过的电流，为了测定有电流通过电极时电极的极化，另外用两个参比电极以测定不同电流密度下电极电势的变化（见图 8-13，也就是分别且同时测定阳极和阴极的极化曲线）。

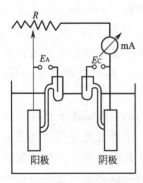
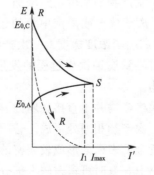
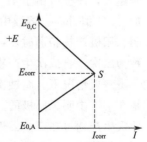

图 8-13　腐蚀电池极化　　图 8-14　腐蚀电池的阴、阳极　　图 8-15　腐蚀极化图
　　　测量装置　　　　　　电位随电流强度的变化

腐蚀极化图是一种电位-电流图（图 8-14），它是把表征腐蚀电池特征的阴、阳极极化曲线画在同一张图上构成的。为了方便起见，常常忽略电位随电流变化的细节，将极化曲线画成直线形式。这样可得到如图 8-15 所示的简化的腐蚀极化图，也称为 Evans 图（Evans diagram）。腐蚀极化图可用于分析腐蚀速度的影响因素和控制因素，如图 8-16 所示。

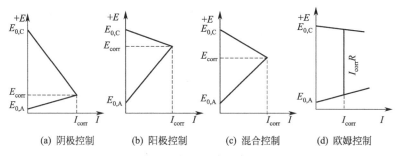

(a) 阴极控制 (b) 阳极控制 (c) 混合控制 (d) 欧姆控制

图 8-16 不同控制因素的腐蚀极化图

缓蚀剂（inhibitor）少量加入到腐蚀介质中，就可显著减小金属腐蚀的速率。由于缓蚀剂用量少，简便而且经济，故是一种常用的防腐手段。极化图可以用来说明缓蚀剂抑制金属腐蚀的基本原理。若加入的缓蚀剂能够抑制阳极过程和阴极过程中的一种或两种，腐蚀速率就会降低。根据缓蚀剂所能抑制的过程，可以把缓蚀剂分为：a. 阳极型缓蚀剂；b. 阴极型缓蚀剂；c. 混合型缓蚀剂。这三类缓蚀剂对于电极过程的影响可以用极化图 8-17 表示。从图中可以看出，未加缓蚀剂时，阴极和阳极极化曲线相交于 S_0 点，腐蚀电流密度为 J_0，分别加入上述三类缓蚀剂后，由于阴极或阳极极化（或二者）的增加，从 $J_S < J_0$ 中可以看出腐蚀速率都减慢了。

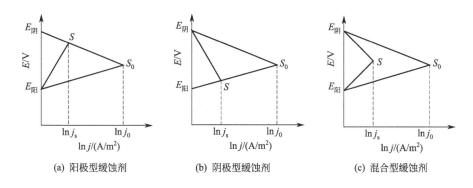

(a) 阳极型缓蚀剂 (b) 阴极型缓蚀剂 (c) 混合型缓蚀剂

图 8-17 各类缓蚀剂对腐蚀时的电极过程的影响

缓蚀剂又称阻蚀剂、腐蚀抑制剂。常用的有无机缓蚀剂、有机缓蚀剂两类。a. 无机缓蚀剂，常用的无机缓蚀剂有 $NaNO_2$、$K_2Cr_2O_7$、Na_3PO_4、$Ca(HCO_3)_2$、$NaOH$、Na_2CO_3 等，多数可在金属表面形成氧化膜或难溶物质，而使腐蚀阳极钝化。无机缓蚀剂通常在中性或微碱性介质中使用。例如 $Ca(HCO_3)_2$ 在碱性介质中发生如下反应：$Ca^{2+} + HCO_3^- + OH^- \Longrightarrow CaCO_3(s) + CO_3^{2-} + 2H_2O$。生成的难溶碳酸盐覆盖于阳极表面，阻滞了阳极反应，降低了金属的腐蚀速率。b. 有机缓蚀剂，在酸性介质中，通常使用有机缓蚀剂。属于有机类的缓蚀剂有胺类、醛类、杂环化合物、咪唑啉类等。

按照保护膜的性质，缓蚀剂可分为：a. 钝化促进型，铬酸盐，亚硝酸盐等；b. 形成沉淀膜，聚磷酸盐，聚硅酸盐等；c. 形成吸附膜，有机物分子，含有能吸附于金属表面，电负性大的 N，O，P，S 的阴性基，和阻碍腐蚀性介质与金属表面接触的非极性基（烷基）。

8.1.4.2 腐蚀动力学

（1）活化极化控制下的腐蚀速度表达式

金属电化学腐蚀时，金属表面同时进行两对或两对以上的电化学反应。例如 Fe 在无氧的酸溶液中腐蚀时，Fe 表面有两对电化学反应。

$$Fe \Longrightarrow Fe^{2+} + 2e^- \tag{8-2a}$$

$$H_2 \Longrightarrow 2H^+ + 2e^- \tag{8-2b}$$

对于反应（8-2a），在其平衡电位 $E_{0,1}$ 下，氧化与还原反应速度相等，等于其交换电流：$\vec{i}_1 = \overleftarrow{i}_1 = i_1^0$，金属不腐蚀。如果该金属被氢气饱和且与 H^+ 离子进行可逆交换，即反应式（8-2b），在其平衡电位 $E_{0,2}$ 下，同样存在 $\vec{i}_2 = \overleftarrow{i}_2 = i_2^0$。实际上，Fe 在此酸溶液中，上述两对反应都存在，而且两对反应的电极电位彼此相向移动：阳极电位移向正方，阴极电位移向负方，最后达到稳态腐蚀电位 E_{corr}，即图 8-18 中对应于交点 S 的电位。在此电位下，对于 Fe 电极反应来说，发生的阳极过电位为

$$\eta_{A1} = E_{corr} - E_{0,1} \tag{8-3a}$$

这使 Fe 的氧化反应速度 $\vec{i}_1$ 大于 Fe^{2+} 的还原反应速度 $\overleftarrow{i}_1$，有 Fe 的净溶解 $i_{A1} = \vec{i}_1 - \overleftarrow{i}_1$。对于氢电极反应来说，发生了阴极极化，阴极过电位为

$$\eta_{C2} = E_{0,2} - E_{corr} \tag{8-3b}$$

这使 H^+ 的还原反应速度 $\overleftarrow{i}_2$ 大于氢的氧化反应速度 $\vec{i}_2$，H^+ 的净还原反应速度 $i_{C2} = \overleftarrow{i}_2 - \vec{i}_2$。

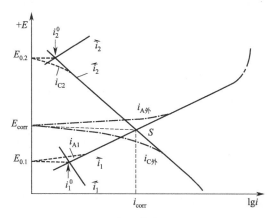

图 8-18　半对数腐蚀极化图

在自腐蚀电位下，Fe 的净氧化反应速度 i_{A1} 等于 H^+ 的净还原反应速度 i_{C2}。结果造成 Fe 的腐蚀，其腐蚀速度 i_{corr} 为

$$i_{corr} = i_{A1} = i_{C2} \tag{8-4a}$$

即

$$i_{corr} = \overrightarrow{i}_1 - \overleftarrow{i}_1 = \overleftarrow{i}_2 - \overrightarrow{i}_2 \tag{8-4b}$$

将单电极反应电化学极化方程式代入，可得腐蚀电流与腐蚀电位或过电位间的关系式。

$$i_{corr} = i_1^0 \left[\exp \frac{2.3(E_{corr} - E_{0,1})}{b_{A1}} - \exp \frac{-2.3(E_{corr} - E_{0,1})}{b_{C1}} \right] \tag{8-5a}$$

$$= i_1^0 \left[\exp \frac{2.3\eta_{A,1}}{b_{A1}} - \exp \left(-\frac{2.3\eta_{A1}}{b_{C1}} \right) \right]$$

或

$$i_{corr} = i_2^0 \left[\exp \frac{-2.3(E_{corr} - E_{0,2})}{b_{C2}} - \exp \frac{2.3(E_{corr} - E_{0,2})}{b_{A2}} \right] \tag{8-5b}$$

$$= i_2^0 \left[\exp \frac{2.3\eta_{C2}}{b_{C2}} - \exp \left(-\frac{2.3\eta_{C2}}{b_{A2}} \right) \right]$$

当 E_{corr} 距离 $E_{0,1}$ 和 $E_{0,2}$ 都较远时，即过电位大于 $2.3RT/zF$ 时，则式 (8-4b) 中的 $\overleftarrow{i}_1$ 和 $\overrightarrow{i}_2$ 可忽略，于是该式可简化为

$$i_{corr} = \overrightarrow{i}_1 = \overleftarrow{i}_2 \tag{8-6}$$

同样，式 (8-5a) 和 (8-5b) 可简化为

$$i_{corr} = i_1^0 \exp \frac{2.3(E_{corr} - E_{0,1})}{b_{A1}} = i_1^0 \exp \frac{2.3\eta_{A1}}{b_{A1}} \tag{8-7a}$$

或

$$i_{corr} = i_2^0 \exp \frac{2.3(E_{0,2} - E_{corr})}{b_{C2}} = i_2^0 \exp \frac{2.3\eta_{C2}}{b_{C2}} \tag{8-7b}$$

可见腐蚀速度 i_{corr} 与相应的过电位、交换电流 i^0 和 Tafel 斜率 b_A 或 b_C

有关，可由这些参数计算出来。这些参数对腐蚀特征及腐蚀速度的影响，也可通过极化图进行分析。测定出 E_{corr}、$E_{0,1}$ 和 $E_{0,2}$ 后，可计算出 η_{A1} 和 η_{C2}，比较 η_{A1} 和 η_{C2} 的大小可确定腐蚀是阴极控制还是阳极控制。当 $E_{0,1}$ 和 $E_{0,2}$ 及 Tafel 斜率 b_{A1} 和 b_{C2} 不变时，i_1^0 或 i_2^0 越大，则腐蚀速度越大。当平衡电位和交换电流不变时，Tafel 斜率越大，即极化曲线越陡，则腐蚀速度越小；腐蚀电位也会相应地发生变化。

上述公式的推导是在假定溶液电阻可忽略不计，而且是均匀腐蚀的前提下，如果是局部腐蚀，则电流密度应改为电流强度。

对处于自腐蚀状态下的金属电极进行极化时，会影响电极上的电化学反应。比如腐蚀金属进行阳极极化时，电位变正，将使电极上的净氧化反应速度 $(\vec{i}_1 - \overleftarrow{i}_1)$ 增加，净还原反应速度 $(\overleftarrow{i}_2 - \vec{i}_2)$ 减小，二者之差为外加阳极极化电流。

$$i_{A外} = (\vec{i}_1 - \overleftarrow{i}_1) - (\overleftarrow{i}_2 - \vec{i}_2) = (\vec{i}_1 + \vec{i}_2) - (\overleftarrow{i}_2 + \overleftarrow{i}_1) \qquad (8\text{-}8a)$$

同样，对于腐蚀金属进行阴极极化时，电位负移，使金属净还原反应速度增加，净氧化反应速度减小（金属腐蚀速度下降），二者之差为外加阴极极化电流。

$$i_{C外} = (\overleftarrow{i}_2 - \vec{i}_2) - (\vec{i}_1 - \overleftarrow{i}_1) = (\overleftarrow{i}_2 + \overleftarrow{i}_1) - (\vec{i}_1 + \vec{i}_2) \qquad (8\text{-}8b)$$

如果电极上不止 2 种氧化-还原电对，则在阳极极化电位 E_A 下，电极上通过的阳极极化电流 $i_{A外}$ 等于电极上所有的氧化反应速度的总和 $\sum \vec{i}$ 减去所有还原反应速度的总和 $\sum \overleftarrow{i}$。

$$i_{A外} = \sum \vec{i} - \sum \overleftarrow{i} \qquad (8\text{-}9a)$$

同样，在阴极极化电位 E_C 下

$$i_{C外} = \sum \overleftarrow{i} - \sum \vec{i} \qquad (8\text{-}9b)$$

活化极化控制下金属腐蚀动力学基本方程式的详细推导见相关金属腐蚀与防护的书籍。

（2）浓差极化控制下的腐蚀动力学方程式

金属发生氧去极化腐蚀时，多数情况下阳极过程发生金属的活性溶解，阴极过程受氧的扩散控制。也就是说，金属腐蚀受阴极浓差极化控制。阴极过程为浓差控制时腐蚀金属的阳极极化曲线方程式的推导可参阅图 8-19，详细推导见相关金属腐蚀与防护的书籍。

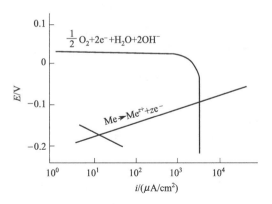

图 8-19　浓差极化控制下的腐蚀体系

8.2 金属腐蚀破坏的形态

金属被腐蚀之后的外观特征怎样？即金属被破坏的形式如何？是我们研究腐蚀时首先观察到的一些现象。金属腐蚀的形态可分为全面腐蚀（或均匀腐蚀，uniform attack）和局部腐蚀（cocalizied corrosion）两大类（表 8-3）。

表 8-3　腐蚀的分类

分 类 依 据	腐 蚀 类 型
相互作用的性质	电化学腐蚀、化学腐蚀
液体存在与否	湿腐蚀、干腐蚀
腐蚀形态	全面腐蚀、局部腐蚀
腐蚀环境	自然环境腐蚀（大气腐蚀、土壤腐蚀、淡水腐蚀、海水腐蚀）；工业环境腐蚀（酸性溶液、碱性溶液、盐类溶液、高温气体腐蚀）
温度	低温腐蚀、高温腐蚀

均匀腐蚀是指腐蚀作用以基本相同的速度在金属整个暴露表面同时进行，可估计腐蚀速度。纯金属及成分组织均匀的合金在均匀的介质环境中表现出该类腐蚀形态。

局部腐蚀仅局限或集中在金属的某一特定区域，而金属的其余部分却几乎不腐蚀，因此预测困难，并且腐蚀破坏往往发展很快。通常局部腐蚀比全面腐蚀的危害严重得多（参见表 8-4），有一些局部腐蚀往往是突发性和灾难性的。如设备和管道穿孔破裂造成可燃可爆或有毒流体泄漏，而引起火灾、爆炸、污染环境等事故。根据一些统计资料，化工设备的腐蚀，局部腐蚀约占 70%。但对于汽车的轴承，孔蚀损失较小，而均匀腐蚀损失较大。局部腐蚀又可分为：电偶腐蚀、点蚀、孔蚀、缝隙腐蚀、晶间腐蚀、选择性腐蚀、剥蚀、丝状腐蚀、脱层腐蚀、应力作用下的腐蚀 ［包括应力腐蚀断裂 （SCC）、氢脆和氢致开裂、腐蚀疲劳、磨损腐蚀、空泡腐蚀、微振腐蚀］ 等。

表 8-4　全面腐蚀与局部腐蚀的比较

项目	全 面 腐 蚀	局 部 腐 蚀
腐蚀形貌	腐蚀分布在整个金属表面上	腐蚀破坏集中在一定区域,其它部分不腐蚀
腐蚀电池	阴、阳极在表面上变幻不定；阴、阳极不可辨别	阴、阳极可以分辨
电极面积	阳极面积＝阴极面极	阳极面积≪阴极面积
电位	阳极电位＝阴极电位＝腐蚀电位	阳极电位＜阴极电位
腐蚀产物	可能对金属有保护作用	无保护作用

全面腐蚀的特点是腐蚀电池的阴、阳极面积非常小，甚至在显微镜下也难于区分，而且微阴极和微阳极的位置是变幻不定的，因为整个金属表面在溶液中都处于活化状态，只是各点随时间有能量起伏，能量高时 （处） 为阳极，能量低时 （处） 为阴极，因而使金属表面都遭到腐蚀。局部腐蚀时阳极和阴极区一般是截然分开的，其位置可用肉眼或微观检查方法加以区分和辨别。腐蚀电池中的阳极溶解反应和阴极区腐蚀剂的还原反应在不同区域发生，而次生腐蚀产物又可在第三地点形成。

① 大电池的腐蚀形态是局部腐蚀，腐蚀破坏主要集中在阳极区。

② 如果微电池的阴、阳极位置不断变化，腐蚀形态是全面腐蚀；如果阴、阳极位置固定不变，腐蚀形态是局部腐蚀。

腐蚀破坏的各种形式，如图 8-20 所示。

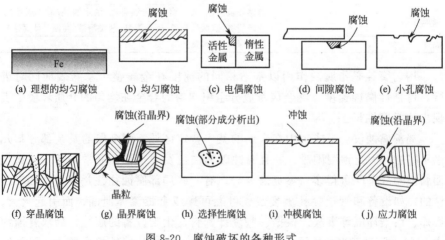

图 8-20　腐蚀破坏的各种形式

8.2.1 全面腐蚀

金属腐蚀程度的大小，根据腐蚀破坏形式的不同，有各种不同的评定方法。对于均匀腐蚀来说，通常用平均腐蚀速度来衡量。腐蚀速度可用失重法（或增重法）、深度法和电流密度来表示（金属电化学腐蚀过程的阳极电流密度）。根据质量变化评定腐蚀速度的方法习惯上称为"失重法"，即根据腐蚀后试样质量的变化量来计算腐蚀速度（参见表 8-5）。

$$v_{失}=\frac{m-m_0}{st} \tag{8-10}$$

式中 m_0——金属被腐蚀前质量，g；

       m——清除腐蚀产物后金属的质量，g；

       s——金属腐蚀的表面积，m^2；

       t——金属腐蚀进行的时间，h。

表 8-5 均匀腐蚀速度的表示方法（注意各物理量的单位）

项目	计算式	单位
失重腐蚀速度 $v_{失}$	$v_{失}=\dfrac{\Delta m}{st}$	g/($m^2 \cdot$ h)
年腐蚀深度 $v_{深}$	$v_{深}=\dfrac{\Delta h}{t}$	mm/a
腐蚀电流密度 i_a		A/cm^2
$v_{失}$ 与 $v_{深}$、i_a 之间的换算	$v_{深}=8.76\times\dfrac{v_{失}}{\rho}$ $i_a=v_{失}\times\dfrac{z}{M}\times26.8\times10^{-4}$	

注：1. 腐蚀反应的速度和腐蚀破坏速度是两个不同的概念。

2. 均匀腐蚀，腐蚀反应速度也就是金属材料的腐蚀破坏速度。

3. 局部腐蚀，两者并不完全是一回事。

4. $v_{失}$ 为腐蚀速度失重指标；Δm 为金属腐蚀前后的质量变化，g；Δh 为金属腐蚀前后的厚度变化，mm；s 为金属的暴露表面积；t 为腐蚀进行的时间；ρ 为金属的密度，g/cm^3；M 为金属的相对原子质量；z 为金属的化合价；26.8 为法拉第常数，A·h。

工程上腐蚀深度或金属构件腐蚀变薄的程度直接影响该部件的寿命，更具有实际意义。在衡量不同密度的金属的腐蚀程度时，更适合用这种方法。

金属材料的耐腐蚀性，依其腐蚀速度可分为十个（表 8-6）或三个等级（表 8-7）。

表 8-6 金属耐蚀性十级标准

耐蚀性分类	耐蚀性等级	腐蚀速度/(mm/a)
Ⅰ 完全耐蚀	1	<0.001
Ⅱ 很耐蚀	2	0.001～0.005
	3	0.005～0.01

耐蚀性分类	耐蚀性等级	腐蚀速度/(mm/a)
Ⅲ耐蚀	4	0.01~0.05
	5	0.05~0.1
Ⅳ尚耐蚀	6	0.1~0.5
	7	0.5~1.0
Ⅴ欠耐蚀	8	1.0~5.0
	9	5.0~10.0
Ⅵ不耐蚀	10	>10.0

表 8-7　金属耐蚀性的三级标准

耐蚀性分类	耐蚀性等级	腐蚀速度/(mm/a)
耐蚀	1	<0.1
可用	2	0.1~1.0
不可用	3	>1.0

注：1. 耐蚀性，指材料抵抗环境介质腐蚀的能力。

2. 腐蚀性，指环境介质腐蚀材料的强弱程度。

8.2.2　局部腐蚀

常见的局部腐蚀有以下几种。

（1）电偶腐蚀（electric-mate corrosion）

异种金属在同一电解质中接触（或用导线连通），由于金属各自的电势不等构成腐蚀电池，使电势较低的金属腐蚀加重、电势高的金属腐蚀减轻，这种腐蚀称为电偶腐蚀，亦称接触腐蚀或双金属腐蚀。此种腐蚀实际为两个宏观金属电极的原电池腐蚀。电偶腐蚀通常是在连接处的腐蚀速率最大，离连接处愈远，则腐蚀速率愈小。距离效应的大小取决于腐蚀介质的电导率。在高电阻或非常纯的水中，连接处阳极一侧的腐蚀呈现为一条明显的沟。影响电偶腐蚀速率的另一个重要因素是面积比，即腐蚀电偶中阴极与阳极的面积比。在半咸水或海水中，大阴极与小阳极会造成严重的腐蚀。要避免电偶腐蚀首先要正确选取材料，并尽可能消除面积效应，或添加缓蚀剂。

正确选材　电偶腐蚀的推动力是互相接触的金属之间存在电位差。显然这种电位差越大，电偶腐蚀就越严重。因此设备设计时应尽量避免异种合金互相接触。难以避免接触时，应尽可能选取电偶序中相距较近的合金，或者对相异合金施以相同的镀层。此外采用绝缘性的表面保护层以及绝缘材料垫圈等都是防止电偶腐蚀的有效方法。

消除面积效应　电偶对中阴极金属与阳极金属面积比，对电偶腐蚀影响极大，大阴极、小阳极的电偶，将使阳极电流密度剧增，造成严重腐蚀（在没有外电流的情况下，阴阳极腐蚀电流相等，面积小者电流密度大，因此面积小的电极单位面积腐蚀速度大）。

金属元素的稳定性是与其标准电极电位密切相关的，见表 8-8 及图 8-21。表8-9 中是常见金属结构所采用的材料，选择其中任意两种的话，处于上方的为阴极，处于下方的为阳极。

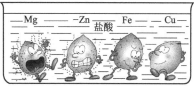

图 8-21　金属元素的稳定性

两种金属在电连接的情况下，如果形成腐蚀电池，阳极将加速腐蚀，而阴极则停止或减缓腐蚀。需要注意的是，电偶序与金属或合金所处的腐蚀介质（环境）的种类、组成和温度等有关。

表 8-8　金属元素的标准电极电位与其稳定性

标准电极电位/V	热力学稳定性	金属元素
<-0.414	不稳定	镁铝锌铁铬
$-0.414 \sim 0$	不够稳定	钼镍
$0 \sim 0.815$	较稳定	铜
>0.815	稳定	金铂

表 8-9　一些工业金属和合金在海水中的电偶序

阴极性	阳极性
铂	Chlorimet2(66Ni,32Mo,1Fe)
金	Hastelloy B(60Ni,30Mo,6Fe,1Mn)
石墨	Inconel(活态)
钛	镍(活态)
银	锡
Chlorimet 3(62Ni,18Cr,18Mo)	铅
Hastelloy C(62Ni,17Cr,15Mo)	铅-锡焊药
18-8Mo 不锈钢(钝态)	18-8 钼不锈钢(活态)
18-8 不锈钢(钝态)	18-8 不锈钢(活态)
11%～30%Cr 不锈钢(钝态)	高镍铸铁
Inconel(80Ni,13Cr,7Fe)(钝态)	13%Cr 不锈钢
镍(钝态)	铸铁
银焊药	钢或铁
Monel(70Ni,32Cu)	2024 铝(4.5Cu,1.5Mg,0.6Mu)
铜镍合金(60～90Cu,40～11Ni)	镉
青铜	工业纯铝(1100)
铜	锌
黄铜	镁和镁合金

（2）小孔腐蚀（pitting corrosion）

孔腐蚀是金属表面个别小点上深度较大的腐蚀，简称孔蚀，也称作小点腐蚀。一般蚀孔可以描述为直径等于或小于其深度的洞穴。检查或发现蚀孔常常是很困难的，因为蚀孔很小，通常又被腐蚀产物或沉积物覆盖着。有些蚀孔孤立地存在；有些蚀孔则紧凑在一起，看上去像一片粗糙的表面。孔蚀通常发生在表面有钝化膜或有保护膜的金属（如不锈钢、钛等）。金属表面由于露头、错位、介质不均匀等缺陷，内部有硫化物夹杂，晶界上有碳化物沉积等时，或有表面伤痕等，使其表面膜的完整性遭到破坏，成为点蚀源。点蚀源在某段时间内呈活性状态，电极电位较负，与表面其它部位构成局部腐蚀微电池。在大阴极、小阳极的条件下，点蚀源的金属迅速被溶解形成孔洞。同缝隙腐蚀一样，也存在金属离子的自催化作用，使腐蚀不断加深，以至于穿透，造成严重后果。大多数的孔蚀是在含有卤族元素化合物的介质中发生的，因此为预防孔蚀应尽量降低介质中卤素。增加溶液流速，能消除金属表面滞流状态，有降低孔蚀作用的倾向。孔蚀从起始到暴露经历一个诱导期，其长短不一，有些需几个月，有些需一年。蚀孔通常沿重力方向或横向发展。奥氏体不锈钢比其它合金钢有较大的孔蚀敏感性。不锈钢的敏化处理、冷加工会加速孔腐蚀破坏。

（3）缝隙腐蚀（crevice corrosion）

金属部件在介质中，由于金属与金属或金属与非金属之间形成由于存在异物或结构上的原因而产生一些小的缝隙，使缝隙内介质处于滞流状态，引起缝内金属的加速腐蚀，这种局部腐蚀称为缝隙腐蚀。缝隙的产生包括存在异物和结构两种原因，如在金属构件连接处（垫片处、搭接缝、法兰连接面、螺栓螺帽和铆钉下）、衬板、孔穴、海生物附着处以及设备外部尘埃、污泥与腐蚀产物附着处、涂层破损处。一条缝隙要成为腐蚀的部位，必须宽到液体能流入，但又必须窄到能维持静滞的区域。基于这一理由，缝隙宽度一般在 $0.025\sim0.1$mm 之间，它很少发生在宽的（例如 1mm）沟或缝中。遭受缝隙腐蚀的金属，在缝内呈现深浅不一的蚀坑或深孔。缝口常有腐蚀产物覆盖，并形成闭塞腐蚀电池而加速缝内金属腐蚀。

几乎所有的金属、所有的腐蚀性介质都有可能引起金属的缝隙腐蚀，如从正电性的金、银到负电性的铝、钛，从普通不锈钢到特种不锈钢，都会产生缝隙腐蚀，尤其是耐蚀性依靠氧化膜或钝化膜的金属或合金，例如不锈钢和碳钢，特别容易遭受缝隙腐蚀，而且自钝化能力愈强的合金的敏感性愈高。因为这一类膜很容易被高浓度的氯化物或氯离子破坏。它是一种比孔蚀更为普遍的局部腐蚀。

缝隙腐蚀是氧浓差电池与闭塞电池自催化效应共同作用的结果（见图8-22、图8-23）。开始时，吸氧腐蚀在缝隙内外均进行，使得缝内氧逐渐被消耗。由于缝隙中积液流动不畅，氧很难补充，且腐蚀产物对缝隙起了进一步阻塞作用，逐渐使缝内外构成浓差电池，阳极、阴极反应可分别表示如下。

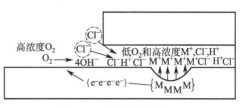

图 8-22 缝隙腐蚀机理

$$(缝内)M \longrightarrow M^{z+} + ze^- \qquad (8\text{-}11a)$$

$$(缝外)O_2 + 2H_2O + 4e^- \longrightarrow 4OH^- \qquad (8\text{-}11b)$$

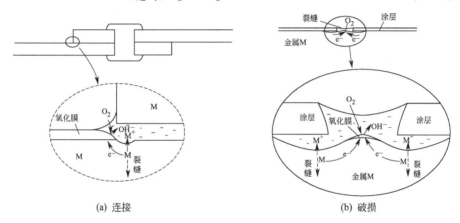

(a) 连接　　　　　　　　　(b) 破损

图 8-23 两种情况下的缝隙腐蚀

生成过多的 M^{z+} 使缝内外电平衡破坏，促进溶液中的 Cl^- 等离子迁入缝内形成金属盐。盐水解生成游离酸，即

$$M^{z+} + zCl^- + zH_2O \longrightarrow M(OH)_z + zH^+ + Cl^- \qquad (8\text{-}12)$$

结果使缝隙内 pH 值下降，可达 2～3，这样 Cl^- 和低 pH 值共同加速了缝隙腐蚀。

溶液中溶氧量越大，有利于缝外金属去极化的阴极反应，因而溶氧量增大会使缝隙反应加剧。溶液中 Cl^- 的增加，会使缝隙腐蚀加重。如果处在能使缝外金属钝化的状态下，则 pH 值的降低会使缝内腐蚀加剧。腐蚀溶液流速对缝隙腐蚀有着双向影响，要视具体情况而定。

缝隙腐蚀的机理和影响因素与孔蚀很相似，其区别主要在于孔蚀始于自己开掘的蚀孔内，而缝隙腐蚀则发生在金属表面既存的缝隙中。在腐蚀形态上，孔蚀的蚀孔窄而深，而缝隙腐蚀的蚀坑则相对地广而浅。控制缝隙腐蚀应尽可能避免形成缝隙和积液的死角。对不可避免的缝隙，要采取相应的保护措施。另外控制介质中溶解氧的浓度，使溶氧浓度低于 $5 \times 10^{-6} \text{mol/L}$，则在缝隙处就很难形成氧浓差电池，缝隙腐蚀就难以启动。

（4）晶间腐蚀（crystal lattice corrosion）

晶间腐蚀是一种由材料微观组织电化学性质的不均匀引发的局部腐蚀。腐蚀首先在晶粒边界上发生，并沿着晶界向纵深处发展，而晶粒本体的腐蚀很轻微。腐蚀沿晶间进行，使晶粒之间的结合力大大削弱，机械强度急剧降低。类似于应力腐蚀，晶间腐蚀在外观上也看不到任何迹象。例如不锈钢加热至 $500 \sim 800 ℃$ 时，有 $Cr_{23}C_6$ 在晶界析出而降低晶粒中 Cr 的含量，发生"贫铬区"的现象，由于铬是不锈钢防蚀的主要元素，晶粒钝化，而晶界非常活泼，就可能有这种腐蚀现象。晶粒和晶界的电化学差异引发晶间腐蚀见图 8-24。

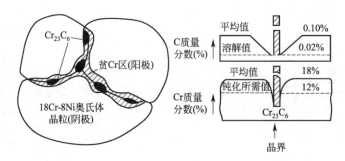

图 8-24　晶粒和晶界的电化学性能差异引发晶间腐蚀

（5）选择性腐蚀（selective leaching）

此种腐蚀为固相合金中之某种元素被侵蚀。例如：a. 黄铜（铜锌合金）在酸性溶液中的锌受到腐蚀，而生成锌的腐蚀物及未被腐蚀的铜。此种形态的腐蚀可应用于金属特别是贵重金属的精炼。b. 铸铁石墨化。石墨在灰口铁中成网状分布，在腐蚀性不大的环境中，铁会选择性腐蚀，留下石墨，被腐蚀的铸铁如石墨状，故称为石墨化腐蚀。

（6）氢损伤

氢损伤包括氢腐蚀与氢脆，是由于氢的作用引起材料性能下降的一种现象。

① 氢腐蚀　在高温高压下，氢引起钢组织结构变化，使其力学性能恶化，称为氢腐蚀。氢腐蚀是指氢化物在高温高压下在钢表面分解为 H，H 经化学吸附透过金属表面固溶体向钢内部扩散，然后 H 在夹杂物与金属交

界处形成 H_2，或与碳化合生成甲烷（CH_4）。H_2 和 CH_4 不能重溶或扩散，封闭聚集形成高压造成应力集中，引起微裂纹生成。常见的氢腐蚀有以下特征：软钢或钢表面可见鼓泡，微观组织沿晶界可见许多微裂纹。被腐蚀的钢强度、塑性下降，容易脆断。氢腐蚀与氢脆不同，不能用脱氢的方法使钢材恢复其力学性能。

② 氢脆 氢脆是指氢扩散到金属内部，使金属材料发生脆化的现象。一般认为氢溶于钢后残留在位错处，当氢达饱和状态后，对位错起钉扎的作用，使滑移难以进行，从而使钢呈现出脆性。氢脆具有可逆性，未脆断前在 $100 \sim 150℃$ 间适当热处理，保温 24h 可消除脆性。氢脆不同于应力腐蚀，无须腐蚀环境，而且在常温下更容易发生氢脆。合金钢碳化物组织状况对氢脆有直接影响，氢脆开裂容易程度顺序为：马氏体＞500℃回火马氏体＞粗层状珠光体＞细层状珠光体＞球状珠光体。合金钢强度级别越高，其氢脆敏感性越大。

按照氢脆的来源可将氢脆分为内部氢脆和环境氢脆。所谓内部氢脆就是材料在使用前内部已含有足够的氢并导致了脆性，它可以是材料在冶炼、热加工、热处理、焊接、电镀、酸洗等制造过程中产生。而环境氢脆则是指材料原先不含氢或含氢极微，但在有氢的环境与介质中产生。这样的环境通常有：a. 在纯氢气氛中（有少量的水分，甚至干氢）由分子氢造成氢脆；b. 由氢化物致脆；c. 由 H_2S 致脆；d. 高强钢在中性水或潮湿的大气中致脆。

（7）应力作用下的腐蚀

结构和零件的受力状态是多种多样的，如拉伸应力、压应力、交变应力、冲击力、振动力等。不同应力状态与介质协同作用所造成的环境敏感断裂形式各不相同。

① 应力腐蚀开裂（stress corrosion） 材料在静应力（远低于材料的屈服强度，主要是拉伸应力，近年来，也发现在不锈钢中可以有压应力引起）和腐蚀介质共同作用下发生的脆性开裂破坏现象称为应力腐蚀开裂，简称应力腐蚀（SCC）。应力腐蚀是危害最大的腐蚀形态之一。它的破坏常常是无先兆的，其发展速度也非常快。一般都是先出现微小的裂纹，然后迅速扩展，直至破裂，造成设备渗漏，或受压设备发生爆炸。

应力的存在使晶格发生畸变，原子处于不稳定状态，能量升高，电极电势下降，在腐蚀电池中成为阳极［受较低应力作用的区域则形成阴极，此种腐蚀电池称为应力电池（stress cells）］而首先受到破坏。

影响应力腐蚀破裂的重要变量是温度、介质成分、材料成分和组织结构、应力。破裂方向一般与作用应力垂直。应力增大，则发生破裂的时间缩短。应力来源于外加应力、焊接、冷加工或热处理等产生的残余应力等。最早发现的黄铜子弹壳在含有潮湿的氨气介质中的腐蚀破坏，就是由于冷加工造成的残留拉应力的结果。因此在金属材料和设备的加工和使用中，要及时采取措施，消除应力，防止产生应力腐蚀而引起的破坏。例如汽车钣金经过敲击修整后会发生应力不均的现象，因而冷加工的部分较容易腐蚀，此部分必须由降低加工量或去应力退火来防范；或是选用抗应力腐蚀的材料，例如在海水环境中可以钛合金取代不锈钢。

② 腐蚀疲劳（corrosion fatigue）　金属在腐蚀介质中与交变应力的协同作用下引起的破坏，称为腐蚀疲劳。腐蚀疲劳显著降低了钢的疲劳强度。腐蚀疲劳的形成条件是：金属或合金在较多应力下都可以发生，而且不要求特定的介质，只是在容易引起孔蚀的介质中更容易发生。腐蚀疲劳控制通常用金属表面覆盖层的办法。对于钢，尤其是钛合金，用渗氮方法进行表面硬化处理，是抗腐蚀疲劳的一种有效措施。

③ 磨损腐蚀（grinding corrosion）　流体介质与金属之间或金属零件间的相对运动，引起金属局部区域加速腐蚀的现象称为磨损腐蚀，简称磨蚀。磨蚀又可分为湍流腐蚀、空泡腐蚀和摩振腐蚀。活泼元素组成的合金，其抗腐蚀性能与表面膜的质量有关。硬度高的合金，其抗磨损腐蚀性能胜于低硬度合金。

a. 湍流腐蚀　在设备或部件的某些特定部位，介质流速急剧增大形成湍流，由此造成的腐蚀称为湍流腐蚀（图 8-25）。湍流一方面加速了阴极去极化剂的供应量，同时也增加了流体对金属表面的切应力，若流体中含有固体颗粒，则金属表面的磨损腐蚀将更加严重。

b. 空泡腐蚀　流体与金属构件作高速相对运动，在金属表面局部区域产生湍流，且伴随有气泡在金属表面生成和破灭，使金属呈现与孔蚀类似的破坏特征，这种腐蚀称为空泡腐蚀，也称气蚀（图 8-26）。

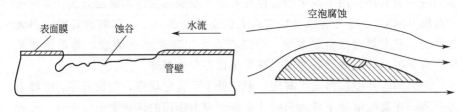

图 8-25　冷凝管内壁湍流腐蚀示意　　　　图 8-26　空泡腐蚀示意

c. 摩振腐蚀　摩振腐蚀是指在加有荷载的互相紧密接触的两构件表面

之间，由于微小振动和滑动，使接触面出现麻点或沟纹，并在其周围存在着损伤微粒（腐蚀产物）的腐蚀破坏现象。摩振腐蚀也叫微动腐蚀、磨损氧化。摩振腐蚀的机理主要有磨损-氧化和氧化-磨损两种理论。

8.3 金属在自然环境中的腐蚀

8.3.1 大气腐蚀

（1）大气腐蚀过程和机理

Evans 首先阐明了钢铁在大气中腐蚀的机理：将含有酚酞指示剂和 $K_3[Fe(CN)_6]$ 的 NaCl 溶液滴于钢铁表面，腐蚀开始后阴极部位呈碱性，使酚酞呈淡红色，阳极部位有铁离子溶出，遇铁氰化钾而呈蓝色，钢面上有淡红色和蓝色小点，随着腐蚀的深入，由于氧浓差电池（图 8-27）的作用，生成了环。外环的氧供应多成阴极而呈碱性（淡红色），中心氧浓度低成阳极而呈蓝色，两者之间的铁离子遇到碱性液而生成锈环，该锈环称为 Evans 环，如图 8-28 所示。

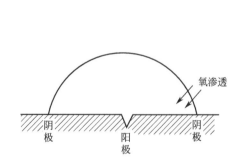

图 8-27 由氧浓差引起的腐蚀

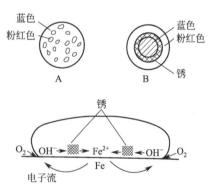

图 8-28 Evans 环

（2）影响大气腐蚀的因素

大气腐蚀的特点是氧气特别容易到达金属表面。大气腐蚀的影响因素主要取决于大气成分及空气中的污染物（SO_2、Cl^-）、相对湿度、温度和表面状态等。其中水是影响大气腐蚀的主要因素（一般地讲湿度越大，腐蚀性就越强）。在受工业废气污染地区，SO_2 对钢材腐蚀的影响最为严重。以石油、天然气、煤为燃料的废气中含有大量的 SO_2，钢材的腐蚀速率随大气中的 SO_2 含量的增加而增加。水膜厚度及大气中 SO_2 含量对碳钢腐蚀的影响分别示于图 8-29 和图 8-30。

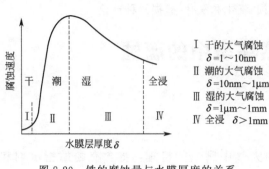

Ⅰ　干的大气腐蚀
　　$\delta=1\sim10nm$
Ⅱ　潮的大气腐蚀
　　$\delta=10nm\sim1\mu m$
Ⅲ　湿的大气腐蚀
　　$\delta=1\mu m\sim1mm$
Ⅳ　全浸　$\delta>1mm$

图 8-29　铁的腐蚀量与水膜厚度的关系

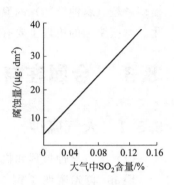

图 8-30　大气中 SO_2 含量对
碳钢腐蚀的影响

对于图 8-29，a. 干的大气腐蚀，这种大气腐蚀也叫干氧化和低湿度下的腐蚀，属于化学腐蚀中的常温氧化。空气十分干燥，金属表面基本上没有水膜存在时的大气腐蚀，普通金属在室温下产生不可见的氧化膜。钢铁的表面将保持着光泽。b. 潮的大气腐蚀，$R_h<100\%$，当水汽浓度超过临界湿度（铁的临界湿度约为 65%，某些镍的腐蚀产物临界湿度约为 85%，而铜的腐蚀产物临界湿度接近 100%），在金属表面上存在肉眼不可见的薄液膜，随水膜厚度增加，腐蚀速度迅速增大。若大气中有酸性污染物 CO_2、H_2S、SO_2 等，腐蚀显著加快。c. 湿的大气腐蚀，$R_h\approx100\%$ 或在雨中及其它水溶液中产生的腐蚀。金属表面上形成肉眼可见的水膜，随水膜厚度增加，v 逐渐减小。

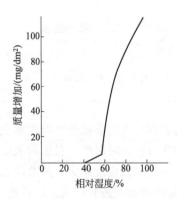

图 8-31　铁的腐蚀量
和相对湿度的关系

相对湿度控制在 60% 以下，钢铁的腐蚀速度相对缓慢，如果能控制在 40% 以下，腐蚀很不明显（图 8-31）。这就是在钢铁涂漆前表面处理时要求最好能控制相对湿度在 40%～60% 内进行的原因。这是一个可供实际操作的成本相对不大的相对湿度范围，它能有效地保证大面积喷砂作业不会返锈。还有，在大桥的钢箱梁内部，现在普遍采用除湿系统控制相对湿度在 40% 以下，这样就基本杜绝了腐蚀的发生。

表面温度影响着金属表面水汽的凝聚，水膜中各种腐蚀气体和酸碱盐类的浓度，水膜的电阻等。当相对湿度低于金属临界相对湿度时，温度对大气的腐蚀影响较小；当相对湿度高于金属临界相对湿度时，温度的影响十分明显。随着气温升高，锈蚀量急剧增大，湿热带或雨季气温高的腐蚀就很严重。温度的变化还会引起结露。比如，白天温度高，空气中相对湿度较低，夜晚和清晨温度下降后，大气的水分就会在金属表面引起结露。

大气中的灰尘对金属腐蚀的影响也很大，如烟雾、煤灰、砂土、氯化物、金属氧化物和其它酸、碱、盐颗粒等。这些物质有的本身具有腐蚀性，有的是水珠的凝结核，其中氯化物是金属的"死敌"，盐雾、手汗、热处理残留盐渣、焊接后残留焊药等都含有氯离子，如果清洗不净，极易造成生锈。

钢铁表面本身的状态，比如说表面有腐蚀产物、有盐类的吸附、或者本身有结构缺陷，氧化皮的裂缝，以及构件之间的缝隙，或者是涂层存在龟裂、起泡等，都是腐蚀的诱因。粗糙新鲜的钢铁表面容易发生锈蚀，比如刚喷完砂的钢铁表面，有着一定的粗糙度，又是最新鲜的表面，吸附空气中的水分和其它杂质，很容易就全面返锈。

（3）金属表面上水膜的形成

水汽膜是不可见的液膜，其厚度为 2～40 水分子层。当水汽到达饱和时，在金属表面上会发生凝结现象，使金属表面形成一层更厚的水层，此层称为湿膜。湿膜是可见液膜，其厚度约为 $1\mu m\sim1mm$。

① 水汽膜的形成　在大气相对湿度小于100%而温度又高于露点时，金属表面上也会有水的凝聚。水汽膜的形成主要有化学凝聚、吸附凝聚、毛细凝聚三种原因（图 8-32）。

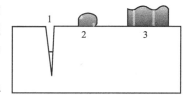

图 8-32　空气中水分的凝聚原因
1—狭缝（化学凝聚）；2—尘粒（吸附凝聚）；3—小孔（毛细凝聚）

Bowden 和 Throssell 曾经用微重量法和基于偏振光原理的光学方法进行了水汽膜的测定。发现甚至在 90% 相对湿度下，水汽膜的厚度都不大于两个水分子左右厚。在 60% 相对湿度下水汽膜大概只有一个水分子厚。这一结果是在不带氧化物的金属上以及在有氧化膜的铝上得到的。并且在铂、银和硫化锌上得到证实。当金属表面上有很少一点吸湿性的附着物，即使有 $10^{-7}g/cm^2$ 这样少的 KOH，在相对湿度为 50% 时，至少也可以从大气中吸收 5 个分子层的水，如果相对湿度为 90% 时，则可以吸收 25 层水分子。这就说明，为什么掉落在铁上的吸湿性物质的微粒会引起铁的腐蚀。

② 湿膜的形成　金属暴露在室外大气或易遭到水滴飞溅的条件下，金

属表面易形成约 $1\mu m \sim 1mm$ 厚的可见水膜。这种情况如大气沉降物的直接降落（雨、雪、雾、露、融化的霜和冰等）；水分的飞溅（海水的飞沫）；周期浸润（海平面上工作的零件，周期地与水接触的构件等）；空气中水分的凝结（露点以下水分的凝结、水蒸气的冷凝等）。例如露天仓库、户外工作的飞机、设备、仪器、海上运输和水上飞机等，这些都经常会溅上水分或落上雨雪。

（4）大气腐蚀类型

根据大气腐蚀环境中的污染物质，大气环境的类型大致可以分为农村大气、城市大气、工业大气、海洋大气和海洋工业大气。

① 农村大气 农村大气是最洁净的大气环境，空气中不含强烈的化学污染，主要含有机物和无机物尘埃等。影响腐蚀的因素主要是相对湿度、温度和温差。

② 城市大气 城市大气中的污染物主要是指城市居民生活所造成的大气污染，如汽车尾气、锅炉排放的二氧化硫等。实际上很多大城市往往又是工业城市，或者是海滨城市，所以大气环境的污染相当复杂。为了提高大气环境的质量，许多城市开始了治理大气的行动，如减少无效建设和建筑灰尘、汽车分单双号、减少汽车排污量、使用电动汽车与电动自行车、使用各种绿色能源、关停小锅炉、对火力发电厂进行脱硫、脱硝改造等。

③ 海洋大气 海洋大气的湿度大，含盐分多。所以海洋大气对金属结构的腐蚀比内陆大气，包括乡村大气和城市大气，要严重得多。海洋的风浪条件、离海面的高度等都会影响到海洋大气腐蚀性。风浪大时，大气中水分多且含盐量高，腐蚀性增加。据研究，离海平面 $7 \sim 8m$ 处的腐蚀性最强，在此之上越高腐蚀性越弱。降雨量的大小也会影响腐蚀。频繁的降雨会冲刷掉金属表面的沉积物，腐蚀会减轻。相对湿度升高使海洋大气腐蚀加剧。一般热带腐蚀性最强，温带次之，两极区最弱。

④ 海洋工业大气 既含有化学污染的有害物质，又含有海洋环境的海盐粒子。两种腐蚀介质的协同作用对金属的危害更重。

8.3.2 土壤腐蚀

土壤是一个由气、液、固三相物质组成的复杂体系，其三相组成随温度、气候、季节、水流、孔隙度等因素的变化而改变，由此导致土壤的含盐量与电阻率、氧化还原电位、pH 值、含水率、透气性等特性改变；同时土壤中还生存着很多微生物，有时还伴有杂散电流。此外，土壤的不均匀性，金属零件或管材在土壤中埋没的深度不同，均影响腐蚀电池的工作特性。因此土壤腐蚀是非常复杂的。作为常用的参考指标，表 8-10 和表 8-11 给出了用土壤电阻率（$\Omega \cdot m$）和土壤氧化还原电位（E_h，一般在 $-300 \sim 700mV$ 之间）评定土壤腐蚀性的标准。

表 8-10 土壤电阻率与土壤腐蚀性　　　　　　　单位：$\Omega \cdot m$

腐蚀性	中国	俄罗斯	英国	日本	美国
极强		<5	<9		
强	<20	$5\sim10$	$9\sim23$	<20	<20
中等	$20\sim50$	$10\sim20$	$23\sim50$	$20\sim45$	$20\sim45$
弱	>50	$20\sim100$	$50\sim100$	$45\sim60$	$45\sim60$
很弱		>100	>100	>60	$60\sim100$

表 8-11 土壤氧化还原电位与土壤腐蚀性

$E_h(pH=7.0)$/mV	腐蚀性	$E_h(pH=7.0)$/mV	腐蚀性
<100	强	$200\sim400$	弱
$100\sim200$	中	>400	不腐蚀

杂散电流是一种土壤介质中存在的一种大小，方向都不固定的电流。大部分是直流电杂散电流，它来源于电气化铁路、电车、地下电缆、输配电系统、电解装置、电焊机等的漏电。杂散电流腐蚀要比一般的土壤腐蚀剧烈得多（图 8-33）。

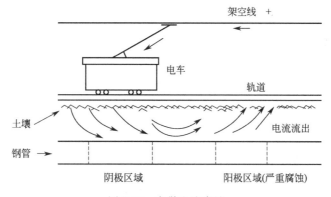

图 8-33 杂散电流腐蚀

埋设在土壤中的油、气、水管道及其它金属设备常发生严重的腐蚀，造成跑、冒、滴、漏以及电讯发生故障等，可以引起爆炸、起火、污染环境等事故。而且这些管线埋设在地下，检修十分困难，给国民经济造成严重损失。因此，埋设在地下的设备及管道必须采取严格的防腐蚀措施，以尽量减少损失。

8.3.3　淡水腐蚀

淡水的含盐量少，如江河湖泊的水等。一般情况下，淡水的腐蚀性较弱。在淡水中的腐蚀是氧去极化腐蚀，即吸氧腐蚀。淡水中含盐量低，导电性差。由于淡水的电阻大，淡水中的腐蚀主要以微电池腐蚀为主。但是随着工业排放物对淡水的污染，Cl^-、SO_4^{2-}，NO_3^-、ClO^- 都会加剧腐蚀的进行，这些因素对淡水腐蚀的影响不可忽视。

8.3.4　海水腐蚀

海水本身是一种强的腐蚀介质，尤其是氯离子具有极强腐蚀活性，以致使碳钢、铸铁、合金钢甚至高镍铬不锈钢等材料的表面钝化状态，从而对这些材料造成严重腐蚀破坏。同时波、浪、潮、流又对金属构件产生低频往复应力和冲击，加上海洋微生物、附着生物等都对腐蚀过程产生直接或间接的加速作用。因此，海洋环境是一种复杂而严酷的腐蚀环境。

钛、锆、铌、钽是一类很好的耐海水腐蚀材料，但价格昂贵，使用受到一定的限制。

(1) 飞溅区

指平均高潮线以上海洋飞溅所能湿润的位置（图 8-34）。在这个部位，金属材料表面连续不断地被海水湿润，海水又与空气充分接触，含氧量充分，含盐量很高，加上海水的冲击作用，腐蚀在这个部位最为严重。当很高的风速和海流速造成强烈的海水运动时，海水的冲击会在飞溅区成磨耗-腐蚀联合作用的破坏。同时强烈的海水冲击不断地破坏腐蚀产物和保护涂层，增加了飞溅区的腐蚀。不同海区飞溅区的腐蚀差别主要在于风浪和温度。飞溅区金属表面温度更接近于气温。风浪大的热带海域钢铁在飞溅区的腐蚀最为严重。

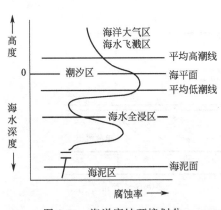

图 8-34　海洋腐蚀环境划分

(2) 潮差区

指平均高潮位与平均低潮位之间的区段，金属表面与含氧充分的海水周期性地接触，引起腐蚀。与飞溅区相比，虽然也有强烈的海水冲击，但潮汐区的氧扩散没有飞溅区那样快。潮汐区金属的表面温度受气温影响也受海水温度的影响，通常接近于表层海水温度。此外，潮差区有海生物栖居，而飞溅区没有。

潮差区的腐蚀通常是平均高潮位和平均低潮位最为严重，这是氧浓差电池的作用。潮差段因供氧充分，成为阴极，受到一定程度的保护，腐蚀减轻。低潮位以下全浸区因供氧相对较少成为阳极，使腐蚀加速。在工程设计上，有时把潮差区并入飞溅区一起考虑，并不是因为两段间的腐蚀是一样的，而是从施工、维护和阴极保护方面加以综合考虑，使之协调一致。

（3）全浸区

平均低潮线以下的位置为海水全浸区。根据海洋的深度不同，又分为浅海区和深海区，二者并无确切的深度界限，一般所说的浅海区大多指 100～200m 以内的海水。海洋环境因素如温度、含氧量、盐度、pH 值等随海洋的深度而变化，所以海水深度必然影响到全浸区金属的腐蚀行为。其中最为主要的因素是温度和含氧量。浅海区海水氧处于饱和态，温度高，海水流速大，腐蚀比深海区大，海洋生物会黏附在金属材料上。一般来说，20m 水深以内的海水较深层海水具有更强的腐蚀性。深海区的含氧量较小，温度接近 0℃，海洋生物的活性减小。全浸区中钢铁的腐蚀速度在 0.07～0.18 mm/a。

（4）海泥区

主要由海底沉积物构成，含盐度高、电阻率低，因此具有良好的导电性，对金属的腐蚀要比陆地上土壤要高。由于氧浓度十分低，所以海泥区的腐蚀比全浸区要低。如同潮差区和全浸区一样，在全浸区和海泥区之间也会因为氧的浓度不一样而造成浓差电池。泥线以下因为相对缺氧而成为阳极，加重腐蚀。此外，海洋中生存着多种动植物和微生物，对腐蚀产生不可忽视的影响。海生物的附着会引起附着层内外的氧浓差电池腐蚀。某些海生物的生长会破坏金属表面的涂料等保护层。在波浪和水流的作用下，可能引起涂层的剥落。在附着生物死后黏附的金属表面上，锈层以下以及海泥里，都是缺氧环境，会促进厌氧的硫酸盐还原菌的繁殖，引起严重的微生物腐蚀，使钢铁的腐蚀增大，其典型特征是外貌呈沾污的黑色糊。一些研究结果表明，在硫酸盐还原菌大量繁殖的海泥中，钢铁的腐蚀速度要比无菌海泥中高出数倍到 10 多倍，甚至还要高出海水中 2～3 倍。

8.4　金属的防腐

在金属的防护处理前，被保护金属的表面必须预处理，例如除去氧化皮、锈蚀产物以及油污等不洁物质，同时获得适当的粗糙度。以涂装为例，被涂材料表面在涂装前经过必要的表面处理，使其达到表面平整光洁，无焊渣、锈蚀、酸碱盐、水分、油污等污物，是保证涂装的关键。例如，如果被涂物表面有油或水，涂装后有可能难以形成连续涂膜，即使形成了连续涂膜，也会严重影响涂膜的附着力，使涂膜过早剥落。防腐效果的好坏，60％～70％在于表面处理和施工，即四分涂料，六分施工，由此可见表面处理和施工的重要性。由于防护方法种类繁多，且本书主要侧重于介绍防腐蚀方法，相关的表面前处理不在此赘述。

8.4.1　金属的防腐蚀机理

(1) 从金属和介质两个方面来考虑

既然金属腐蚀是由于金属跟周围物质发生化学反应所引起的，那么金属的防护也必须从金属和周围物质两方面来考虑。改善金属的本质参见后文。隔离环境的极端例子是将金属置于真空中，这样即使是非常活泼的金属钠，也可保持其金属光泽。最为广泛使用的涂料防腐的机理也在于在钢基体表面的完整有机膜层可将环境介质（氧、水、酸、碱、盐等）与钢基体隔离开来，不过这种物理隔绝作用不能完全隔离环境，总还有介质（氧、水等）能够渗透到钢表面，渗透能力取决于膜体材料、施工工艺等。另一方面，膜层隔离环境的作用会日渐减弱。

1965 年，越王勾践的剑在地下埋藏了足足有 2000 多年后，出土时竟仍然光彩夺目，锋利无比，并无丝毫锈蚀。难怪 1973 年该剑在国外展出时，不少参观者都惊叹不已。其原因在于：a. 深埋在数米的地下，一椁两棺，层层相套，椁室四周用一种质地细密的白色黏土、考古学界称之为白膏泥的填塞，其下部采用的还是经过人工淘洗过的白膏泥，致密性更好。加上墓坑上部经过夯实的填土等原因，使该墓的墓室几乎成了一个密闭的空间，这么多的密封层基本上隔绝了墓室与外界之间的空气交换。b. 该墓的墓室曾经长期被地下水浸泡，墓室内空气的含量更少。同样的情况是马王堆汉墓女尸历经 2000 年而不腐烂。

(2) 基于腐蚀电池的考虑

电化学腐蚀是金属腐蚀的最重要、最普遍的形式，因此应尽可能减少腐蚀原电池的数量。隔离环境的作用就在于可消除"腐蚀电池"形成的条件，但单靠物理隔离作用，往往不能有效地保护钢基体。腐蚀电池形成的条件如下。

① 必须有阴极和阳极。

② 阴极和阳极之间必须有电位差。

③ 阴极和阳极之间必须有金属的电流通道。

④ 一般情况下，阴极和阳极必须浸在同一导电性介质中。

一旦具备以上条件，腐蚀电池即形成并开始工作。换言之，金属开始发生电化学腐蚀。如果阻止上述 4 项条件中的一项，即可阻止金属的电化学腐蚀。

（3）基于腐蚀动力学的考虑

腐蚀电池的驱动力是两个电极间的电位差 ΔE。所以该电池的腐蚀电流为

$$I=\frac{\Delta E}{R_a+R_c+R_e+R_o} \quad （腐蚀电流密度 \ i=\frac{I}{S}） \tag{8-13}$$

式中，R_a、R_c 为阳、阴极电阻；R_e 为电解质溶液电阻；R_o 为外接线路电阻；S 为暴露面积。

腐蚀电流越大，腐蚀速率越快。为了减少腐蚀，必须降低腐蚀电流，方法有：a. 降低 ΔE，例如在两种金属接触时，选择电位差最接近的金属；b. 在 ΔE 不变或改变很小的情况下（例如金属材料与环境一定），可采用电阻控制（优良的厚层漆膜）、阳极控制（阳极钝化）、阴极控制（阻滞阴极反应）。也可采取混合控制；c. 降低阴阳极的面积比或减小阴极面积。

8.4.2　金属腐蚀的控制

人类无法根除腐蚀，但可以减轻腐蚀。只要采取现有的防腐蚀措施，我国至少可以减少 30％的腐蚀损失——以 2002 年为例，挽回损失约 1500 亿元，占 GDP 的 1.5％。对此笔者有深刻的认识：a. 防腐蚀并不是很高深的学问，有时也就是打扫卫生、擦去灰尘、防尘、放点干燥剂或缓蚀剂等，举手之劳而已。例如某电子厂使用的钢板简单堆放在厂房里面，工人只是在使用前才将钢板打磨光。作者指点工人用布将钢板遮盖，半年后大部分钢板光亮如新，打磨工作量及粉尘污染大大减少，且消除了难以打磨去除的孔蚀。b. 一些企业在厂房、设备以及产品的防腐方面经常犯一些低级的常识性错误，例如厂房布置时忽视杂散电流，不同金属堆放在一起，产品设计中电偶

腐蚀、缝隙腐蚀考虑不足等。c. 现在一些企业由于过于关注眼前利益而使用了短期防腐技术，尤其是中小企业，随着时间的推移，暴露出的问题将越来越多。有时由于所采用的防腐技术不是推荐技术，其防腐有效期很短且不确定，引起的经济损失往往超过预期，若造成火灾或人身伤亡事故，则更是得不偿失。

腐蚀破坏的形式和原因具有多样性，而且影响因素也非常复杂，因此根据不同情况采用的防腐蚀技术也是多种多样的。在生产实践中采用的防腐蚀措施大致可分为后述几类。

8.4.2.1 改善金属的本质

例如在钢中加入镍制成不锈钢可以增强防腐蚀能力。但是整体合金化造价比较昂贵，所以常采用表面合金化的方法，例如采用热渗、离子注入法、激光熔敷等技术将铬、钼、硅、氮、碳、纳米材料等渗入钢铁表面。由于保护层薄，不耐磨损，寿命比整体的合金短，不适于长期接触强腐蚀介质。

8.4.2.2 覆盖保护层

对保护层的一般要求如下。

① 膜层致密，完整无孔，不透介质。

② 与基体金属结合强度高，附着力强。

③ 高硬度，耐磨。

④ 均匀分布。

在金属表面覆盖各种保护层，把被保护金属与腐蚀性介质隔开，是金属防护的有效方法。工业上普遍使用的保护层有非金属保护层和金属保护层两大类，或者可分为四类：金属防护层、非金属防护层、用化学或电化学方法形成的转化膜层、暂时性防护层。防护层的详细分类见表 8-12。

表 8-12 防护层的分类

金属保护层						非金属保护层							转化膜				暂时防护	
电镀	化学镀	热浸镀	热喷镀	火焰喷镀	蒸气镀	真空镀	涂料	塑料	橡胶	沥青	搪瓷	陶瓷	玻璃	石材	氧化	磷化	钝化	阳极氧化	油封	可剥塑料

（1）非金属保护层

常用的非金属保护层有涂料、塑料、橡胶、沥青、搪瓷、陶瓷、玻璃、石材等，当这些保护层完整时能起保护的作用。搪瓷是含 SiO_2 量较高的玻璃瓷釉，有极好的耐腐蚀性能。

非金属保护层也可分为衬里和涂层两类（图 8-35）。前者多用于液态介质中对设备内部腐蚀的防护；后者多用于腐蚀性气体中对环境腐蚀的防护。防腐衬里常用的有玻璃钢衬里、橡胶衬里、塑料衬里等。这些衬里都需要应用相应的胶接剂与设备内表面粘接在一起。如玻璃钢衬里用玻璃钢胶液，把玻璃布粘接在设备内表面上。橡胶衬里胶接剂，是把胶板溶于汽油或其它溶剂中制成，在设备里面胶接硬质或半硬质橡胶。塑料衬里是把聚氯乙烯、聚丙烯板材衬在钢或混凝土设备内表面上。

图 8-35　用途最广的金属防护方法——涂装

涂装保护是金属防护最直接、最方便、最有效的一种手段，对于桥梁、船舶、储罐、输油管道等大型钢铁设备和构件的防锈蚀，涂料保护几乎是唯一可行的有效防护措施。在世界范围内金属的表面装饰与保护手段约有 2/3 是通过涂装实现的，而我国的防蚀费更是有 75.6％用在涂装上[1]。有关涂料、涂层、涂装的知识非常繁杂，限于篇幅，本书仅简单介绍一些基础知识，更深的内容请读者自己查阅有关书籍和其它文献。

①　三个概念（涂料、涂层、涂装）　涂料俗称油漆，这是因为我国古代长久以来使用桐油、生漆等作为金属和木材的保护用材料，后来初期发展的涂料也是多以亚麻油、豆油等油料作为主要的原材料。现在以合成树脂为主要原材料，所以称之为涂料更为恰当。除了涂料（paint）之外，还有相关的保护用表面覆盖材料，人们称之为涂层（coating），比如金属涂层、陶瓷涂层和橡胶涂层等。当涂料被涂覆在基体表面固化干燥后，它就形成了涂层。涂饰指把涂料涂覆到产品或物体的表面上，并通过产生物理或化学的变化，使涂料的被覆层转变为具有一定附着力和机械强度的涂膜。产品的涂饰也称为产品的涂装或产品的油漆。

②　涂料的组成和分类　涂料主要包括基料（树脂，resins）、颜填料（pigments）、溶剂（solvents）和少量的助剂。基料树脂是成膜物质，是涂料的主要成分，它的分子结构决定着涂料的主要性能，树脂的种类很多，按大类可分为油料和树脂。颜料为细小的固态分子，并不溶于含树脂的液体中，具有颜色、遮蔽性及防腐蚀。溶剂分为有机溶剂或水，用来溶解基料树脂，便于成膜，有机溶剂或水都会自油漆中挥发离去。添加剂的量虽少，却可提供许多重要的性质，较重要的有触变、分散、润湿、消泡、防腐等。涂料生产通常要使用上千种原材料，配方十分复杂，生产过程非常讲究。然而，并不是以上所有组分都要，而是要根据对涂料性能要求、使用目的和成

本等来选用。我国涂料分类原则上是按照成膜物质进行划分的，可分 17 大类。

③ 涂层对金属的保护作用　主要包括屏蔽作用、缓蚀作用和阴极保护作用三种　。a. 屏蔽作用：漆膜阻止腐蚀介质和材料表面接触；隔断腐蚀电池的通路，增大了电阻；b. 缓蚀作用：某些颜料，如铬酸锌、磷酸锌和红丹等，或其与成膜物或水分的反应产物，对底材金属可起缓蚀作用（包括钝化）。c. 阴极保护作用：在涂料中加入大量金属粉，使得漆膜的电极电位较底材金属低，在腐蚀过程中，涂层中的金属粉作为阳极被腐蚀，基体金属被保护。富锌底漆就是此类代表。锌粉在大气和海水中的腐蚀产物为难溶碱式盐，它们会填充涂层中的空隙，也具有一定保护作用。

④ 涂料的选择和施工　防护涂料的品种很多，性能各异，被保护的对象多种多样，使用条件各不相同。因此，涂料的选择和施工是十分讲究的。一种优异的防腐蚀涂料必须具备以下特征：a. 耐腐蚀性能好；b. 透气性和渗水性要小；c. 要有良好的附着力和一定的机械强度；d. 涂料材料成本和涂装费用低。为能够形成完善的防腐涂层，应当做好以下几个方面：a. 选用合适的涂料体系；b. 制订最佳的涂装工艺；c. 进行正确的表面处理；d. 严格执行涂装程序管。

⑤ 涂层的失效　其产生原因有以下几个方面：a. 绝大多数树脂是高分子化合物，在日光、大气、雨水等长期作用下，会老化变质，表现为失光、起泡、开裂、粉化、剥落、吐锈等。b. 漆膜不可能使金属与环境绝对隔绝，它们对水、水汽、氧气或腐蚀性离子都有一定的渗透性，而且漆膜还能吸收水分而肿胀、软化，导致附着力下降、起泡、脱落。c. 在涂漆时的施工缺陷，漆膜干燥时产生的内应力而造成的拐角、边棱处的裸露，使用时的机械损伤都会大大降低其保护作用。

（2）金属保护层

在被保护的金属上镀或包上另一种金属或合金。后一金属常称为镀层金属。金属镀层的形成，除电镀、化学镀外，还有热浸镀（熔融浸镀）、热喷镀、火焰喷镀、渗镀、蒸气镀、真空镀等方法。

热浸镀是将金属制件浸入熔融的金属中以获得金属涂层的方法，作为浸涂层的金属是低熔点金属，如 Zn、Sn、Pb 和 Al 及其合金等。热镀锌主要用于钢管、钢板、钢带和钢丝，应用最广；热镀锡用于薄钢板和食品加工等的储存容器；热镀铅主要用于化工防蚀和包覆电缆；热镀铝则主要用于钢铁零件的抗高温氧化等。

衬里金属层是将较强耐腐蚀性的金属，如不锈钢和耐酸钢、铅、钛、铝等衬覆于设备内部的防腐方法。整体金属薄板包镀因无微孔，耐蚀性强，寿命也更长，但价格高些。这是化工防腐中广泛应用的一种方法。

金属保护层分为两种，即阳极保护层和阴极保护层（图8-36）。属于前一种的是镀上去的金属比被保护的金属具有较负的电极电势。后者是镀上去的金属有较正的电极电势。当保护层受到损坏而变得不完整时，两者的情况大不相同。镀层如为贵金属（金、银等）或易钝化金属（铬、钛）以及镍、铅等时，由于电位比铁高，将成为阴极，会加速底层铁腐蚀。因此这类镀层不适于强腐蚀环境（如酸），但可用于大气、水等环境，缓慢产生的腐蚀产物可将微孔堵塞，电阻增大，有一定的寿命。如果用贱金属锌、镉等作镀层，构成腐蚀电池的极性则与上述相反，孔内裸露的钢为阴极，锌或镉镀层为阳极。锌、镉作为牺牲阳极，使钢得到阴极保护，在缓和的腐蚀环境中，锌的腐蚀慢，可以保持较长寿命。镀锡的铁（马口铁）广泛用于食品罐头，锡的标准电位高于铁，但在食品有机酸中，它却低于铁也起了牺牲阳极的作用。

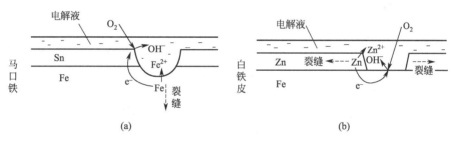

图8-36 阳极保护层和阴极保护层

（3）化学转化膜

对于钢铁氧化膜，其转化过程为氧化，称为发蓝。用磷酸处理形成磷酸盐膜，称为磷化。用草酸处理形成草酸盐膜，称为草酸化。用铬酸盐处理形成钝化膜称为钝化处理。进行阳极化处理则形成阳极氧化膜。

① 磷化 钢铁制品去油、除锈后，放入特定组成的磷酸盐溶液中浸泡，即可在金属表面形成一层不溶于水的磷酸盐薄膜，这种过程叫做磷化处理。磷化膜呈暗灰色至黑灰色，厚度一般为 $5\sim20\mu m$，在大气中有较好的耐蚀性。膜是微孔结构，对油漆等的固持能力强，如其上再涂油漆，耐腐蚀性可进一步提高。

② 氧化 将钢铁制品浸入含有 $NaOH$ 和 $NaNO_2$ 的混合溶液中，加热，其表面即可形成一层厚度约为 $0.5\sim1.5\mu m$ 的黑色或蓝色氧化薄膜（主要成分为 Fe_3O_4），此过程称为发黑或发蓝。这种氧化膜很薄，防蚀能力不强，但其色泽美丽且具有较大的弹性和润滑性，不影响零件的精度。故精密仪器

279

和光学仪器的部件，弹簧钢、薄钢片、细钢丝、枪械、自行车车链、刀片、机器零件等常用发蓝处理。尤其国防工业的武器零件，以此法处理所得的防护层不反光，不但可防止被发现又不影响使用人员的瞄准。

③ 阳极氧化　氧化铝膜的性质与电解液组成有关，根据用途不同，可分为多孔型和无孔型两种。

$$
电解液 \begin{cases} 无孔型 & 难以溶解 \ Al \ 和 \ Al_2O_3 \ 的柠檬酸、硼酸等 \\ 多孔型 & 硫酸、磷酸、草酸、铬酸等 \end{cases}
$$

（4）暂时防护

短期的防腐可涂上机油、凡士林、石蜡、可剥塑料等。

8.4.2.3　改善腐蚀环境

根据腐蚀介质的成分和作用特点，对腐蚀介质予以处理，方法有二：a. 减少腐蚀介质的用量与浓度，控制环境温度、湿度等；减少或除去具有促进腐蚀的物质；b. 加入缓蚀剂。常见的例子如下。

（1）控制环境介质中的有害成分

处理腐蚀介质只能在腐蚀介质的体积量有限的条件下才能应用。

① 除氧　除氧的方法主要有加热除氧法和化学除氧法。加热除氧法就是将水加热或减压加热使其沸腾而除去氧。化学除氧法是往水中加入化学药品，消耗掉水中溶解氧，达到除氧的目的。常用的化学除氧剂主要有联氨（$NH_2—NH_2$）、亚硫酸钠等，发生的反应如下：

$$2Na_2SO_3 + O_2 == 2Na_2SO_4$$
$$NH_2 \cdot NH_2 + O_2 == 2H_2O + N_2$$

钢铁材料在高温环境中加热，为了防止氧化、脱碳等化学腐蚀，通常在加热环境中通入 N_2、CO、H_2 等，使加热环境处于非氧化性气氛中；或者放入一定量木炭，既消耗氧气，又可以防止脱碳；也可将钢铁置入非氧化性熔盐（如 $BaCl_2$、$NaCl$ 等）中加热，隔绝其与氧气的接触。

食品工业中广泛用到的脱氧剂有些也可用于金属防护。

② 除去腐蚀产物　例一，电池和 SIM 卡是手机的重要部件，电池触点和 SIM 卡上易出现氧化后的污斑，这样会出现电池接触不良或 SIM 卡数据读取错误等故障现象。可用脱水酒精或橡皮擦拭，除去污斑，故障即可排除。例二，出土的金属类文物大都腐蚀严重，因此为了长时间保存，一般都要除去腐蚀介质与腐蚀产物。例三，控制冷却水系统中沉积物下腐蚀的最好办法是防止和除去金属设备表面的沉积物。其方法有：a. 采用旁流过滤以除去水中的悬浮物。b. 添加阻垢剂和分散剂，以防止产生沉积物。c. 定期

进行清洗以除去冷却设备金属表面的沉积物。

③ 降低气体介质的湿度　降低湿度的方法包括干燥空气封存法、用干燥剂吸收水分、采用冷凝法除去水分或提高温度以降低湿度、经常揩净金属器材。常用的干燥剂有加入少量 $CoCl_2$ 的硅胶干燥剂。

$$CoCl_2 \cdot 6H_2O \qquad CoCl_2 \cdot 2H_2O \qquad CoCl_2 \cdot H_2O \qquad CoCl_2$$
　　　　粉红　　　　　　紫红　　　　　　　蓝紫　　　　　蓝色

④ 控制介质的 pH 值　控制介质 pH 值的方法是向介质中加入碱性或酸性化学药剂。例如，炼油工艺中也常加碱或氨使生产流体保持中性至碱性。减少土壤的浸蚀性可用石灰处理酸性土壤，或在地下构件周围填充石灰石碎块，移入浸蚀性小的土壤，加强排水，以改善土壤环境，降低腐蚀性。需要注意的是，不同金属的腐蚀速度随介质 pH 值的变化不同（图 8-37）。

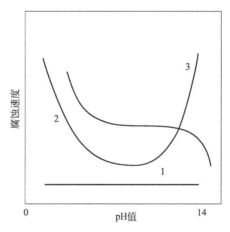

图 8-37　pH 值对金属腐蚀速度的影响示意图
1—Au、Pt；2—Al、Zn、Pb；3—Fe、Cd、Mg、Ni 等

（2）降低温度

环境温度太高，可以在器壁冷却降温，也可在设备内壁砌衬耐火砖隔热。

（3）各种抑制或杀灭细菌的方法

细菌腐蚀的控制方法有：a. 使用杀菌剂或抑菌剂：根据细菌种类及介质选择高效、低毒和无腐蚀性的药剂。b. 改变环境条件：提高介质的 pH 值及温度（pH＞9.0，温度 $T＞50℃$）、排泄积水、改善通气条件、减少有机物营养源等。c. 覆盖防护层：采用涂覆非金属覆盖层或金属镀层使构件表面光滑、在有机涂层中加入适量杀菌剂等。d. 阴极保护：阴极保护使构件表面附近形成碱性环境，抑制细菌活动。

食品工业中为了延长食品的保存期，也大量应用抑制或杀灭细菌的方法。

(4) 使用缓蚀剂

缓蚀剂对特定的金属在特定的腐蚀介质中的缓蚀作用受缓蚀剂浓度、温度、介质流速及 pH 值等因素的影响。

水溶性缓蚀剂可作为酸、碱、盐及中性水溶液介质的缓蚀剂。

油溶性缓蚀剂主要是溶解在油、脂中制成各种防锈油、防锈脂。

气相缓蚀剂主要是用做密闭包装中的缓蚀剂。通常将有一定挥发性的缓蚀剂，如尿素、三乙醇胺、碳酸氢铵等溶于水，用包装纸浸透晾干即为气相防锈包装纸。若将固体缓蚀剂研磨混合均匀即成气相防锈粉。防锈纸、防锈粉在使用过程中缓缓挥发出缓蚀剂，为金属零件表面吸附，延缓了腐蚀过程。使用最广的一种气相缓蚀剂是亚硝酸二环己烷基胺，室温下对钢铁制件可以有一年的有效防腐期。它的缺点是，会加速一些有色金属如锌、锰、镉等的腐蚀，所以在使用时应特别注意制件中有无有色金属。

8.4.2.4　电化学保护

电化学保护法分为阳极保护 (anodic protection) 和阴极保护 (cathodic protection) 两大类。应用较多的是阴极保护法。

(1) 阴极保护

阴极保护是将需要被保护的金属结构作为阴极，通过阳极向阴极不间断地提供电子，因而大大地减缓了结构的腐蚀速度。阴极保护大致分为牺牲阳极法 [见图 8-38(a)] 和外加电流法 [见图 8-38(b)] 两种。a. 牺牲阳极保护法是将电极电势比被保护金属更低的金属或其合金连接在被保护的金属上，形成腐蚀电池。这时较活泼金属作为腐蚀电池的阳极 (sacrificial an-

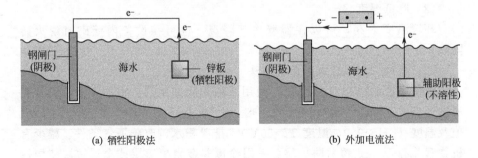

(a) 牺牲阳极法　　　　　　　　　(b) 外加电流法

图 8-38　阴极保护法

ode）而被腐蚀，被保护的金属作为阴极而得到保护。牺牲阳极一般常用 Al、Zn、Mg 及它们的合金。牺牲阳极法常用于保护水中的钢桩、巨型设备（如储油罐）、石油管路、海轮外壳和海底设备等。b. 强制电流法（外加电流法）则是利用外加直流电，负极接在被保护金属上成为阴极，而给辅助阳极（一般为高硅铸铁或废钢）加一阳极电流，在外加阴极电流的作用下使阴极得到保护。此法主要用于防止土壤、海水及河水中金属设备的腐蚀。目前在保护闸门、地下金属结构（如地下储槽、输油管、电缆等）、化工设备的结晶槽、蒸发罐等多采用这种方法，它是目前最经济、有效的防腐蚀方法之一。根据实施阴极保护工程的现场条件，有时亦可考虑对同一结构同时采用两种阴极保护法。

两种阴极保护方法的优缺点：a. 牺牲阳极法的优点在于安装施工简便，对临近金属结构的影响极小，运行成本低，可实现零费用维护，一次投资，长期受益。b. 强制电流法在实施大范围野外阴极保护时比较经济。但对附近金属结构的影响较大，需要有专人管理维护，需要有稳定可靠的不间断电源。故不适合用于市区内的地下结构的阴极保护。

阴极保护防腐工程中阳极（牺牲阳极或恒电位仪和辅助阳极）是主要材料，同时还需要测试桩、参比电极、绝缘法兰等辅助材料。参比电极可分为携带式参比电极、固定式长效参比电极（表 8-13）。

表 8-13 常用参比电极

名称	电极电位(相对饱和甘汞电极)/V	电位稳定性能/V	极化电位差/V	
			阴极极化电流（≈10μA）	阳极极化电流（≈1μA）
银/氯化银电极	0.0015～0.0095	±0.005	>−0.005	<0.005
锌铝硅电极	−1.044～−1.014	±0.015	>−0.020	<0.020
铜/饱和硫酸铜电极	−0.069～0.074	—	—	

气相阴极保护原理与溶液中的阴极保护原理相同，只是用固体电介质代替溶液，成为阴极保护电流从阳极流向阴极的主要离子迁移通道。外加阴极电流从辅助阳极流入，经过固体电介质至阴极（即被保护的结构材料），从而使处于气相环境中的结构得到保护。

（2）阳极保护（适用有钝化曲线的金属）

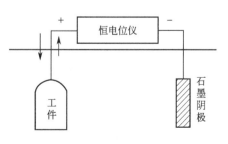

图 8-39 阳极钝化保护

用外电源，将被保护金属接阳极，在一定的介质和外电压作用下，使阳极钝化（图 8-39）。凡是在某些化学介质中，通过一定的阳极电流，能够引起钝化的金属，原则上都可以采用阳极保护法防止金属的腐蚀。例如我国化肥厂在碳铵生产中的碳化塔已较普遍地采用阳极保护法，取得了良好效果，有效地保护了碳化塔和塔内的冷却水箱。使用此法注意点：钝化区的电势范围不能过窄，否则容易由于控制不当，使阳极电势处于活化区，则不但不能保护金属，反将促使金属溶解，加速金属的腐蚀。

8.4.3　腐蚀防护设计

设计者在技术规范和生产工艺上，如果有选择余地的话，应把反应温度低、压力小、生产腐蚀性副产物少、防腐蚀要求不苛刻和设备维修容易等条件作为首要考虑内容。

防腐蚀设计工作中应包括：材料及其制造加工方法的正确选择；对材料试验和腐蚀试验提出要求；对设备服役过程中可能发生的腐蚀损耗或破坏进行分析，以选择适当的防护措施；从防腐蚀角度对结构的强度进行核算以及对结构和部件的形状及组合设计进行审查；还需考虑装置的维修以及预期寿命等。

8.4.3.1　合理选材

在设计阶段选材时，应充分占有各种材料的资料、数据和在特定介质中的腐蚀特性，并充分利用行之有效的工作经验和工作程序。

（1）了解腐蚀环境

具体包括以下几个方面：

① 化学因素　介质的成分（包括杂质）、pH 值、含氧量、可能发生的化学反应等。

② 物理因素　介质的温度、流速、受热及散热条件、受力类型及大小等。特别要注意高温、低温、高压、真空、冲击载荷、交变应力等环境条件。

（2）选材的一般顺序

① 初步选择　依据失效经验，查阅权威性材料手册，若有疑问，向腐蚀及防护专家咨询；确定可能发生的腐蚀类型，进行初步选材；再考虑实际设备的复杂程序和在加工性方面的要求，如焊接性、成形性、铸造性、表面处理等，并在考虑成本后，选择几种可供选用的材料，以便进一步筛选。需要注意的是，在我国，同一类材料因牌号很多、成分有别、性能也各有差异。另外，到目前为止我国还没有建立起一套材料科学使用体系，简单来说

就是哪种材料在哪种环境之下使用更科学、更安全，这是我国在材料方面面临的一个最大的问题。我国不仅缺乏材料使用的标准、规范，更缺乏制订这些标准、规范的依据。西方的材料，在外包装上都会提供材料相关的信息，包括材料能和不能在什么环境和条件下使用，而翻开我们国家的材料使用手册，则很难找到这方面的内容。这还需要做大量研究工作。

② 腐蚀试验　若对工况没有成熟的经验，应进行腐蚀试验，获得必要的作为选材依据的可靠数据。这也是为进一步验证初选结果所必需的。腐蚀试验除了实验室试验外，对特别重要的设备有时还应补充在实际运转条件下的现场模拟试验，如现场设备的挂片试验或模拟小设备的试验等。

③考虑预期使用寿命　一般应考虑：a. 满足整个生产装置要求的寿命；b. 希望整个设备各部分材料能尽可能均匀劣化；c. 材料费/施工费/维修费，综合最佳的经济考虑。对于全面腐蚀而言，预期使用寿命可根据腐蚀速率进行估算；对于各类局部腐蚀，则需要在深入了解其萌生与扩展机理，并在取得相应数据的基础上进行寿命预测和估算。

在上述工作的基础上，综合考虑材料的耐蚀性能、力学性能、工艺性能及成本，即兼顾耐用性及经济性，从而正确选择材料及其制造加工工艺。

8.4.3.2　结构和防腐蚀强度设计

（1）正确的结构设计

在防腐蚀结构设计中，主要应考虑结构及部件的形状以及相互间的组合等是否符合防腐蚀，特别是防止各类局部腐蚀的要求，不仅包括设备的设计，还包括设备间的安装情况以及管道系统的布置等，即所谓的系统设计问题。其次，还需考虑合适的防腐蚀措施及其实施的可能性和便利性，如电化学保护系统的安置，涂层的选择及施工，缓蚀剂加注及补充系统等。具体而言，耐蚀设计中应着重注意以下一般规则：

① 构件形状尽量简单、合理　简单的结构件易于采取防腐措施、排除故障，便于维修、保养和检查，而形状复杂的结构件，其表面积必然增大，与介质的接触机会增多，死角、缝隙、接头处容易使腐蚀液积存浓缩，易引起腐蚀。可能情况下，特别是对易损坏的部件，设计成可拆式结构，有利于检修及更换。

② 避免残留液和沉积物造成腐蚀　设备、容器出口管及底部的结构设计，应力求将其内部的液体排净，使液体、沉积物不易积存（图 8-40）。构件布置要合理，避免水分积存，且要易于涂装和维修。在可能的情况下，储液容器内部应尽量设计成流线型。设备死角积液处是发生严重腐蚀的部位。因此在设计时应尽量减少设备死角，消除积液对设备的腐蚀。

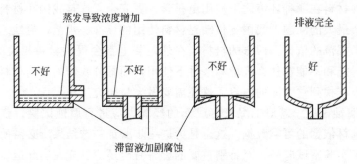

图 8-40　避免残留液

③ 防止电偶腐蚀　在同一结构中应尽量采用相同的材料；在必须采用不同金属组成同一设备时，选用在电偶序中相近的材料。不同金属连接时，应尽量采用大阳极小阴极的有利结合，避免大阴极小阳极的危险连接（图 8-41），或者在两异金属间隔入绝缘物。

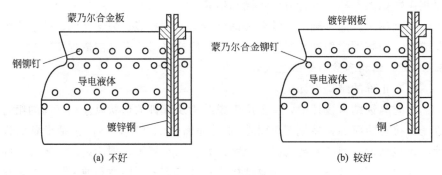

图 8-41　防止电偶腐蚀

④ 防止缝隙腐蚀　缝隙是引起腐蚀的重要因素之一。因此在结构设计、连接形式上，应采取合理结构，避免出现缝隙（图 8-42）。在缝隙不可避免

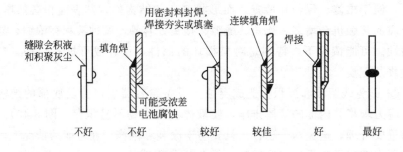

图 8-42　防止缝隙腐蚀

时，应通过不同的加工设计措施来控制缝隙腐蚀发生。为了防止缝隙腐蚀，可采用如下措施：a. 尽可能以焊接代替铆接或螺杆连接。进行焊接时，应用双面焊、连续焊，避免搭接焊或点焊。b. 在铆缝和法兰连接处尽可能使用完整的、不吸水的垫片，如聚四氟乙烯垫片。c. 容器底部的处置。容器底部不要直接与多孔基础（如土壤）接触，要用支座等与之隔离开。d. 避免加料时溶液飞溅到器壁，引起沉积物下的缝隙腐蚀。因此加料口应尽量接近容器内的液面。

⑤ 避免过度的湍流、涡流以及温度差、氧浓度差及盐离子浓度差等环境差异　具体方法有：a. 设计外形和形状的突变会引起超流速与湍流的发生，设计中应尽避免。b. 管线的弯曲半径应尽可能大，尽量避免直角弯曲。c. 在高流速接头部位，不要采用 T 形分叉结构，应采用曲线逐渐过渡结构。

⑥ 避免应力过分集中　应力腐蚀容易引起灾难性事故，因此除控制工作应力，消除残余力以及控制介质条件外，在构件设计时应尽量降低外应力、热应力、应力集中等，还应避免各种切口、尖角、焊接缺陷等的存在，例如：a. 零件在改变形状或尺寸时，不应有尖角而应以圆角过渡；当设备的筒体与容器底的厚度不等而施焊时，应当把焊口加工成相同的厚度。b. 设备上尽量减少聚集的、交叉的和闭合的焊缝，以减少残余应力。施焊时应保证被焊接金属结构能自由伸缩。c. 热交换管的管子与花板的连接采用内孔焊接法比胀管法好，这样既减少缝隙，又减小应力腐蚀破裂的危险性。

⑦ 设备和构筑物的位置要合理　a. 设备和建筑物的位置应选择自然腐蚀较轻的位置，如远离海水、海洋大气、工业污水、化工厂烟尘等。b. 设备装置的布置应尽量避免相互之间可能产生的不利或有害影响，如储液设备、液体输送设备或排泄设备应与电控设备留有一定的安全距离。c. 电气控制等设备应尽可能避开具有腐蚀性的环境，如在含有或可能泄漏 Cl_2、HCl、H_2S 等腐蚀性和有毒性气体的局部环境中，要尽量避免布置电气设备或未做防腐处理的其它设备。

（2）防蚀强度设计

防蚀强度设计中主要应考虑到材料的腐蚀裕量、局部腐蚀强度以及材料腐蚀强度变化等 3 个方面的因素。

① 腐蚀裕量的选择　对于全面腐蚀的情况，在未考虑环境腐蚀算出构件材料尺寸时，应根据这种材料在使用的介质中的腐蚀速度留取恰当的裕量，这样就可以保证原设计的寿命要求。腐蚀裕量的考虑要根据构件使用部位的重要性及使用年限来决定。

② 局部腐蚀的强度设计　由介质-机械联合作用引起的破坏过程危险性

很大，例如应力腐蚀破裂、腐蚀疲劳、氢致开裂等，是防腐蚀强度设计中的核心问题。如果材料的数据资料齐全，是有可能做出合适可靠的设计的。对于晶间腐蚀、孔蚀、缝隙腐蚀等可以采取正确选材或控制环境介质，注意结构设计等措施来防止。

③ 材料耐蚀强度特性的变化　在加工及施工处理时，可能会引起材料耐蚀强度特性的变化，应加以注意。如某些不锈钢在焊接时，由于敏化温度影响而造成晶间腐蚀，使材料强度下降，可能会在使用中造成断裂事故。

8.4.3.3　经济与耐用的综合考虑

（1）经济与耐用的平衡

在满足生产主要技术、工艺和经济指标的前提下，应尽可能使用在给定的腐蚀条件下稳定性好的材料。例如：在 H_2SO_4 溶液贮槽中采用衬金属铅和陶瓷材料；在建户外结构时，在强度允许的情况下，使用金属铝及其合金，因为铝在一般空气中不易腐蚀。

（2）成本优先

所选材料易购价廉，成形加工费用低，用其制造的装置或产品在使用周期内维护费用低，并在这几项之间做最低成本的平衡。优先选用国产、便宜的材料不仅降低成本还可以支持国货。防蚀保护措施也优先采用廉价方法，如使用防蚀涂料、电化学保护、缓蚀剂或电镀、化学镀、化学转化膜等。这样的选材思想在强调"经济实用"（功能）的不直接面对视觉的工厂内部生产装置、大型结构、产品内部零部件等场合表现最突出。对于弱腐蚀条件下及某些不易造成重大腐蚀灾难的场合，或使用寿命不长的某些产品，选用力学性能、物理性能及成形加工性好而价格又低的材料，即使材料不太耐蚀，但如能采取经济合理的防腐蚀措施达到耐蚀目的，或在使用寿命内能满足产品功能，也是合理的方案。

（3）不太关注成本

所选材料能使制造的产品利润最高，有最大的市场回报，或有很高的社会价值。此时，不过分计较材料成本费用及加工费用，也不太计较产品的功能与材料耐蚀性的合理匹配。这样的选材设计思想在设计、制造一些时尚化、高贵化的面对消费者视觉或心里感觉的产品上表现突出，如小轿车内外饰件、家电、工艺品、建筑装饰装潢件等方面常选保光保色特别好（即非常耐蚀）的材料（甚至贵重材料）来制造。同时，也利于保持产品长期价值，刺激购买力或维护企业形象。

8.5 腐蚀监测

腐蚀监测就是对设备的腐蚀速度和某些与腐蚀速度有关的参数进行连续或断续测量，同时根据测量结果对与生产过程有关的条件进行控制的一种技术。腐蚀监测技术是由实验室腐蚀试验方法和设备的无损检测技术发展而来的，其目的在于揭示腐蚀过程以及了解腐蚀控制的应用情况和控制效果。

8.5.1 腐蚀监测的意义与发展现状

(1) 腐蚀监测的意义

① 为科学管理与决策提供依据　腐蚀监测有利于分析腐蚀原因，了解腐蚀过程与工艺参数之间的关系，评价一些防腐方法及其具体工艺的实际效果。例如，监测缓蚀剂的缓蚀效果，就可以根据监测结果及时对缓蚀剂类型或比例做出调整。

② 预防事故的发生，改善设备运行状态，预测设备寿命　监测设备的腐蚀状况，如果发现腐蚀速率骤然变化，将立即检查系统，及时找出问题所在，以防止重大事故的发生。腐蚀监测可以提高设备的可靠性，延长运转周期和缩短停车检修时间，从而有利于保障设备和人员的安全、减少环境污染、提高经济效益。

(2) 腐蚀监测的发展现状

腐蚀监检测与腐蚀控制是运行中设备防腐的两个重要组成部分，但长期以来并未得到均衡发展和获得同等重视。腐蚀监测的工业应用远不如防护技术发展那么迅速，其主要原因有以下两个方面：

① 管理者对腐蚀监测缺乏正确认识，对腐蚀监测不够重视　例如，对腐蚀监测的长远利益缺乏信心，不了解腐蚀监测是否会对企业的安全生产带来影响，将腐蚀监测与检查探伤等离线检测手段混淆。国际上从 20 世纪 80 年代起，对腐蚀监测有了更清楚的认识，防患于未然得到广泛认同。据 1998 年国内的一次防腐工作会议介绍，日本千叶炼油厂建立了全厂腐蚀监测网，这个覆盖全厂的腐蚀监测网络为企业带来了安全生产十几年无事故。这一消息对国内的石油化工行业和腐蚀科技界产生了不小的震撼。

② 对腐蚀监测公司而言存在技术难度大、经济效益低的难题　腐蚀监测不像防腐药剂的生产易于掌握，此外，防腐药剂是消耗品，对于生产及销售商来说易于获利，因此从 20 世纪 80 年代开始，药剂市场异常火热，但腐蚀监测公司却没有增加，导致缺少成套技术和经验丰富的项目负责人。

8.5.2 腐蚀监测的主要技术

传统的腐蚀监测主要是在停车检修期间安装和取出挂片进行检测，以及在停车期间对设备进行检查。现代的腐蚀监测可以通过各种方法监测，如超声波法、声发射法、电位法、电阻法、线性极化法、电偶法、热象法、各种射线技术及探针技术。近年来出现的新的监测技术有交流阻抗技术、恒电量技术、电化学噪声技术等。

腐蚀监测可以分为两大类：a. 腐蚀的离线检测。在设备运行一定时期后检测有无裂纹，有无局部腐蚀穿孔的危险，剩余壁厚是多少。它主要是为了控制危险性和防止突发事故，获得的是腐蚀的结果。主要方法有超声波法、漏磁法等。b. 腐蚀的在线监测。检测设备的腐蚀速度，获得设备腐蚀过程的有关信息，以及生产操作参数（包括加工工艺、腐蚀防护措施）与设备运行状态之间相互联系的数据，并依此数据调整生产操作参数，其主要目的是控制腐蚀的发生与发展，使设备处于良性运行。主要方法有挂片法、电阻探针法、电化学法、磁感法等。

(1) 电参数监测法

材料腐蚀造成材料缺陷或材质变化，其电参数亦引起相应改变。这类方法是应用腐蚀的电响应监测腐蚀。常用的有以下几种方法。

① 电阻法

该法应用金属横截面积因腐蚀而减小，从而引起电阻改变的原理，来进行腐蚀速度的检测。它不受介质状态的限制，常用于运转设备的腐蚀检测，适于各种介质。

② 电位法

腐蚀状况与腐蚀电位存在一定关系、该法通过电位测量可确定腐蚀程度与腐蚀类型。电位法可用于均匀腐蚀与局部腐蚀的监测，但不能提供总腐蚀和腐蚀速度的准确数据。

③ 极化阻力法

极化阻力法反应灵敏，适于电解质介质。如果与电阻法联合使用，会得到较全面的腐蚀信息。线性极化法是一种快速测定金属瞬时腐蚀速度的方法，其原理是腐蚀金属电极在腐蚀电位附近进行微极化，利用腐蚀电流与极化曲线在腐蚀电位附近的斜率成反比的关系，求出腐蚀电流，即：

$$I_{corr} = \frac{B}{R_p} \tag{8-14}$$

$$\frac{1}{R_p} = \left(\frac{dI}{d\Delta E}\right)_{\Delta E=0} \tag{8-15}$$

式中，I_{corr}为腐蚀电流；R_p为极化电阻，它的倒数等于 $\Delta E=0$ 或 $E=E_{corr}$ 时的极化曲线的斜率；B 为线性极化测量中的比例常数，$B=\dfrac{b_c b_a}{2.3(b_c+b_a)}$，$b_c$、$b_a$ 分别为腐蚀体系中阴、阳极极化曲线的塔菲尔斜率。

（2）物理监测技术

① 监测孔法　这是最早的监测手段，监测周期为一年、二年或更长（直接在设备外壁上操作）。

② 超声波技术　该技术是由一压电晶体发出的声脉冲射向待测材料，声脉冲会受到材料前面、后面及两面之间大缺陷地反射。反射波由同一压电晶体或接收压电晶体检拾，经放大后在阴极射线示波器上显示。示波器的时间坐标给出材料厚度和缺陷位置。缺陷尺寸可由缺陷波幅得到。探测设备的剩余壁厚，现已普遍应用于石化工业现场。

③ 氢监测技术　通过对氢气量的测定可测得金属的腐蚀速度。氢气量的测定通常用探氢针来完成。其原理是吸收的氢通过 $1\sim2mm$ 的钢，扩散至接通压力表的狭窄环状空间。由测得的压力增加速度估算扩散到钢中的氢气量，进而估计钢的腐蚀程度。

④ 电感法　出现于 20 世纪九十年代，测试敏感度高，适用于各种介质，寿命较短。其原理是将一金属薄片置于探头外表面，通过测量探头内线圈信号的变化推算腐蚀速度。

⑤ 涡流技术　把金属物体置于交流电线圈电场内，其表面会产生涡流。在腐蚀裂纹或蚀坑处，涡流受到干扰，使激励线圈反电势改变，或在次级线圈内产生变化。该变化经检波、放大可转换为视觉显示。通常把线圈做成探头，在被测表面上移动进行测定。它可用于检查腐蚀表面、设备内壁，也可测定铁磁材料的非金属涂层或非铁覆盖层厚度。涡流法可以检测表面裂纹和蚀孔，不能作为运行中设备的内腐蚀探测手段。

⑥ 漏磁法　检测表面裂纹和蚀孔，作为运行中设备的内腐蚀检测手段时，腐蚀缺陷要足够深。

（3）腐蚀环境监测法

① 化学法　测定物料的 pH 值、氧浓度、缓蚀剂浓度等。

② 挂片法　将材料试片挂在腐蚀物料中，保持一定时间后确定其腐蚀状况。应用该法可对比评价相同材料设备的腐蚀状况，也可用于对其它腐蚀监测方法的验证。

③ 失重法　挂片失重法是最原始的监测腐蚀速率的方法之一，其原理简单，应用非常广泛。适用于各种介质［即电解质和非电解质］，监测周期

1个月以上。它通过称取试验片暴露在测试环境前后重量的变化来计算金属表面的平均失重量。它的优点是可以提供如腐蚀速率、腐蚀类型、腐蚀产物等信息，缺点是需破坏材料的结构，试验时间长，而且得到的结果往往是整个试验周期中产生腐蚀的总和，不适于现场使用。因此长期以来失重法只用于实验室或者暴露场的暴露试验。

习　题

1. 化学腐蚀与电化学腐蚀的主要区别是什么？

2. 一老太太到商店买饮料，小姐推销：我们这种果汁不含任何防腐剂和色素，最适合您这样的年纪。老太太却道：我这个年纪，最需要的就是这两种东西了。请问：活的生命体、死的生命体、金属的腐蚀与防护有何异同？金属的防腐蚀方法有几种（列出至少5种）？

3. 在钢铁表面镀锌和镀镍对钢铁防腐有何不同？

4. 为什么粗锌（杂质主主要是 Cu，Fe 等）比纯锌容易在 H_2SO_4 中溶解？为什么在水面附近的金属部分比在空气中或水中的金属部分更容易腐蚀？所有的杂质都促使主体金属腐蚀过程加快，这说法对不对？为什么海轮要比江轮采取更有效的防腐措施？

5. 为什么说："一般新结构的电位较负，为阳极；旧结构的电位较正，为阴极"？

6. 一根铁桩打入水底的泥中，为什么是铁桩的下部遭到腐蚀？

7. 铜板上的铁铆钉为什么特别容易生锈？

8. 为什么沙漠地区的铁制品锈蚀较慢？

9. 切过咸鱼的刀不经洗净抹干，为什么很快就生锈？

10. 被雨水淋湿的自行车，为什么须先用干布擦净后才能用带有油的布擦？自行车的构件如支架、链条、钢圈等，分别采取了什么防锈措施？

11. 为什么不能擅自拆洗手机，尤其是不要用烈性化学制品、强洗涤剂清洗手机？

12. 铁钉在下列哪些情况下容易生锈（　　　）。

A. 在干燥空气中　　　　　　　B. 在潮湿空气中

C. 部分浸入食盐水中　　　　　D. 浸没于植物油中

13. 钢铁发生吸氧腐蚀时，正极上发生的电极反应是（　　　）。

A. $2H^+ + 2e^- \Longrightarrow H_2$　　　　　B. $Fe^{2+} + 2e^- \Longrightarrow Fe$

C. $2H_2O + O_2 + 4e^- \Longrightarrow 4OH^-$　　D. $Fe^{3+} + e^- \Longrightarrow Fe^{2+}$

14. 在化学上："真金不怕火炼"包含着什么含义？

15. 世界上现存最早的一部炼丹专著（公元2世纪，我国炼丹家魏伯阳）写道："金入于猛火，色不夺精光"。这句话是指黄金的化学性质在强热条件下（　　　）。

A. 很稳定　　　B. 很活泼　　　C. 易氧化　　　D. 易还原

16. 2000年5月，保利集团在香港拍卖会上花费3000多万港币购回在火烧圆明园时被抢的国宝：铜铸的牛首、猴首和虎首，普通铜器时间稍久容易出现铜绿，其主要成分是$[Cu_2(OH)_2CO_3]$。这三件 1760 年铜铸的国宝在 240 年后看上去仍然熠熠生辉不生锈，其原因可能是（　　）。

A. 它们的表面都电镀上了一层耐腐蚀的黄金

B. 环境污染日趋严重，它们表面的铜绿被酸雨溶解洗去

C. 铜的金属活动性比氢小，因此不宜被氧化

D. 它们是含一定比例金、银、锡、锌的合金

17. 请你说出马王堆汉墓女尸 2000 年不腐的秘密。

18. 在瑞典，$CaCO_3$ 粉末被喷洒到受酸雨影响的湖泊中，你能写出其化学反应方程式吗？

19. 如图所示，在铁圈和银圈的焊接处，用一根棉线将其悬在盛水的烧杯中，使之平衡；小心地向烧杯中央滴入 $CuSO_4$ 溶液，片刻后可观察到的现象是（　　）。

A. 铁圈和银圈左右摇摆不定

B. 保持平衡状态

C. 铁圈向下倾斜

D. 银圈向下倾斜

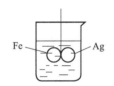

20. 请你当医生，如下图所示。

请你当医生

张太太是位漂亮、开朗、乐观的妇女。当她开怀大笑的时候，人们可以发现她一口整齐洁白的牙齿中镶有两颗假牙：其中一颗是黄金的——这是她富有的标志；另一颗是不锈钢的——这是一次车祸后留下的痕迹。

令人百思不解的是，自从车祸以后，张太太经常头痛，夜间失眠，心情烦躁……医生绞尽脑汁，张太太的病情仍未好转……

一位年轻的化学家来看望张太太，并为张太太揭开了病因。

请问：化学家发现了什么？你能为张太太开一个药方吗？

参 考 文 献

[1] 柯伟. 中国工业与自然环境腐蚀调查. 全面腐蚀控制，2003，17（2）：1-10.

［2］　曹楚南. 悄悄进行的破坏——金属腐蚀. 广东：暨南大学出版社，2000：1-179.

［3］　虞兆年. 防腐蚀涂料与涂装. 第 2 版. 北京：化学工业出版社，2003：1-13.

［4］　曹楚南. 腐蚀电化学原理. 第 2 版. 北京：化学工业出版社，2004：1-50.

［5］　肖纪美，曹楚南. 材料腐蚀学原理. 北京：化学工业出版社，2002：1-282.

［6］　魏宝明. 金属腐蚀理论及应用. 北京：化学工业出版社，1980：1-312.

［7］　龚敏. 金属腐蚀理论及腐蚀控制. 四川理工学院课件.

［8］　宋诗哲. 腐蚀电化学研究方法. 北京：化学工业出版社，1994：6-10.

［9］　材料设备的腐蚀防护与保温. http：//202.200.144.17/jpkc/sgysb/data/2.ppt.

［10］　朱卫东，陈范才. 智能化腐蚀监测仪的发展现状及趋势. 腐蚀科学与防护技术，2003，15（1）：29-32.

［11］　张敏，黄红军，李志广，万红敬. 金属腐蚀监测技术. 腐蚀科学与防护技术，2007，19（5）：354-357.